工业和信息化部"十四五"规划教材

 "十二五"职业教育国家规划教材
经全国职业教育教材审定委员会审定
高等职业院校精品教材系列

电子产品原理分析与故障检修（第2版）

王成福　诸葛坚　主　编

电子工业出版社
Publishing House of Electronics Industry
北京·BEIJING

内 容 简 介

本书根据教育部新的职业教育教学改革要求，结合编者二十多年课程教学改革及工程实践经验，围绕电子产品检修职业技能要求，参照世界技能大赛——电子技术项目（原型板硬件设计、嵌入式系统开发和故障查找与维修）的评价标准进行编写。本书充分考虑高等职业院校学生认知规律和可持续发展能力的培养要求，配有免费的电子教学课件、思考与练习题参考答案等资源，确保学生高效学习相关知识与技能。

本书设有 5 个项目，主要内容包括：电路仿真及典型电源应用、电子元器件及维修工具、LED 应急照明灯电路与维修、台式计算机主板电路与维修、智能电子产品电路检测与维修。本书以满足学生对电子产品检修工作的整体需要为培养目标，将每个项目划分为若干个典型工作任务，按照任务目标、任务描述、任务准备、任务实施、任务评价的思路组织内容，在实测实操的基础上，将电路仿真分析作为电路检修的判断参考，引入多主体、全过程考核评价机制，突出培养学生的团队协作、勤学苦练、不畏艰苦、认真仔细、高效工作的态度，以及树立其为国家、人民多做贡献的价值观，并弘扬严谨细致、追求极致、精益求精的精神。

本书的实用性很强，为高等职业本专科院校电子产品维修课程的教材，也可作为开放大学、成人教育、自学考试、中职院校和培训班的教材，以及电子产品设计与检修技术人员的参考工具书。

未经许可，不得以任何方式复制或抄袭本书之部分或全部内容。
版权所有，侵权必究。

图书在版编目（CIP）数据

电子产品原理分析与故障检修 / 王成福，诸葛坚主编. —2 版. —北京：电子工业出版社，2023.8
高等职业院校精品教材系列
ISBN 978-7-121-46195-8

Ⅰ. ①电…　Ⅱ. ①王…　②诸…　Ⅲ. ①电子产品—维修—高等职业教育—教材　Ⅳ. ①TN07

中国国家版本馆 CIP 数据核字（2023）第 158310 号

责任编辑：陈健德（E-mail:chenjd@phei.com.cn）
印　　刷：中煤（北京）印务有限公司
装　　订：中煤（北京）印务有限公司
出版发行：电子工业出版社
　　　　　北京市海淀区万寿路 173 信箱　邮编　100036
开　　本：787×1 092　1/16　印张：15.75　字数：404 千字
版　　次：2011 年 11 月第 1 版
　　　　　2023 年 8 月第 2 版
印　　次：2023 年 8 月第 1 次印刷
定　　价：66.00 元

凡所购买电子工业出版社图书有缺损问题，请向购买书店调换。若书店售缺，请与本社发行部联系，联系及邮购电话：（010）88254888，88258888。

质量投诉请发邮件至 zlts@phei.com.cn，盗版侵权举报请发邮件至 dbqq@phei.com.cn。

本书咨询联系方式：chenjd@phei.com.cn。

前言

电子产品的生产过程离不开线上维修,电子产品出厂后必须有售后维修服务。因此,电子产品维修课程成为职业院校多个专业的重要专业课程。

本书主要具有以下特点。

(1)依据专业教学标准设置知识结构,注重行业发展对课程内容的要求,精选典型案例,精心设计教学项目。

(2)坚持以维修岗位需要为主线,遵守行业作业标准,按照"任务目标、任务描述、任务准备、任务实施、任务评价"的思路编写各工作任务。

(3)在处理台式计算机主板电路故障时,将软件应用与硬件维修相结合,贯彻理论指导实践的思想,突出实用性,重视学生基本应用能力及通用维修技能的培养。

(4)在实测实操的基础上,将电路仿真分析作为电路检测与维修的判断参考,可以帮助学生加深对电路原理的理解,并掌握电路关键点的参数和信号波形,作为故障判断参考。

(5)在结构组织上,从简单到复杂,由浅入深,层次分明,同时引入多主体、全过程考核评价机制,突出培养学生的团队协作、勤学苦练、不畏艰苦、认真仔细、高效工作的态度,以及树立其为国家、人民多做贡献的价值观,并弘扬严谨细致、追求极致、精益求精的精神。

本书设有 5 个项目。项目 1 介绍电路仿真软件 Multisim 的应用,电子产品中典型电源的电路组成、工作原理、故障检修;项目 2 介绍常用电子元器件的主要功能、检测方法、典型应用,常用维修工具的使用方法;项目 3 介绍 LED 应急照明灯电路的组成、工作原理,常见故障的维修方法等;项目 4 介绍台式计算机主板的电路组成、工作原理,常见故障现象及维修方法等;项目 5 以全国职业院校技能大赛内容为基础,主要介绍智能电子产品电路的调试与检测维修、FPGA 重构式智能电子产品的检测维修。需要说明的是,为了与电路仿真软件 Multisim 中的电路图保持一致,本书中截取的电路仿真图未进行修改,请读者在实际使用时按照新国标实施。

本书由金华职业技术学院王成福和诸葛坚担任主编。本书的出版得到电子工业出版社和金华职业技术学院领导的大力支持,编者在此表示衷心感谢。

由于编者水平和经验有限,书中难免有不妥之处,敬请读者批评指正。

为方便教师教学,本书配有免费的电子教学课件、思考与练习题参考答案等资源,有需要的教师可登录华信教育资源网(http://www.hxedu.com.cn)注册后下载,有问题可在网站留言或与电子工业出版社(E-mail:hxedu@phei.com.cn)联系。

扫一扫看本课程内容设计与教学实施微课视频

扫一扫看本书思考与练习题参考答案

编 者

目　录

项目 1　电路仿真及典型电源应用 ……………………………………………………… 1

　　任务 1.1　电路仿真软件 Multisim 的应用 ……………………………………………… 2

　　　　1.1.1　任务目标 ……………………………………………………………………… 2

　　　　1.1.2　任务描述 ……………………………………………………………………… 2

　　　　1.1.3　任务准备——电路仿真的目的与主流电路仿真软件 …………………………… 2

　　　　1.1.4　任务实施——Multisim 的安装与应用 ……………………………………… 4

　　　　1.1.5　任务评价 …………………………………………………………………… 10

　　任务 1.2　线性直流稳压电源 …………………………………………………………… 11

　　　　1.2.1　任务目标 …………………………………………………………………… 11

　　　　1.2.2　任务描述 …………………………………………………………………… 11

　　　　1.2.3　任务准备——直流稳压电源的电路组成与工作原理 ………………………… 11

　　　　1.2.4　任务实施——常用的线性直流稳压电源 …………………………………… 14

　　　　1.2.5　任务评价 …………………………………………………………………… 23

　　任务 1.3　开关稳压电源 ………………………………………………………………… 24

　　　　1.3.1　任务目标 …………………………………………………………………… 24

　　　　1.3.2　任务描述 …………………………………………………………………… 24

　　　　1.3.3　任务准备——开关稳压电源的电路组成与工作原理 ………………………… 24

　　　　1.3.4　任务实施——开关稳压电源的应用 ………………………………………… 29

　　　　1.3.5　任务评价 …………………………………………………………………… 33

　　任务 1.4　直流充电电源 ………………………………………………………………… 33

　　　　1.4.1　任务目标 …………………………………………………………………… 33

　　　　1.4.2　任务描述 …………………………………………………………………… 34

　　　　1.4.3　任务准备——充电电池的种类及充电方式 ………………………………… 34

　　　　1.4.4　任务实施——直流充电电源的应用 ………………………………………… 36

　　　　1.4.5　任务评价 …………………………………………………………………… 46

　　任务 1.5　逆变电源 ……………………………………………………………………… 46

　　　　1.5.1　任务目标 …………………………………………………………………… 46

　　　　1.5.2　任务描述 …………………………………………………………………… 47

　　　　1.5.3　任务准备——逆变电源的分类与工作原理 ………………………………… 47

　　　　1.5.4　任务实施——逆变电源的应用 ……………………………………………… 50

　　　　1.5.5　任务评价 …………………………………………………………………… 51

　　思考与练习题 1 …………………………………………………………………………… 51

项目 2　电子元器件及维修工具 ………………………………………………………… 53

　　任务 2.1　电阻器 ………………………………………………………………………… 53

　　　　2.1.1　任务目标 …………………………………………………………………… 53

·V·

2.1.2　任务描述 ··· 54

2.1.3　任务准备——电阻器的分类及主要参数 ··································· 54

2.1.4　任务实施——电阻器的识读、检测与应用 ································· 57

2.1.5　任务评价 ··· 63

任务 2.2　电容器 ·· 63

2.2.1　任务目标 ··· 63

2.2.2　任务描述 ··· 64

2.2.3　任务准备——电容器的分类及主要参数 ··································· 64

2.2.4　任务实施——电容器的识读、检测与应用 ································· 66

2.2.5　任务评价 ··· 72

任务 2.3　电感器 ·· 72

2.3.1　任务目标 ··· 72

2.3.2　任务描述 ··· 72

2.3.3　任务准备——电感器的分类及其主要参数 ································· 73

2.3.4　任务实施——电感器的识读、检测与维修 ································· 74

2.3.5　任务评价 ··· 76

任务 2.4　半导体分立器件 ·· 77

2.4.1　任务目标 ··· 77

2.4.2　任务描述 ··· 77

2.4.3　任务准备——半导体分立器件的分类及特点 ····························· 77

2.4.4　任务实施——半导体分立器件的检测与应用 ····························· 80

2.4.5　任务评价 ··· 90

任务 2.5　电子产品常用维修工具 ··· 90

2.5.1　任务目标 ··· 90

2.5.2　任务描述 ··· 91

2.5.3　任务准备——常用维修工具 ·· 91

2.5.4　任务实施——常用维修工具的使用 ··· 93

2.5.5　任务评价 ·· 100

思考与练习题 2 ··· 100

项目 3　LED 应急照明灯电路与维修 ·· 102

任务 3.1　LED 照明基础 ·· 102

3.1.1　任务目标 ··· 102

3.1.2　任务描述 ··· 102

3.1.3　任务准备——LED 照明原理 ··· 103

3.1.4　任务实施——LED 照明电路 ··· 106

3.1.5　任务评价 ··· 115

任务 3.2　LED 应急照明灯 ··· 116

3.2.1　任务目标 ··· 116

3.2.2　任务描述 ··· 116

3.2.3 任务准备——消防应急照明灯 ···················· 117
3.2.4 任务实施——LED 应急照明灯 ···················· 119
3.2.5 任务评价 ······································ 126
任务 3.3 LED 应急标志灯 ·· 127
3.3.1 任务目标 ······································ 127
3.3.2 任务描述 ······································ 127
3.3.3 任务准备——RH-201A 型应急标志灯 ··············· 127
3.3.4 任务实施——RH-201F 型应急标志灯 ··············· 133
3.3.5 任务评价 ······································ 138
思考与练习题 3 ·· 139

项目 4 台式计算机主板电路及维修 ···························· 140
任务 4.1 计算机主板的构成 ······································ 141
4.1.1 任务目标 ······································ 141
4.1.2 任务描述 ······································ 141
4.1.3 任务准备——计算机系统的组成 ·················· 141
4.1.4 任务实施——计算机主板的架构 ·················· 145
4.1.5 任务评价 ······································ 151
任务 4.2 主板插槽与计算机接口 ·································· 152
4.2.1 任务目标 ······································ 152
4.2.2 任务描述 ······································ 152
4.2.3 任务准备——计算机接口 ······················· 152
4.2.4 任务实施——主板插槽与接口 ···················· 154
4.2.5 任务评价 ······································ 167
任务 4.3 计算机电源及机箱前面板的信号连接 ······················ 167
4.3.1 任务目标 ······································ 167
4.3.2 任务描述 ······································ 167
4.3.3 任务准备——计算机电源的类型及特点 ·············· 168
4.3.4 任务实施——ATX 电源及机箱前面板的信号连接 ······· 170
4.3.5 任务评价 ······································ 175
任务 4.4 主板电路 ··· 176
4.4.1 任务目标 ······································ 176
4.4.2 任务描述 ······································ 176
4.4.3 任务准备——主板电路的识读方法 ················· 177
4.4.4 任务实施——主板电路的工作原理及维修 ············· 178
4.4.5 任务评价 ······································ 207
任务 4.5 LCD ·· 208
4.5.1 任务目标 ······································ 208
4.5.2 任务描述 ······································ 208
4.5.3 任务准备——液晶显像原理 ······················ 209

·VII·

4.5.4　任务实施——TFT-LCD ·· 212

4.5.5　任务评价 ·· 218

思考与练习题 4 ··· 219

项目5　智能电子产品电路检测与维修 ······································ 220

任务 5.1　智能电子产品电路的检测维修 ···································· 221

5.1.1　任务目标 ·· 221

5.1.2　任务描述 ·· 221

5.1.3　任务准备——智能电子产品功能板的电路组成与工作原理 ············ 221

5.1.4　任务实施——智能电子产品功能板的芯片级检修 ···················· 229

5.1.5　任务评价 ·· 234

任务 5.2　FPGA 重构式智能电子产品的检测维修 ···························· 235

5.2.1　任务目标 ·· 235

5.2.2　任务描述 ·· 235

5.2.3　任务准备——FPGA 重构式智能电子产品功能板的电路组成与工作原理 ··· 235

5.2.4　任务实施——FPGA 重构式智能电子产品的检测维修 ················· 238

5.2.5　任务评价 ·· 242

思考与练习题 5 ··· 243

参考文献 ·· 244

项目 1

电路仿真及典型电源应用

扫一扫看本项目教学课件

电路仿真就是先将设计好的电路图通过仿真软件进行实时模拟（模拟电路的实际功能），然后通过对其进行分析改进，从而实现电路的优化设计。电路仿真软件主要是为工程师在进入更为复杂的电路原型开发阶段之前，找出并修正电路设计中的错误而设计的。然而，学生在检修某些复杂电路或者不太熟悉电路性能参数的电子产品时，可通过电路仿真来理解电路的功能，并通过将故障电路的参数测量与仿真结果进行比较，找到电路故障点并对其进行有针对性的处理。同时，学生通过应用电路仿真软件，可以帮助其分析、综合、组织和评估所学的知识。正是因为电路仿真软件不仅有对电路实际功能的模拟，还有良好的图形操作界面，所以它被广泛用来辅助电子工程方面的教学。

电子产品是以电能为工作基础的相关产品，主要包括手机、电话、计算机、电视机、影碟机、录像机、摄录机、收音机、收录机、组合音箱、激光唱机（CD）、游戏机、移动通信产品等。但是电子产品只要离开了电源，就没办法发挥它的作用了。电源是向电子产品提供功率的装置，也称为电源供应器，它提供电子产品中所有部件所需要的电能。按用途划分，电源可以分为特种电源和普通电源。特种电源又可细分为安防电源、高压电源、医疗电源、军用电源、航空航天电源、激光电源、其他特种电源等。普通电源又可细分为 220 V 普通交流电源、交流稳压电源、直流稳压电源、开关稳压电源、DC/DC 电源、逆变电源、通信电源、不间断电源、EPS（Emergency Power Supply，应急电源）、计算机电源等。组成电源的元器件主要有变压器、电阻器、电感器、电容器、半导体二极管、半导体三极管、绝缘栅场效应管（MOS 管）、集成电路（Integrated Circuit，IC）等。这些元器件按照特定的电路原理安装或焊接在电路板上，共同保证电源正常工作。

在示波器行业，示波器故障的 80%是由电源问题导致的，其他电子产品故障的 60%是由电源问题导致的。所以，要学习检修电子产品，首先要学会检修电源。要检修电源，学生需要掌握电源的组成与工作原理，元器件的识读、性能参数测量、更换方法，电源检修后的调试、参数调整等。

任务 1.1 电路仿真软件 Multisim 的应用

1.1.1 任务目标

（1）了解 Multisim 的主要功能。
（2）完成 Multisim 14 的安装工作。
（3）掌握 Multisim 14 的典型应用。

1.1.2 任务描述

Multisim 是一种专门用于电路仿真和设计的软件，是美国国家仪器有限公司（NI）下属的 Electronics Workbench Group 推出的以 Windows 为平台的仿真工具软件，是目前最为流行的 EDA 软件之一。该软件基于 PC（Personal Computer，个人计算机）平台，采用图形操作界面，虚拟仿真了一个与真实情况非常相似的电子电路实验工作台，它几乎可以完成在实验室进行的全部电子电路实验。它将计算机仿真与虚拟仪器技术有机结合，很好地解决了理论教学与动手实践脱节的问题，已被广泛地应用于电子电路分析、设计、仿真、检修等各项工作中。

学生要学会使用 Multisim 来仿真电子产品的相关电路，并熟悉 Multisim 集成化的设计环境、交互式地搭建电路原理图的步骤和方法，包括建立电路文件、放置元器件和仪表、元器件编辑、连线和进一步调整、电路仿真及对仿真结果进行分析。学生可通过 Multisim 很方便地把掌握的理论知识真实地展现出来，并且可以用虚拟仪器技术创造出真正属于自己的仪表，极大地提高了学生的学习热情和积极性。由于学生无须懂得深入的 SPICE 技术就可以利用 Multisim 很快地模拟和分析电路的功能，完成从理论到原理图捕获、仿真及原型设计制作和测试的产品开发流程，所以，这种仿真软件非常适合高职学生学习掌握电子电路的工作原理，以及分析电路中关键参数和信号波形，可为电子电路的检修提供强有力的帮助。

1.1.3 任务准备——电路仿真的目的与主流电路仿真软件

1. 电路仿真的目的

为了确保电路设计的成功，消除代价昂贵并且存在潜在危险的设计缺陷，学生必须在设计流程的每个阶段进行周密的计划。尽管电路仿真没有能够替代提供测量并评估最终行为实际作用的方法，但是它给出了一个成本低、效率高的方法。由于该方法能够在进入更为昂贵、费时的原型开发阶段之前，找出问题所在，因此最佳的设计流程需要将仿真与原型开发混合进行。

原型开发阶段帮助工程师在产品进入市场之前，发现其存在的问题。在设计流程中加入仿真步骤，就能够预测并且更好地理解电路行为、对假设的情形进行实验、优化关键电路、对难以测量的属性进行特性研究，从而可以减少设计错误，加快设计进程。

2. 主流电路仿真软件

由于电路仿真软件对电路实际功能的模拟越来越逼真，且有良好的图形操作界面，因此这类软件的使用能有效激发学生的学习热情，提高学习效率。电路仿真软件是进行电路仿真的必备工具。采用合适的电路仿真软件，可以在一定程度上简化电路仿真过程。目前，主流

电路仿真软件包括 LTspice、Multisim、Proteus Pro、Electronic Workbench 和 Allegro，它们各有自己的特点和适用范围。

1）LTspice

LTspice 是一款由美国凌力尔特公司推出的电路仿真软件，它具有高性能 SPICE Ⅲ 仿真器、电路图捕获和波形观测器，并为简化开关稳压器的仿真提供了改进和模型。它包括 80% 的凌力尔特开关稳压器的 SPICE 和 Macro 模型，200 多种运算放大器模型及电阻器、晶体管和 MOS 管模型。LTspice 具有专门为提高现有多内核处理器利用率而设计的多线程求解器。另外，该软件还内置了新型 Sparse 矩阵求解器。这种求解器采用汇编语言，旨在接近现用浮点处理单元（FPU）的理论浮点计算限值。

2）Multisim

Multisim 适用于电路板级模拟电路和数字电路的设计与仿真。该软件方便学生自学，便于开展综合性的设计和实验，有利于培养学生的综合分析能力、开发能力和创新能力。该软件支持 BSIM4 MOS 管、场效应管器件宽长比等先进参数模型、高级二极管参数模型，具有丰富的元器件库，仪器库比较完善，仿真项目较多，分析工具全面，如瞬态分析、时域分析和频域分析等；在电路仿真时，还可以为元器件设置人为故障等。Multisim 14 不仅支持 MCU，还支持汇编语言和 C 语言为单片机注入程序，并有与之配套的制版软件 NI Ultiboard 10。

3）Proteus Pro

Proteus Pro 是英国 Lab Center Electronics 公司推出的一款嵌入式系统仿真开发软件，从原理图布图、代码调试到单片机与外围电路协同仿真，一键切换到 PCB（Printed-Circuit Broard，印制电路板）设计，真正实现了从原理图设计、单片机编程、系统仿真到 PCB 设计，是目前最好的仿真单片机及外围电路的工具之一，受到单片机爱好者、从事单片机教学人员、致力于单片机开发应用科技工作者的青睐。Proteus Pro 的处理器支持 8051、HC11、PIC10/12/16/18/24/30/DsPIC33、AVR、ARM、8086 和 MSP430 等，2010 年又增加了 Cortex 和 DSP 系列处理器，并持续增加其他系列处理器。在编译方面，它支持 IAR、Keil 和 MPLAB 等多种编译器。

4）Electronic Workbench

Electronic Workbench 是加拿大 Interactive Image Technologies（IIT）公司于 1988 年开发的电子电路仿真软件。Electronic Workbench 的最新版本是一款经典小巧、好用的模拟数字电路仿真软件，可以进行各种电路工作演示，模拟各种电子电路，缩放显示的波形，仿真数字电路、模拟（线性）电路、数字与模拟（线性）混合电路的工作点，如波形、频率、周期、有效值等。自 2005 年 IIT 公司隶属于美国 NI 公司后，该公司第一次推出了软件 Multisim 9。

5）Allegro

Allegro 是美国 Cadence 公司推出的先进 PCB 设计布线软件。Allegro 提供了良好且交互的工作接口和强大完善的功能，为当前高速、高密度、多层、复杂的 PCB 设计布线提供了最完美的解决方案。Allegro 拥有完善的约束条件设定，用户只须按要求设定好布线规则，在布线时不违反 DRC（Design Rule Check，设计规则检查）就可以达到布线的设计要求，从而缩短了人工检查时间，提高了工作效率。该软件可以定义最小线宽或线长等参数，以符合当今高速电路板布线的种种需求。

3. Multisim 14 的主要特点

Multisim 14 是美国 NI 公司推出的符合行业标准的 SPICE 仿真和电路设计软件，适用于模拟、数字和电力电子领域的教学和研究。Multisim 14 具有单元电路、功能电路、单片机硬件电路的构建及相应软件调试的仿真，系统的组成及仿真，仪表仪器的原理及制造仿真，PCB 的设计及制作等功能。

1.1.4 任务实施——Multisim 的安装与应用

Multisim 是一款功能非常强大的 SPICE 仿真标准环境工具，在业内受到了大部分教师、工程师、科技工作者的青睐。Multisim 14 具有动态显示元器件、虚拟仪表、设计环境、3D 效果、仿真电路、图形显示窗口等功能，可以快速帮助用户进行设计原型的开发。

1. Multisim 14 的安装要求

（1）支持的操作系统：Windows 11/Windows 10。
（2）处理器：多核 Intel 系列或更高，Xeon 或 AMD 等效产品。
（3）内存：4 GB（推荐 8 GB 或更多）。
（4）可用硬盘空间：4 GB（推荐 8 GB 或更多）。
（5）软件语言：英文、中文。

2. 安装 Multisim 14

在 Multisim 14 的安装过程中需要断网和关闭杀毒软件，否则容易安装失败。

（1）在软件压缩包"Multisim_14.0.zip"上右击解压，选择【解压到 Multisim14.0】，打开解压缩后的文件夹"Multisim14.0"，右击安装程序"NI_Circuit_Design_Suite_14_0.exe"，选择【以管理员身份运行】命令，单击【确定】按钮，打开图 1-1 所示的安装软件解压操作界面。

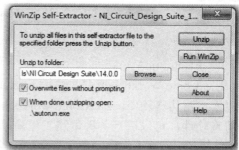

图 1-1　安装软件解压操作界面

（2）选择解压缩后的文件路径或按系统默认设置，单击【Unzip】按钮，单击【确定】按钮，运行直至解压缩完成，单击【确定】按钮，打开图 1-2 所示的安装软件解压完成后的界面。

（3）在打开的界面中，选择【Install NI Circuit Design Suite 14.0】选项，打开图 1-3 所示的输入用户名与工作单位的界面。

项目 1　电路仿真及典型电源应用

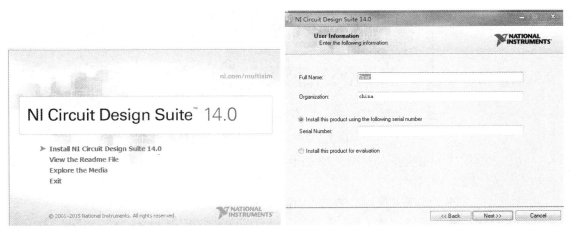

图 1-2　安装软件解压完成后的界面　　　　图 1-3　输入用户名与工作单位的界面

（4）在【Full Name】文本框和【Organization】文本框中，输入用户名和工作单位（自由定义）后，单击【Next】按钮。

（5）在打开的警告对话框中，单击【否】按钮。

（6）在随后打开的若个界面中，单击【Browse】按钮设置软件的安装路径，建议安装在除 C 盘之外的其他磁盘，可以将软件安装在 D 盘或者其他盘，新建一个文件夹"Multisim 14.0"，设置好软件安装路径后单击【Next】按钮，直至出现图 1-4 所示的是否接受软件许可协议的界面。

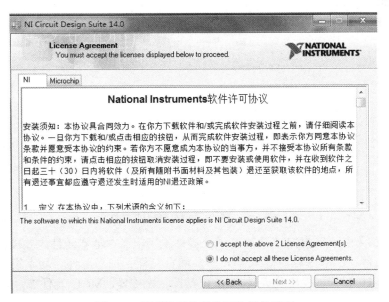

图 1-4　是否接受软件许可协议的界面

（7）选择【I accept the above 2 License Agreement】单选按钮，单击【Next】按钮，直至出现图 1-5 所示的重启或关机界面。

（8）先把光标移到【Restart Later】按钮上，再按 Enter 键。

（9）选择【开始】→【Multisim 14.0.0】命令，用鼠标将其拖到桌面即可创建快捷方式。

5

图 1-5　重启或关机界面

（10）找到安装 Multisim 的目录，如 C:\Program Files\National Instruments\Circuit Design Suite14，双击即可打开软件。

（11）在打开的文件夹中找到文件夹"stringfiles"，双击打开。

（12）在空白处右击并选择【粘贴】命令，将复制的文件夹"Chinese-simplified"粘贴到文件夹"stringfiles"中，软件安装结束。

3. 运行 Multisim14

在桌面上双击"Multisim14"快捷图标，打开 Multisim14 的启动界面，如图 1-6 所示。主菜单包括【文件】菜单、【编辑】菜单、【视图】菜单、【绘制】菜单、【MCU】菜单、【仿真】菜单、【转移】菜单、【工具】菜单、【报告】菜单、【选项】菜单、【窗口】菜单与【帮助】菜单。

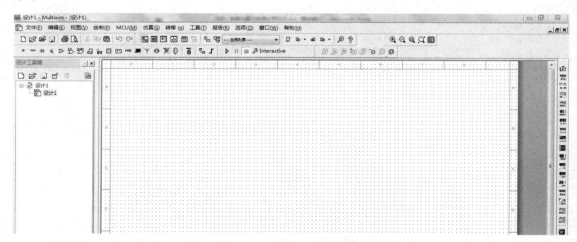

图 1-6　Multisim 14 的启动界面

在 Multisim 14 中可以直接放置的电子元器件包括电源、基本元件、二极管、晶体管、模拟元件、TTL 元件、CMOS 器件、数字元件、混合元件、指示部件、功率组件、其他部件、高级外部设备、RF 元件、机电类元件、NI 元器件、连接器、MCU 元件库，它还可以放置分层模块、放置总线，如图 1-7 所示。

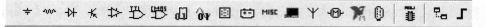

图 1-7　Multisim 14 中可以放置的电子元器件

Multisim 14 提供的虚拟仪器分为模拟仪器、数字仪器、射频仪器、电子测量中的真实仪

器、测试探针和 LabVIEW 仪器。其中，模拟仪器包括万用表、函数发生器、瓦特计、示波器、4 通道示波器、波特测试仪、频率计数器、IV 分析仪、失真分析仪。数字仪器包括字发生器、逻辑变换器、逻辑分析仪。射频仪器包括光谱分析仪、网络分析仪。电子测量中的真实仪器包括 Agilent 函数发生器、Agilent 万用表、Agilent 示波器、Tektronix 示波器、NI ELVISmx 仪器。测试探针包括实时电压测量探针与电流测量探针。LabVIEW 仪器包括晶体管分析仪、阻抗表、麦克风、扬声器、信号分析仪、信号发生器和流信号发生器。

4. 单相交流电路的仿真

以电阻器 R_2 和电阻器 R_3 串联后与电阻器 R_1 并联电路为例，对该电路施加 220 V 交流电源后在 Multisim 14 中进行电路仿真试验。单击"Multisim 14"快捷图标，启动电路仿真软件后，按照图 1-8（a）所示的单相交流电路图放置交流电源和电阻器 R_1、R_2、R_3，并用导线将它们连接好，在 R_1 两端并联万用表 XMM1（测量电压），将万用表 XMM2（测量电流）与 R_2 串联，将瓦特计 XWM1 的电压线圈与 R_2 并联、电流线圈与 R_2 串联，完成电路仿真图的绘制工作。选择【仿真】→【运行】命令或者单击"Multisim 14"快捷图标，软件开始进行电路仿真。电路仿真运行后的结果：R_1 两端的电压为 219.992 V，流过 R_2 的电流为 215.678 mA，R_2 消耗的功率为 23.725 W。单相交流电路的仿真结果如图 1-9 所示。

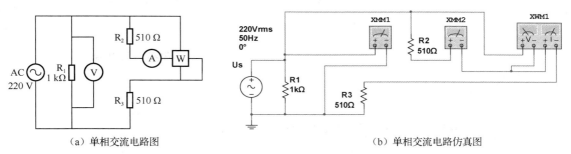

图 1-8　单相交流电路及其仿真图

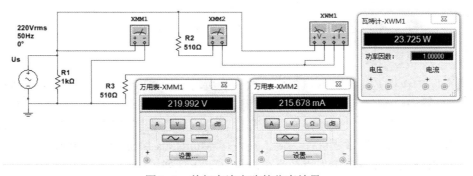

图 1-9　单相交流电路的仿真结果

5. 三相交流电路的仿真

三相交流电路的负载采用星形连接，将 3 个相电压分别加到电阻器 R_1、R_2 与 R_3 上，进行电路仿真试验。单击"Multisim 14"快捷图标，启动电路仿真软件后，按照图 1-10（a）所示的三相交流电路图放置交流电源 V_1 和电阻器 R_1、R_2、R_3，并用导线将它们连接好。其中图 1-10（b）中的 XMM1 用于测量 R_2 两端的电压，XMM2 用于测量流过 R_2 的电流，XWM1 用于测量 R_3 消耗的功率，XMM3 用于测量线电压。

电子产品原理分析与故障检修（第2版）

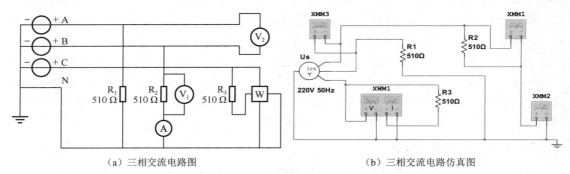

(a) 三相交流电路图　　　　　　　　　　(b) 三相交流电路仿真图

图 1-10　三相交流电路及其仿真图

电路仿真运行后的结果：R_2 两端的电压为 220.017 V，流过 R_2 的电流为 431.405 mA，R_3 消耗的功率为 94.917 W，A 相与 B 相之间的线电压为 381.073 V。三相交流电路的仿真结果如图 1-11 所示。

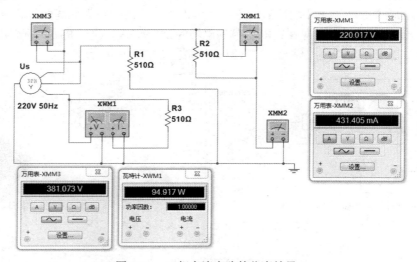

图 1-11　三相交流电路的仿真结果

6. 放大电路的仿真

放大电路的作用是将微弱的模拟信号放大到所需要的数值。在放大电路中，核心器件是晶体管，它包括双极型三极管（简称晶体管）和单极型三极管（通常称为场效应管，FET）。要使放大电路处于正常放大状态，必须给晶体管设置合适的静态工作点，以保证在信号的整个周期内晶体管均工作在放大区。为此，在使用 Multisims 14 进行放大电路仿真测试时，需要对放大电路分别进行直流工作点仿真分析和交流仿真分析。

1）单管共发射极放大电路及其仿真电路

绘制单管共发射极放大电路及其仿真图，如图 1-12 所示。

2）直流工作点仿真分析

选择【选项】→【电路图属】命令，在【网络名称】对话框中，选择【全部显示】，并单击【确认】按钮，电路节点会自动显示。选择【仿真】→【Analyses and simulaton】命令，单击【直流工作点】按钮，从所有变量中，选择用于分析的变量，如选择 V(1)，并单击【添

加】按钮，依次由图1-13可得基-射极电压为0.604 22 V，基极电流为0.006 65 mA，集电极电流为1.159 23 mA，共发射极电流放大倍数为174，集-射极电压为8.515 67 V。选择所有用于分析的变量，并单击【Run】按钮即可得到图1-13所示的单管共发射极放大电路直流工作点分析图。

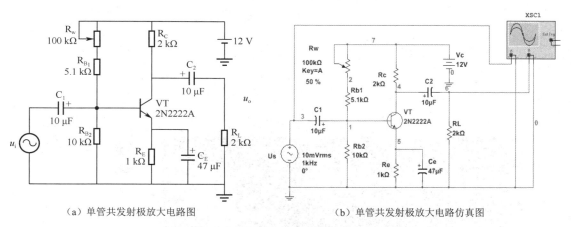

（a）单管共发射极放大电路图　　　　　（b）单管共发射极放大电路仿真图

图1-12　单管共发射极放大电路及其仿真图

图1-13　单管共发射极放大电路直流工作点分析图

3）通过仿真测量估算电压放大倍数

在工程中输出电压不失真的情况下，电路的电压放大倍数常用示波器进行测量。在仿真电路中，用双通道示波器同时测量信号源两端电压波形和负载两端电压波形，可以大致估算电压放大倍数。运行单管共发射极放大仿真电路，单击示波器显示信号波形，并根据示波器波形得到信号源电压最大值为 14.3 mV，负载电压最大值为 500 mV，则电压放大倍数为500/14.3=35。

4）交流仿真分析通频带

打开单管共发射极放大电路仿真图，选择【仿真】→【Analyses and simulaton】命令，选择【交流分析】，在打开对话框的【频率参数】选项卡中，设置起始频率（默认值为1 Hz）、停止频率（默认值为10 GHz）、扫描类型（默认值为十倍频程）、每十倍频程点数（默认值为10）、垂直刻度（默认值为分贝）。在【输出】选项卡中，选择【V(6)】选项并单击【添加】按钮，如图1-14所示。

在设置好频率参数和输出参数后，单击【Run】按钮，就能得到图1-15所示的单管共发射极放大电路的幅频特性与相频特性曲线。在幅频特性曲线上方，选择【光标】→【显示光标】，将光标移到测量位置，可以得到比中频段电压增益减小3 dB的上下限截止频率，分别为

电子产品原理分析与故障检修（第 2 版）

56.389 2 MHz 和 102.227 9 Hz，则单管共发射极放大电路的通频带为 56.389 2 MHz-102.227 9Hz=56.38 MHz。

图 1-14　交流仿真分析参数设置

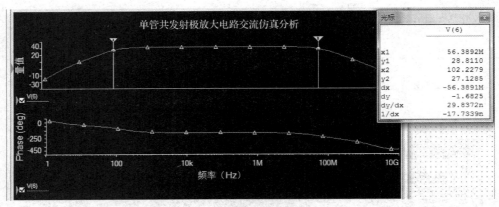

图 1-15　单管共发射极放大电路的幅频特性与相频特性曲线

1.1.5　任务评价

在完成 Multisim 任务学习后，对学生主要从主动学习、高效工作、认真实践的态度，团队协作、互帮互学的作风，良好的电路设计水平与电路仿真技能，树立为国家、人民多做贡献的价值观等方面进行评价，并采用学生自评、小组互评、教师评价来综合评定每一位学生的学习成绩。Multisim 任务评价如表 1-1 所示。

表 1-1　Multisim 任务评价

评价指标	评 价 要 素	分值	学生自评（10%）	小组互评（20%）	教师评价（70%）	得分
Multisim 的安装	能根据 Multisim 14 的安装要求，选择合适的计算机，并进行软件的安装	10				
Multisim 的使用	能阅读 Multisim 的使用手册，正确使用 Multisim 14 进行电路仿真的各项操作，包括仿真电路的设计、各种仿真结果的分析及应用等	60				
文档撰写	能撰写 Multisim 的安装与使用报告，包括摘要、正文、图表等符合规范性要求	20				
职业素养	符合 7S（整理、整顿、清扫、清洁、素养、安全、节约）管理要求，具备认真、仔细、高效的工作态度	10				

任务1.2 线性直流稳压电源

1.2.1 任务目标

扫一扫看直流
稳压电源设计
微课视频

（1）了解直流稳压电源的主要功能及分类。
（2）熟悉直流稳压电源的主要技术指标。
（3）能分析线性直流稳压电源的电路组成与工作原理。
（4）掌握线性直流稳压电源的典型应用。

1.2.2 任务描述

在许多电子产品中，如手机、电视机、计算机等，都要求提供电压稳压性能良好的直流稳压电源。这是因为直流稳压电源可以在电网电压波动或者负载发生变化时为负载提供基本稳定的直流电压，是电子产品必不可少的组成部分。低电压小功率直流电源是先由单相交流电压经变压器降压后，再经过整流和滤波电路获得的。然而，按照国家标准《电能质量 供电电压偏差》(GB/T 12325—2008)中规定：220 V 单相供电电压偏差为标称电压的+7%、-10%。另外，负载变化引起直流电源内阻上压降变化，均会导致整流滤波后输出的直流电压发生变化。为此，必须先将整流滤波后的直流电压由稳压电路稳定后再供给负载，使负载上的直流电压受上述因素的影响达到最小，以保证电子产品正常工作。

学生要学会分析、检修、设计、制作直流稳压电源的电路，熟悉直流稳压电源的电路组成与工作原理，掌握电路关键参数的测量步骤和检修方法，包括元器件的识读、维修工具的使用、电路故障的分析判断与检修，并能对检修后的电路进行通电调试，直至检修电路工作正常为止。在对直流稳压电源电路检修之前，可以使用电路仿真软件对电路进行仿真分析，以便得到电路正常工作时的信号波形和关键参数，为故障电路的检修提供参考。

1.2.3 任务准备——直流稳压电源的电路组成与工作原理

直流稳压电源是指能向负载提供稳定直流电压的电子装置。直流稳压电源按习惯可分为化学电源（各类电池、蓄电池）、线性直流稳压电源和开关稳压电源。线性直流稳压电源是指调整管工作在线性状态下的直流稳压电源。线性直流稳压电源的特点是：输出电压比输入电压低；反应速度快，输出纹波较小；工作产生的噪声低；效率较低（低压差线性稳压器就是为了解决效率问题而出现的）；发热量大（尤其是大功率电源），间接地给系统增加热噪声。

常用线性直流稳压电源（小功率）由变压器、整流电路、滤波电路、稳压电路组成，如图 1-16 所示。其中，变压器将 220 V 交流电压转换为电路所需要的交流电压；整流电路将交流电压转换为单向脉动的直流电压；滤波电路用来滤除整流后单向脉动直流电压中的交流成分，使之成为平滑的直流电压（不稳定）；稳压电路将不稳定的直流电压转换为稳定的直流电压。

电子产品原理分析与故障检修（第 2 版）

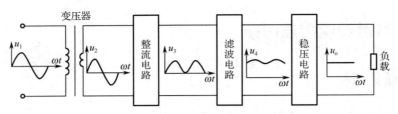

图 1-16　常用线性直流稳压电源的组成

1. 单相整流电路

利用二极管的单相导电性，可将交流电压转换为单向脉动的直流电压。单相整流电路可分为半波整流、全波整流和桥式整流。二极管单相整流电路如图 1-17 所示，对应的输入/输出波形如图 1-18 所示。

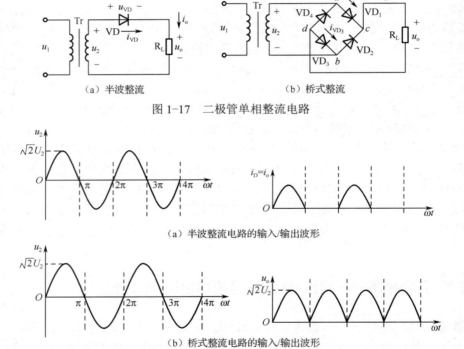

（a）半波整流　　　　　　　　　　　　（b）桥式整流

图 1-17　二极管单相整流电路

（a）半波整流电路的输入/输出波形

（b）桥式整流电路的输入/输出波形

图 1-18　单相整流电路的输入/输出波形

由图 1-18（a）可知，负载上得到单向脉动直流电压，由于电路只在 u_2 的正半周有输出，所以称该电路为半波整流电路。半波整流电路具有结构简单、使用元器件少、成本低等优点，缺点是交流电压中只有半个周期得以利用，输出直流电压低，即 $u_o \approx 0.45 U_2$，一般适用于输出功率较小，对直流电压要求不高的场合，其中 U_2 为输入交流电压有效值。由 4 个二极管构成的桥式整流电路的输入/输出波形如图 1-18（b）所示。在整个周期内，始终有同方向的电流流过负载，故负载上得到单方向全波脉动的直流电压。可见，桥式整流电路输出电压为半波整流电路输出电压的 2 倍，即 $u_o \approx 0.9 U_2$。

图 1-19 给出了整流全桥的电路符号及外形。其中，标有"～"或"AC"符号的引脚表示接变压器二次绕组或交流电源。标有"+"与"-"符号的引脚表示整流后输出电压的正、负极，分别和滤波稳压电路输入端的正、负极相连。

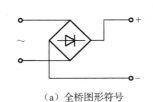

（a）全桥图形符号　　　　（b）全桥外形

图 1-19　整流全桥的电路符号及外形

2. 滤波电路

整流电路将交流电压变为脉动直流电压，但其中含有大量的交流成分，故称该电压为纹波电压。为了滤去纹波电压中的交流成分，应在整流电路的后面加接滤波电路。常用的滤波电路主要有电容滤波电路、电感滤波电路、电感电容复式滤波电路、电阻电容复式滤波电路。

对于电容滤波电路，滤波电容（单位为F）的计算公式为

$$C \geq \frac{0.289}{f\frac{U}{I}\text{ACv}} \tag{1-1}$$

式中，f 是整流电路的脉冲频率（Hz）；U 是整流电路的最大输出电压（V）；I 是整流电路的最大输出电流（A）；ACv 是纹波系数，它等于峰值电压与谷值电压差值的一半与平均电压的比值。例如，在桥式整流电路中，电路的最大输出电压为 12 V，电路的最大输出电流为 300 mA，纹波系数为 8%，则电容滤波电路的滤波电容为

$$C \geq \frac{0.289}{100 \times \frac{12}{0.3} \times 0.08} \approx 0.000\,9 = 900\,\mu\text{F}$$

因此电容滤波电路中的滤波电容选取 1000 μF 便能满足基本滤波要求。

对于全波（桥式）整流和电容滤波电路，接上额定负载，滤波后输出的直流电压为

$$u_o = 1.2U_2 \tag{1-2}$$

式中，U_2 是整流电路输入交流电压的有效值（V）。

对于半波整流和电容滤波电路，接上额定负载，滤波后的输出直流电压变为 $(1\sim1.1)U_2$。表 1-2 给出了常用滤波电路的性能简介。

表 1-2　常用滤波电路的性能简介

名　称	电容滤波电路	电感电容复式滤波电路	电阻电容复式滤波电路
电路图	（电路图）	（电路图）	（电路图）
输出电压	$u_o \approx 1.2U_2$	$u_o \approx 0.9U_2$	$u_o \approx 1.2U_2R_L/(R+R_L)$
优点	① 输出电压较高 ② 小电流时滤波效果较好	① 几乎没有直流电压损失 ② 滤波效果很好 ③ 整流电路不受浪涌电流的冲击 ④ 负载能力较强	① 滤波效果较好 ② 兼有降压限流作用 ③ 成本低、体积小

续表

名　称	电容滤波电路	电感电容复式滤波电路	电阻电容复式滤波电路
缺点	① 负载能力差 ② 电源接通瞬间充电电流很大,整流电路承受很大的浪涌电流	① 输出电流很大时需要有体积和质量都很大的滤波阻流圈 ② 输出电压较电容滤波电路的输出电压低 ③ 负载电流突变时易产生高电压,易击穿整流管	① 负载能力差 ② 有直流压降损失
适用场合	小电流负载或负载变化不大的场合	负载电流大、纹波系数较小的场合	负载电阻较大、电流较小、纹波系数较小的场合

3. 稳压电路

稳压电路根据调整元件类型的不同可分为硅稳压二极管稳压电路（简称稳压管稳压电路）、三极管稳压电路、晶闸管稳压电路、集成稳压电路等；根据调整元件与负载连接方法的不同，可分为并联型稳压电路和串联型稳压电路；根据调整元件工作状态的不同，可分为线性稳压电路和开关型稳压电路。

1.2.4　任务实施——常用的线性直流稳压电源

常用线性直流稳压电源包括由稳压管构成的稳压电源、晶体管串联调整型稳压电源、线性集成稳压电源。

1. 由稳压管构成的稳压电源

1）稳压管稳压电路

稳压管稳压电路由限流电阻器和稳压管组成，是线性稳压电路之一，如图 1-20 所示。该电路主要用于输出功率较小、对稳压要求不高的场合，有时也作为基准电压源。

在图 1-20 中，输入电压与负载之间会串联一个起限流保护稳压管和输出电压稳定调节作用的电阻器，称为限流电阻器。稳压管的稳压原理在于其具有很强的电流控制能力，当反向电流有很大增量时只引起很小的端电压变化。稳压管反向击穿曲线愈陡，动态电阻愈小，稳压管的稳压性能就愈好。当输入电压或负载变化时，假如输出电压降低，则稳压管内反向电流也降低，导致通过限流电阻器的电流降低，电压降 U_R 降低，由于 $U_o=U_i-U_R$，因此 U_o 会升高，上述过程可表示为

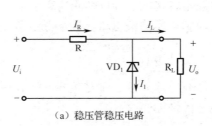
（a）稳压管稳压电路

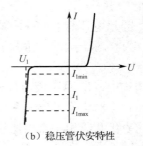
（b）稳压管伏安特性

图 1-20　稳压管稳压电路及伏安特性

$$U_o \downarrow \rightarrow I_1 \downarrow \rightarrow I_R \downarrow \rightarrow U_R \downarrow \rightarrow U_o \uparrow$$

由此可以看出，稳压管起自动调节电流的作用，而限流电阻器起稳定调节输出电压的作用。

2）稳压管及限流电阻器的选择

在图 1-20 所示的电路中，为了保证稳压管正常工作，就必须根据输入电压和负载的变化范围，来选择合适的限流电阻器及稳压管。

（1）限流电阻器 R 的选择。通过限流电阻器的选择，使流过稳压管的电流处于稳压管正常工作参考电流 $I_{1\min}$ 和最大稳定电流 $I_{1\max}$ 之间，确保稳压效果良好，又不会使稳压管发热过多而损坏。

当 U_i 达到最大值，I_L 达到最小值时，$U_i = U_{imax}$，则 $I_R = (U_{imax} - U_1)/R$ 达到最大值，而 $I_L = I_{Lmin}$，则 $I_1 = I_R - I_L$ 达到最大值。为了保证稳压管正常工作，此时的 I_1 应小于稳压管的最大稳定电流 $I_{1\max}$，即

$$\frac{U_{imax} - U_1}{R} - I_{Lmin} < I_{1\max}, \qquad R > \frac{U_{imax} - U_1}{I_{1\max} - I_{Lmin}} \qquad (1-3)$$

当 U_i 达到最小值，I_L 达到最大值时，$U_i = U_{imin}$，则流过 R 的电流 $I_R = (U_{imin} - U_1)/R$ 达到最小值，而 $I_L = I_{Lmax}$，流过稳压管的电流 $I_1 = I_R - I_L$ 达到最小值。此时稳压管的电流 I_1 应大于稳压管正常工作参考电流 $I_{1\min}$，即

$$\frac{U_{imin} - U_1}{R} - I_{Lmax} > I_{1\min}, \qquad R < \frac{U_{imin} - U_1}{I_{1\min} + I_{1\max}} \qquad (1-4)$$

限流电阻器的功率计算公式如下。

$$P = \frac{(U_{imax} - U_1)^2}{R}$$

综上所述，选择合适的限流电阻器既要保证稳压管反向击穿稳压，又要保证流过稳压管的电流不超过最大稳定电流，同时还要考虑限流电阻器的功率不超过额定值。

（2）确定稳压管的参数。稳压管的参数有稳定电压、动态电阻、工作电流、最大稳定电流、额定功耗、温度系数等。选取稳压管时，稳压管的稳定电压要等于负载电压；最大稳定电流的选取，要考虑负载电流为 0、输入电压达到最大值的特殊情况；动态电阻和温度系数越小越好。一般取 $U_1 = U_o$，$I_{1\max} = (1.5\sim3)I_{1\max}$，$U_i = (1.5\sim2)U_o$。

图 1-21 所示为 6 V 稳压管稳压电路。该电路经 C_1 降压、桥式整流和 C_2 滤波后得到 10 V 左右的直流电压，并经 R_2 限流，向稳压管和负载提供电流。其中，R_1 的作用是当电源断电时为 C_1 释放剩余电量提供通路。稳压管 2DW232 的主要参数：稳定电压为 6～6.5 V，动态电阻小于或等于 10 Ω，工作电流为 10 mA，最大稳定电流为 30 mA，额定功耗为 0.2 W，温度系数为 $10^{-4} \frac{\%}{℃}$。6 V 稳压管稳压电路的仿真图如图 1-22 所示。

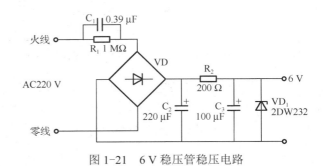

图 1-21 6 V 稳压管稳压电路

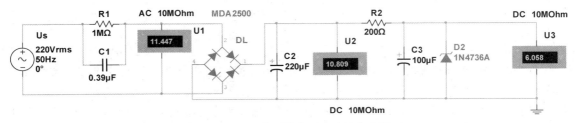

图 1-22 6 V 稳压管稳压电路的仿真图

2. 晶体管串联调整型稳压电源

稳压管稳压电路具有电路简单、成本低廉、调试方便等优点，但是其输出电流较小，仅有几十毫安，输出电压不能调节，稳压性能较差，只适用于对稳压性能要求不高的场合。对于稳压性能要求较高或者输出电流较大的场合，就不能由简单的稳压管稳压电路来供给。具有放大环节的晶体管串联调整型稳压电路不但其输出电压在一定范围内可调，而且稳压性能较好，所以应用较广。

1）晶体管串联调整型稳压电路的组成

图 1-23 所示为晶体管串联调整型稳压电路组成框图。晶体管串联调整型稳压电路由变压器、整流滤波电路、取样电路、基准电路、比较放大电路和调整电路组成。当输入电压或负载变动引起输出电压变化时，取样电路将输出电压的一部分馈送回比较放大器和基准电压进行比较，产生的误差电压经放大后去控制调整管的基极电流，自动地改变调整管集-射极电压，补偿输出电压的变化，从而维持输出电压基本不变。

图 1-24 所示为晶体管串联调整型直流稳压电路。VT_1 为调整管，R_4 为 VT_1 的基极提供偏置电压；VT_2 为比较放大管；R_3 和 VD 组成基准电压电路；R_1、R_2、R_P 组成取样电路。当输出电压由于某种原因升高时，其经取样电路使 VT_2 的基极电压升高，并经与发射极基准电压比较后，使 VT_2 的集电极电流升高，流经 R_4 的电压降升高，VT_1 的基极电压降低，进而控制调整管的输出电流降低，使输出电压降低，起到稳定输出电压的作用。

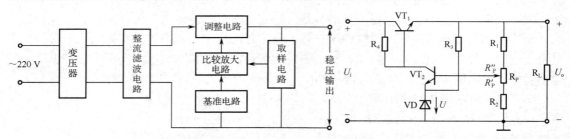

图 1-23 晶体管串联调整型稳压电路组成框图　　图 1-24 晶体管串联调整型直流稳压电路

2）晶体管串联调整型稳压电路的工作原理

在图 1-24 中，取样电路中有一个电位器 R_P 串接在 R_1 和 R_2 之间，可以通过调节 R_P 的电阻来改变输出电压的大小。输出电压为

$$U_o = \frac{(R_1 + R_2 + R_P)U}{R_P' + R_2} \tag{1-5}$$

输出电压的调节范围为

$$U_{o\min} = \frac{R_1 + R_2 + R_P}{R_P + R_2}U \tag{1-6}$$

$$U_{o\max} = \frac{R_1 + R_2 + R_P}{R_2}U \tag{1-7}$$

为提高输出电压的稳定性，应尽可能把输出电压的变化量全部放到比较放大管的基极，即分压比 $n = R_2/(R_1 + R_2)$ 应取得大一些，但是当 n 取值太大接近于 1 时，会使比较放大管的集-射极电压降过小，靠近饱和区而影响稳压范围，因此通常取 $n = 0.5\sim0.8$。同时，要求输入电压至少比最大输出电压高 3 V。

3）大功率晶体管串联调整型直流稳压电路

（1）精密基准电压源 TL431 的简介。TL431 是一种电压可调的精密基准电压源，其最高输入电压为 37 V，输出电压为 2.5～36 V，最小工作电流为 1 mA，最大稳定电流为 100 mA，动态电阻为 0.22 Ω。在电子电路中，TL431 的用途很广，它可以作为精密基准电压源，也可以用来代替稳压管构成串联调整型稳压电源，还可以作为恒流源及电压检测电路。另外，在开关稳压电源中，TL431 还可以作为简单的误差放大器。

（2）TL431 的封装和等效电路。TL431 有阴极 K（CATHODE）、阳极 A（ANODE）和参考电极 REF，其引脚封装和电路符号如图 1-25 所示。TL431 的输出电压 U_{KA} 为 2.5～36 V，连续可调，工作电流 I_{KA} 为 1 mA～100 mA，基准电压 U_{REF} 为 2.5×(1±2%) V。当 REF 端外加电压低于 2.5 V 时，TL431 内部比较器输出低电平，三极管截止，I_{KA} 为 0；当 REF 端外加电压大于或等于 2.5 V 时，TL431 内部比较器输出高电平，三极管处于正常放大状态，I_{KA} 与 REF 端外加电压成正比关系。

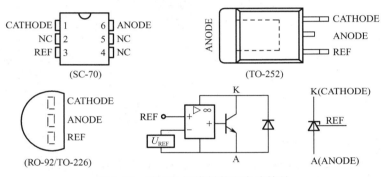

图 1-25　TL431 引脚封装和电路符号

（3）TL431 的应用举例。利用 TL431 作为基准电压的大功率可调稳压电源，输出电压为 2.5～24 V，最大输出电流为 6 A，如图 1-26 所示。AC220 V 电压经变压器降压、VD_1～VD_4 整流、C_1 滤波，得到 DC30 V 电压。此外 VD_5、VD_6、C_2、C_3 组成倍压整流电路，d 点电压为 U_d=60 V；R_W、R_3 组成分压电路，与 TL431 构成取样放大电路；VT_1、R_2 组成限流保护电路，场效应管 VT_2（NMOS 管，即 N 型沟道 MOS 管，其参数为 15 A、500 V、150 W、0.4 Ω）为调整管，C_5 为输出滤波电容器。稳压过程是：当电网电压或负载电阻降低引起输出电压降低时，f 点电压降低，经 TL431 内部放大使 e 点电压升高，经 VT_2 调整使其漏极电流升高，b 点电压升高，起到稳定调节输出电压的作用；反之，当输出电压升高时，f 点电压升高，e 点电压降低，经 VT_2 调整后，b 点电压降低，输出电压回到稳定值。当输出电流大于 6 A 时，R_2 上产生的电压降到 0.6 V，足以使三极管 VT_1 得到偏置而导通，e 点电压将大大降低，从而使 VT_2 的漏极电流降低，起到限制输出电流作用。这样，输出电流可以被限制在 6 A 以内，从而防止因过流而损坏调整管。在电路中除 R_1 选用 2 kΩ/2 W、R_2 选用 0.1 Ω/5 W 外，其他元器件无特殊要求。R_W 用来调节输出电压大小，输出电压为 U_o= 2.5(R_3+R'_W)/R_3（V），其中，R'_W 为电位器的有效电阻。当 R'_W=0 Ω 时，U_o=2.5 V；当 R'_W=5.1 kΩ 时，U_o=2.5×(470+5 100)/470 ≈ 29.6 V。

对图 1-26 所示的电路进行仿真，整流二极管选用工作电流为 3 A 的 1N5617，场效应管 VT_2 用 2N6755 代替，三极管 VT_1 用 2N5655 代替，将可调电阻器 R_W 的滑动片调至中点（50%）处。利用 TL431 作为基准电压的大功率可调稳压电源仿真图如图 1-27 所示。

电子产品原理分析与故障检修（第2版）

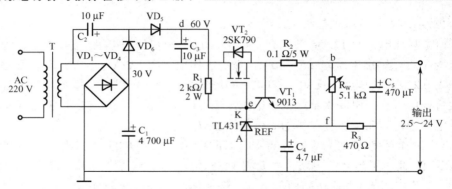

图 1-26 利用 TL431 作为基准电压的大功率可调稳压电源

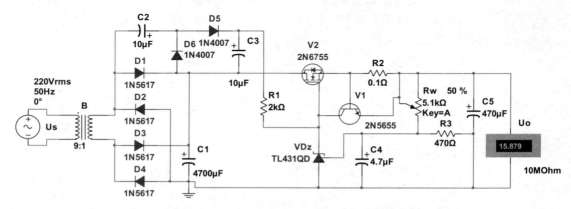

图 1-27 利用 TL431 作为基准电压的大功率可调稳压电源仿真图

3. 线性集成稳压电源

由分立器件组装的线性直流稳压电源虽然具有输出功率大、适应性较广等优点，但因其体积大、功能单一、使用不方便而使其应用范围受到限制。而线性集成稳压电源由于其体积小、可靠性高、使用灵活、价格低廉等优点而得到广泛应用，其中小功率的三端串联型稳压器的应用最为广泛。

1）三端固定输出集成稳压器

LM78××/79××系列集成稳压器的引脚有输入端（IN）、输出端（OUT）和公共端（GND），公共端的正常工作电流一般为 2 mA～8 mA。由于该系列集成稳压器能确保输出电压稳定，故称其为三端固定输出集成稳压器，其外形及封装图如图 1-28 所示。该系列集成稳压器属于串联调整型稳压电路，稳压器内部除了取样电路、基准电路、比较放大器和调整电路等，还有启动电路和保护电路。

国产 CW78××系列（与进口 LM78××系列对应）集成稳压器是三端固定输出正电压的集成稳压器，稳压时输入电压与输出电压的电压差应大于或等于 2.5 V，最大输入电压为 35 V。7800 系列集成稳压器的规格如表 1-3 所示。与 CW78××系列集成稳压器对应的输出负电压的集成稳压器是 CW79××系列集成稳压器。

应该注意，CW78××系列集成稳压器的金属外壳为公共端，所安装的散热器接地；而 CW79××系列集成稳压器的金属外壳为输入端，所安装的散热器不接地而接输入电压。

项目 1　电路仿真及典型电源应用

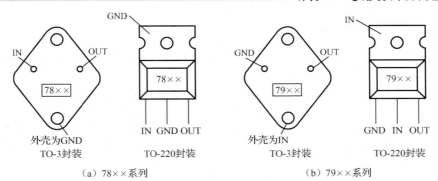

图 1-28　78××/79××系列集成稳压器外形及封装图

表 1-3　7800 系列集成稳压器的规格

型　　号	输出电流/A	输出电压/V
78L　××	0.1	5、6、9、12、15、18、24
78M　××	0.5	5、6、9、12、15、18、24
78　　××	1.5	5、6、9、12、15、18、24
78T　××	3	5、12、18、24
78H　××	5	5（78H05）、12（78H12）
78P　 05	10	5

2）三端固定输出集成稳压器的应用举例

三端固定输出集成稳压器 CW7815 和 CW7915 应用电路如图 1-29 所示。

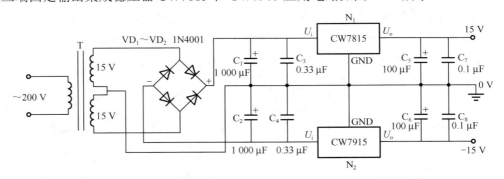

图 1-29　三端固定输出集成稳压器 CW7815 和 CW7915 应用电路

AC220 V 电压经变压器 T 变换输出两组 AC15 V 电压，该电压经 $VD_1 \sim VD_4$ 桥式整流和 C_1、C_2、C_3、C_4 滤波，得到+18 V、−18 V 电压，并分别加到 CW7815 和 CW7915 的输入端。相应电压经 CW7815 和 CW7915 稳压后分别输出+15 V、−15 V 电压，这两组电压的最大输出电流可达 1.5 A。在电路中，C_1、C_2 为低频滤波电容器，用于滤除低频噪声；C_3、C_4 为高频滤波电容器，用于吸收高频脉冲干扰；CW7815 和 CW7915 输出端的 C_5、C_6 为稳压后的缓冲滤波电容器，可根据负载电流大小来确定电容器电容，只要够用即可；如果此电容器电容过大，开机时的电容浪涌电流会损坏集成稳压器。CW7815 和 CW7915 输出端的 C_7、C_8 为电源退耦电容器，用于防止通过电源形成的正反馈通路引起的寄生振荡。对图 1-29 所示电路进行仿真，电路仿真运行后的结果：输出电压分别为 15 V 和−15 V，如图 1-30 所示。

电子产品原理分析与故障检修（第2版）

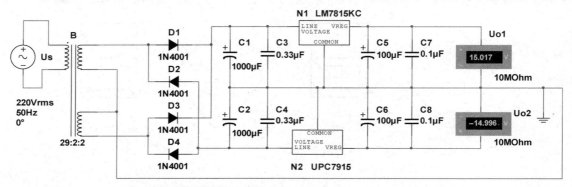

图 1-30　三端固定输出集成稳压器 CW7815 和 CW7915 应用电路仿真

3）三端可调输出集成稳压器

当 7800、7900 三端固定输出集成稳压器在输出电压稳定时，其公共端的静态工作电流一般为 5 mA，最大可达 8 mA。而三端可调输出集成稳压器是在三端固定输出集成稳压器的基础上发展起来的，稳压器的输入电流几乎全部流到输出端，流到公共端的电流非常小，只有 50 μA 左右。因此，它可以用少量的外围元器件，就能组成精密可调的稳压电路，适用于输出电压可调的稳压场合。CW117、CW217、CW317 为输出正电压的集成稳压器，分别对应军用品（工作温度为-55 ℃～150 ℃）、工业品（工作温度为-25 ℃～150 ℃）和民用品（工作温度为 0 ℃～125 ℃）。CW137、CW237、CW337 为输出负电压的集成稳压器。三端可调输出集成稳压器的引脚有调整端（ADJ）、输入端（IN）和输出端（OUT），其外形及封装图如图 1-31 所示。当输入电压在 2～40 V 变化时，通过两个外接电阻器就可以将输出电压设置为 1.2～37 V，输出端与调整端之间的电压固定为 1.25 V，调整端的输出电流很小且十分稳定（50 μA）。此外它的线性调整率和负载调整率也比三端固定输出集成稳压器好，并内置有过载保护、安全区保护等多种电路。其中，CW117L 的最大输出电流为 0.1 A，CW117M 的最大输出电流为 0.5 A，CW117 的最大输出电流为 1.5 A。

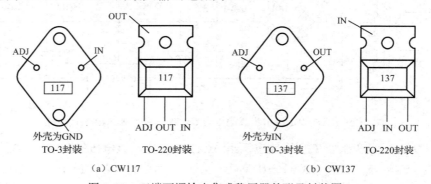

（a）CW117　　　　　　　　　　　　（b）CW137

图 1-31　三端可调输出集成稳压器外形及封装图

4）三端可调输出集成稳压器的应用举例

（1）图 1-32 所示为 LM317 应用电路，它将 AC220 V 电压转换为可调的直流稳定电压（2.8～7 V）输出，最大输出电流为 1.5 A。220 V 交流电从插头经熔断器送到变压器的初级线圈，经过变压器降压为 AC14 V，并经 VD_1～VD_4 桥式整流和 C_1 滤波后送到三端可调输出集成稳压器 LM317 的输入端（3 脚）。调节电位器 R_P 的电阻，便可从 LM317 的输出端获得可变的输出电压。其中，二极管 VD_5 用于防止输入端短路时 C_3 上存储的电荷产生很大的电流反向流入 LM317 使之损坏。C₂ 为输出端退耦电容器，C₃ 为输出端的缓冲滤波电容器。

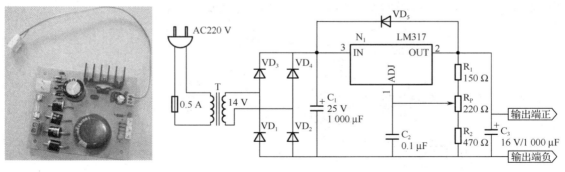

图 1-32 LM317 应用电路

LM317 应用电路的最小输出电压为

$$U_{o\min} = 1.25 \times \frac{R_1 + R_2 + R_P}{R_1 + R_P} = 1.25 \times \frac{150 + 470 + 220}{150 + 220} \approx 2.8 \text{ V}$$

LM317 应用电路的最大输出电压为

$$U_{o\max} = 1.25 \times \frac{R_1 + R_2 + R_P}{R_1} = 1.25 \times \frac{150 + 470 + 220}{150} = 7 \text{ V}$$

给图 1-32 所示的应用电路接上电阻为 5 Ω 的负载后进行电路仿真，当电位器的滑动片调至最上方（100%）时，电路仿真运行后的结果：输出电压为 7 V。LM317 应用电路仿真如图 1-33 所示。

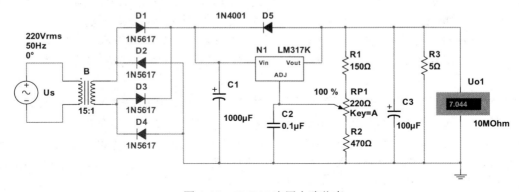

图 1-33 LM317 应用电路仿真

（2）LM137HV 应用电路如图 1-34 所示。

与 LM137 比较，LM137HV 的最大输入电压为-50 V，输出电压可以在-47～-1.2 V 内可调，最大输出电流为 1.5 A，调整端的正常工作电流为 58 μA～68 μA。LM137HV 应用电路的输出电压为 $U_o = -1.25(R_P + R_2)/R_2$，该电路的输入电压与输出电压之间的电压差至少为 3 V。其中，C₁ 为高频滤波电容器，C₂ 为低频滤波电容器，C₃ 为输出端缓冲滤波电容器。

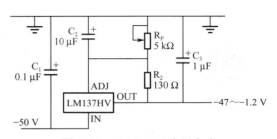

图 1-34 LM137HV 应用电路

对图 1-34 所示的应用电路进行仿真，当输入电压为-50 V、电位器的滑动片调至 95%时，

电路仿真运行后的结果：LM137HV 的公共端电流为 0.064 mA，调整端与公共端的电压为 −1.249 V，输出电压为−47.179 V。LM137HV 应用电路仿真如图 1-35 所示。

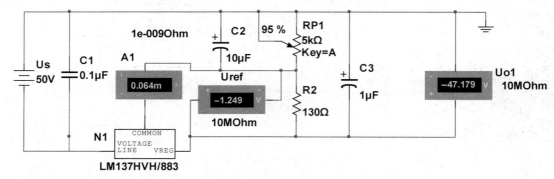

图 1-35　LM137HV 应用电路仿真

5）低压差线性集成稳压器

在上述集成稳压器中，为了获得良好的稳压效果，其输入电压与输出电压之间的电压差一般要大于 3 V。由于电压差较大，在输出电流较大时集成稳压器的功耗就比较大，不但效率降低，而且还需要增加体积较大的散热器，增加成本。在这种情况下，可以采用低压差线性集成稳压器。

低压差线性集成稳压器是新一代的集成稳压器，其输入电压与输出电压的电压差为 0.5～0.6 V，效率可以提高到 95%以上，是一个自耗很低的微型片上系统。在其内部用于电流主通道控制上，芯片集成了具有极低线上导通电阻的 MOS 管、肖特基二极管、取样电阻器和分压电阻器等硬件电路，并具有过流保护、过温保护、精密基准电压源、差分放大器、延迟器等功能及极低的自有噪声和较高的电源抑制比。低压差线性集成稳压器也有固定输出电压和可调输出电压两种类型，广泛应用于手机、DVD、数码相机、计算机等多种消费类电子产品中。

例如，NCP1117 是一个低压差正电压线性集成稳压器，当其最大输入电压为 20 V，最大输出电流为 1 A，负载电流为 800 mA 时，其最大电压差为 1.2 V。它有八个固定输出电压（1.5 V、1.8 V、2 V、2.5 V、2.85 V、3.3 V、5 V 和 12 V）的型号及一个可调输出电压（基准电压为 1.25×(1±1.0%) V 的型号，通过两个外接电阻器可实现的输出电压范围为 1.25～18.8 V。NCP1117 引脚封装及应用电路如图 1-36 所示。

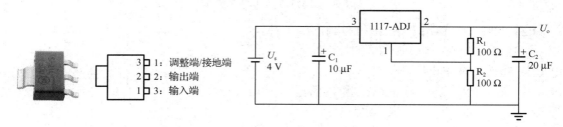

图 1-36　NCP1117 引脚封装及应用电路

对图 1-36 所示的应用电路进行仿真，电路仿真运行后的结果：NCP1117 调整端的工作电流为 5.199 mA，输出端与调整端之间的基准电压为 1.249 V，输出电压为 3.019 V，输入电压与输出电压的电压差为 1 V。NCP1117 应用电路仿真如图 1-37 所示。

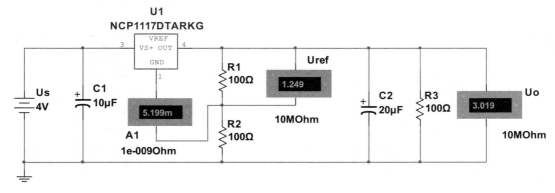

图 1-37 NCP1117 应用电路仿真

LM1084 也是一个低压差正电压线性集成稳压器，输出电流范围为 5 mA～5 A，在负载电流为 5 A 时具有 1.5 V 的最大电压差，最大输入电压为 12 V，固定输出电压有五个（1.2 V、1.8 V、2.5 V、3.3 V 和 5 V），以及通过两个外接电阻器可实现输出电压范围为 1.25～10.3 V 的可调电压型号（基准电压为 1.25 V）。LM1085 是一个典型的低压差线性集成稳压器，输入电压和输出电压的电压差低至 1.5 V，输出电流可达 3 A。LM1085 可以固定输出电压（3.3 V、5 V、12 V），也可以通过引脚外接电阻器设置调整输出电压，输出电压的调整范围为 1.2～15 V。

1.2.5 任务评价

在完成线性直流稳压电源学习任务后，对学生主要从主动学习、高效工作、认真实践的态度，团队协作、互帮互学的作风，良好的电路分析能力和线性直流稳压电源电路故障检修技能，树立为国家、人民多做贡献的价值观等方面进行评价，并采用学生自评、小组互评、教师评价来综合评定每一位学生的学习成绩。线性直流稳压电源学习任务评价如表 1-4 所示。

表 1-4 线性直流稳压电源学习任务评价

评价指标	评价要素	分值	学生自评（10%）	小组互评（20%）	教师评价（70%）	得分
线性直流稳压电源电路的工作原理分析	能识读相关元器件并能对线性直流稳压电源电路的工作原理进行分析与仿真	20				
线性直流稳压电源电路的故障判断与检修	通过故障电路与正常电路的对比与关键参数测量，综合分析、判断线性直流稳压电源电路的故障部位，正确使用维修工具对故障元器件进行更换与维修，认真完成维修后的调试工作	50				
文档撰写	能撰写线性直流稳压电源电路的故障检修报告，包括摘要、正文、图表等符合规范性要求	20				
职业素养	符合 7S（整理、整顿、清扫、清洁、素养、安全、节约）管理要求，具有认真、仔细、高效的工作态度，树立为国家、人民多做贡献的价值观	10				

任务 1.3 开关稳压电源

1.3.1 任务目标

（1）了解开关稳压电源的主要功能及分类。
（2）熟悉开关稳压电源的主要技术指标。
（3）能分析开关稳压电源的电路组成与工作原理。
（4）掌握开关稳压电源的典型应用及常见故障的检修方法。

1.3.2 任务描述

开关稳压电源也称为非线性直流稳压电源，简称开关电源。传统线性直流稳压电源虽然具有电路结构简单、工作可靠的优点，但它还具有效率低、体积大、铜铁消耗量大、工作温度高及稳压范围小等缺点。而随着电力电子技术的发展和创新，人们研制了开关稳压电源。开关稳压电源具有体积小、重量轻、效率可达85%以上、稳压范围大、稳压精度高、保护功能全、不使用工频变压器等特点，是一种较理想的稳压电源。正因为如此，开关稳压电源广泛应用于工业自动化控制、LED照明、通信设备、安防监控、电力设备、医疗设备、液晶显示器（Liquid Crystal Display，LCD）、计算机、数码产品和仪器仪表等。

学生要学会分析、检修、装调开关稳压电源的电路，熟悉开关稳压电源的电路组成与工作原理，掌握开关稳压电源电路关键参数的测量步骤和维修方法，包括控制芯片、调整管的识读，维修工具的使用，电路故障的分析判断与检修，并对检修后的电路进行通电调试，直至检修后的电路正常工作为止。学生在对开关稳压电源电路进行检修之前，可以使用电路仿真软件对其进行仿真分析，以便得到电路正常工作时的信号波形和关键参数，为故障电路的检修提供参考。

1.3.3 任务准备——开关稳压电源的电路组成与工作原理

1. 开关稳压电源的定义

开关稳压电源是一个以开关转换器为功率级电路的电压自动调节闭环系统。开关稳压电源就是利用开关器件如晶体管、场效应管、可控硅闸流管等，通过控制电路，使开关器件不停地"接通"和"关断"，以对输入电压进行脉冲调制，从而实现DC/AC、DC/DC电压转换、输出电压可调和自动稳压。

2. 开关稳压电源的分类

开关稳压电源的种类很多，可按照不同标准对其进行分类。按照储能电感器与负载连接方式的不同，可以将开关稳压电源分为串联型开关稳压电源和并联型开关稳压电源；按照激励方式的不同，可以将开关稳压电源分为自激式开关稳压电源和他激式开关稳压电源；按照调制方式的不同，可以将开关稳压电源分为脉宽调制（Pulse Width Modulation，PWM）型、频率调整型（PFM）、混合调整型（PWM+PFM）和脉冲密度调整型（PDM）开关稳压电源；按照主振功率管使用功率的不同，可以将开关稳压电源分为晶体管、晶闸管、MOS管、IGBT管型开关稳压电源；按照软开关方式的不同，可以将开关稳压电源分为电流谐振型、电压谐振型、E 类谐振型、准 E 类谐振型和部分谐振型开关稳压电源。

3. 开关稳压电源的特点

与晶体管串联调整型稳压电源相比，开关稳压电源具有如下特点。

（1）效率高。开关稳压电源的调整管工作在开关状态，因此，功耗很小，效率可大大提高，其效率通常可达 80%～95%，其功耗只有晶体管串联调整型稳压电源功耗的 60%甚至更低。

（2）稳压范围大。当电网电压在 110～260 V（某些机型的电网电压为 80～280 V）内变化时，开关稳压电源仍能获得稳定的直流输出电压，其直流输出电压的变化率保持在 2%以下，且能保持高效率。而晶体管串联调整型稳压电源允许的电网电压变化范围一般为 190～240 V。

（3）重量轻。开关稳压电源采用电网输入的交流电压直接整流，省去了笨重的工频变压器。

（4）安全可靠。在开关稳压电源电路中，具有各种保护电路。

（5）滤波电容小。由于开关信号频率高，滤波电容器的电容大大减小。

（6）机内温升低。由于调整管工作在开关状态，不需要采用大散热器，机内温升低，因此整机的可靠性和稳定性也得到了一定程度的提高。

4. 开关稳压电源的组成框图

开关稳压电源主要由 EMI 滤波器（抗干扰电路）、低频整流滤波电路、高频变换器、调宽方波整流滤波电路和控制电路组成，其组成框图如图 1-38 所示。开关稳压电源的工作过程是：AC220 V 电压经过 EMI 滤波器和低频整流滤波电路，变为含有一定脉动成分的直流电压，该电压进入高频变换器被转换为电路所需电压值的方波电压，方波电压经调宽方波整流滤波电路被转换为负载为所需的直流电压。控制电路为脉冲宽度调制器，它主要由取样电路、比较放大电路、振荡电路、PWM 电路及基准电路构成。这部分电路目前已集成化，制成了各种开关稳压电源使用的 IC。控制电路用来调整高频调整管的开关时间比例，以达到稳定输出电压的目的。

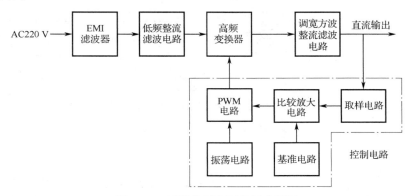

图 1-38 开关稳压电源的组成框图

5. 串联型开关稳压电源（DC/DC）的组成框图

调整管与负载串联的开关稳压电源称为串联型开关稳压电源，其核心部分（DC/DC）的组成框图如图 1-39 所示。调整管先在基极矩形波电压控制下周期性饱和导通与截止，间断性地将输入脉动直流电压加到储能电感器 L 上，再经 VD、L、C 整流滤波后得到稳定的直流电压。调整管基极控制电压受取样电路的误差电压调制，确保输出电压稳定。

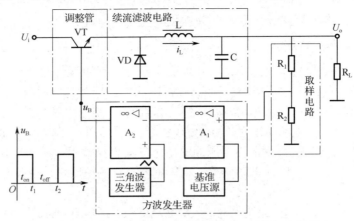

图 1-39 串联型开关稳压电源（DC/DC）的组成框图

6. 并联型开关稳压电源（DC/DC）的组成框图

调整管与负载并联的开关稳压电源称为并联型开关稳压电源，它用脉冲变压器代替储能电感器，将续流二极管移到变压器的副边，其组成框图如图 1-40 所示。启动电路为调整管在首次上电时提供导通电流；脉冲调整电路为调整管周期性导通与截止提供矩形脉冲信号；取样、基准、比较放大电路通过误差电压调节调整管的导通时间，确保输出电压的稳定；光耦隔离器件实现输出电路与输入电路的电气隔离，隔离了干扰信号，提高了电源工作的可靠性。较常见的并联型开关稳压电源是变压器耦合型开关稳压电源。

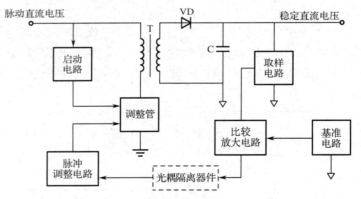

图 1-40 并联型开关稳压电源（DC/DC）组成框图

7. 开关稳压电源的工作原理

1）PWM 技术

如果保持调整管的工作频率不变，通过调控调整管导通时间长短（改变调整管驱动脉冲的宽度）调整输出电压大小的技术，称为 PWM。在一个周期 T 内，调整管导通时间 t_{on} 占整个周期 T 的比例，称为占空比 D（$D=t_{on}/T$）。

PWM 的原理图如图 1-41 所示。

在图 1-41 中，在调整管 VT 的导通时间 t_{on} 内，续流二极管 VD 截止，输入电压对储能电感器 L 补充能量，L 中电流的增加值为

项目 1 电路仿真及典型电源应用

$$\Delta I_{L1} = \frac{U_i - U_o}{L} t_{on} \qquad (1-8)$$

在 VT 的截止时间 t_{off} 内，VD 导通，L 中的储能向负载释放能量，L 中电流的减少值为

$$\Delta I_{L2} = \frac{U_o}{L} t_{off} \qquad (1-9)$$

当开关稳压电源稳定工作后，一个周期内 L 补充的能量和释放的能量必然相等，即

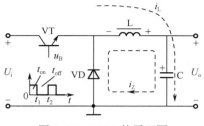

图 1-41 PWM 的原理图

$$\Delta I_{L1} = \frac{U_i - U_o}{L} t_{on} = \Delta I_{L2} = \frac{U_o}{L} t_{off} \qquad (1-10)$$

$$U_o = \frac{t_{on}}{t_{on} + t_{off}} U_i = D U_i \qquad (1-11)$$

2）纹波电压

狭义上的纹波电压是指输出直流电压中含有的工频交流成分。直流电压本来应该是一个固定的值，但是很多时候它是通过交流电压经过整流、滤波后得来的，由于滤波不彻底，就会有剩余的交流成分，因此该电压就是纹波电压。因为我国的工频频率是 50 Hz，所以纹波电压的变化频率是工频频率的整数倍。而纹波电压的变化频率取 50 Hz 还是 50 Hz 的倍数，取决于整流电路的类型。半波整流电路的纹波电压变化频率取 50 Hz；全波或桥式整流电路的纹波电压变化频率取 50 Hz 的 2 倍；三相半波整流电路的纹波电压变化频率取 50 Hz 的 3 倍；三相全波整流电路的纹波电压变化频率取 50 Hz 的 6 倍。

纹波电压的计算方法可以用有效值或峰值表示，也可以用绝对量表示，还可以用相对量表示。例如，一个电源工作在稳压状态，其输出为 100 V、5 A，测得纹波电压的有效值为 10 mV（纹波的绝对量），而纹波的相对量即纹波系数=纹波电压/输出电压=10 mV/100 V=0.01%。

对于图 1-41 所示的原理图，由电容器 C 充放电（滤波不彻底）引起的纹波电压峰-峰值可以用下式来计算。

$$U_{纹波P-P} = \frac{U_i D(1-D)}{8f^2 LC} = \frac{U_o}{8f^2 LC}\left(1 - \frac{U_o}{U_i}\right) \qquad (1-12)$$

式中，U_i 为直流输入电压；D 为占空比；U_o 为直流输出电压；f 为电路整流后的脉冲频率（半波整流电路取 50 Hz，全波或桥式整流电路取 100 Hz）；L 为储能电感；C 为滤波电容器电容。

3）他激式串联型开关稳压电源的工作原理

他激式串联型开关稳压电源的工作原理框图及信号波形如图 1-42 所示。U_i 为经过整流滤波后输入的直流电压，U_o 为他激式串联型开关稳压电源的输出电压。取样电压 U_F 和基准电压 U_{REF} 经比较放大器 A_1 比较与放大后输出直流电压 U_P，并将其送到比较放大器 A_2 的反相端。A_2 将三角波发生器送来的信号 u_s 与 U_P 进行比较与放大后，输出矩形波电压 u_B。调整管 VT 在矩形波电压控制下周期性导通与截止，则续流二极管 VD 两端得到图 1-42（b）所示的脉冲电压 u_{o1}。脉冲电压经过电感器 L、电容器 C 滤波后得到稳定的直流电压 U_o。因频率较高的振荡信号由三角波发生器独立产生，故开关稳压电源称为他激式串联型开关稳压电源。

他激式串联型开关稳压电源的稳压过程：当电网电压或负载电阻升高引起输出电压升高时，U_F 升高，经 A_1 比较放大后使 U_P 升高，再经 A_2 比较放大后，使控制 u_B 的脉冲宽度变小，VT 的导通时间缩短，进而使输出电压降低，实现稳定输出电压的目的。反之，当输出电压降低时，VT 的导通时间会增长，从而使输出电压升高而维持稳定。

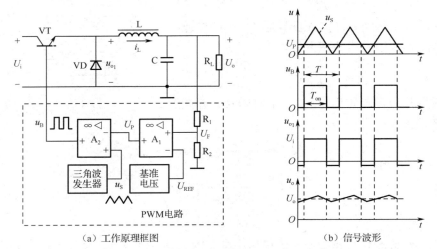

（a）工作原理框图　　　　　　（b）信号波形

图 1-42　他激式串联型开关稳压电源的工作原理框图及信号波形

8. 开关稳压电源的检修方法

开关稳压电源可分为 AC/DC 和 DC/DC 两大类，DC/DC 类开关稳压电源现已实现模块化，且设计技术及生产工艺在国内外均已成熟和标准化，但是 AC/DC 类开关稳压电源的模块化，因其自身的特性使得在其模块化的进程中，遇到较为复杂的技术和工艺制造问题。

开关稳压电源出现故障后，大多都可独立进行维修，将负载全部断开，在主负载供电电源上连接一个 220 V、100 W 的灯泡作为假负载，并采用低压供电的方式，即将供电电源经自耦变压器降至 70 V 左右进行维修，这种维修方法完全避免了因电路存在隐患而再度损坏元器件的现象。一般正常的并联型开关稳压电源在供电电压为 70 V 左右时就能正常启振工作，并慢慢调整自耦变压器的输出电压。开关稳压电源的输出电压应始终为其预设的电压。若开关稳压电源的输出电压随输入电压的变化而变化，则表明其稳压部分有问题；若没有电压输出，则表明振荡电路部分有问题。

开关稳压电源常见的故障如下。

（1）并联型光耦控制稳压式开关稳压电源发生不能正常稳压故障。对于这种故障，首先要确认发生故障的部位。简单快捷地确认发生故障部位的方法是：将光耦隔离器件接地端的两个控制脚短路，若电路进入停振状态，则表明故障发生在取样电路。取样电路发生故障多半是 IC 和光耦损坏所致的（IC 损坏多数会引起光耦损坏）；若控制电路发生故障，如控制晶体管损坏，则在更换晶体管时一定要注意晶体管的参数。

（2）发生电路不启振故障。当供电电压正常时，首先检查启动电阻器（跨接在 311 V 电源与主振功率管基极之间的电阻器）是否开路或变值，另外要考虑不启振是否是由于保护电路动作引起的。例如，STR6309 的 6 脚（正常为 0 V）、STR50213 的 5 脚（正常为 100 V 左右）、TEA2261 的 3 脚（正常为 0 V）、TDA4601 的 5 脚（正常为 7.3 V）等被加上不正常电压而引起保护动作。另外，当控制电路发生故障（如控制管击穿）也会引起电路停振。

在检修开关稳压电源电路时，一定要注意分清主振电路、保护电路和比较稳压电路三者的连接关系。对于并联型开关稳压电源，其主振功率管因其集电极是感性负载，所以在主振功率管工作时，其集电极承受的电压为电源脉冲电压的 8～10 倍，为此在电路中加入了吸收

电路（并联于振荡变压器初级绕组的电容器和电阻器串联支路）和在主振功率管集电极与地之间并接的电容器，这些元器件与行输出级的逆程电容器有相似的作用。当这些元器件发生故障时，极易损坏主振功率管，这一点一定要引起注意。例如，在检修某个开关稳压电源时，该电源吸收电路的电容器在温度升高时，电容会变小，从而损坏电源主振功率管，主振功率管击穿后通常会把限流水泥电阻器烧断。

1.3.4 任务实施——开关稳压电源的应用

1. 由分立器件构成的开关稳压电源电路

图 1-43 所示为由分立器件构成的开关稳压电源电路。该电路的输入部分采用半波整流滤波电路，其输出电压为 8 V。其中，调整管 VT_1 为 NPN 型高反压开关三极管，主要参数：U_{CBO} 为 700 V、U_{CEO} 为 400 V、U_{EBO} 为 9 V、I_{CM} 为 5 A、P_{CM} 为 75 W。R_4、VD_5、VT_2 组成过流保护电路；C_3、VD_3、VD_4 组成稳压控制电路。R_1 为启动电阻器，L_2、C_4、R_3 和 VT_1 组成振荡电路，R_2、C_2 和 VD_2 组成吸收电路，起到保护 VT_1 的作用。R_5、VD_7 组成输出电压指示电路。

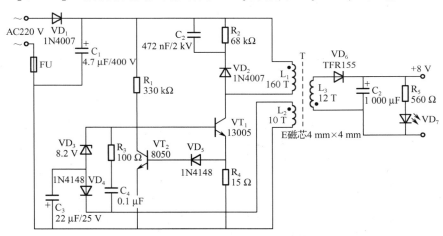

图 1-43 由分立器件构成的开关稳压电源电路

对图 1-43 所示的开关稳压电源电路进行仿真，高频变压器 T 的电压取样绕组 L_2 和输出绕组 L_3 的同名端位置反相，应注意 L_2 和稳压控制电路的连接。电路仿真运行后的结果：半波整流滤波后的电压为 295 V，在接上负载（电阻为 50 Ω）时，输出电压为 7.9 V。由分立器件构成的开关稳压电源电路仿真如图 1-44 所示。

2. UC3842 控制的开关稳压电源电路

UC3842 是一种性能优良的电流控制型 PWM 芯片，该芯片单端输出，能直接驱动功率晶体管或场效应管。其主要优点是电压调整率可达 0.01%，工作频率最高达 500 kHz，启动电流小于 1 mA，正常工作电流为 5 mA。UC3842 采用固定工作频率的 PWM 方式，共有 8 个引脚。各引脚功能：1 脚（COMP）为输出补偿端，外接阻容元器件；2 脚为反馈电压输入端，与基准电压比较后控制脉冲宽度；3 脚为电流传感端，用于过流保护的电流取样输入；4 脚为定时端，外接阻容元器件控制振荡频率；5 脚为接地端；6 脚为推挽输出端，驱动能力为 ±1 A；7 脚为电源端，正常工作电压为 10～30 V，启动电压要高于 16 V；8 脚为 5 V 基准电压输出端，驱动能力为 50 mA。UC3842 内部电路及引脚连接图如图 1-45 所示。对 UC3842 控制的开关稳压电源电路进行仿真。电路仿真运行后的结果：输出电压为 11.5 V。UC3842 控制的开关稳压电源电路仿真如图 1-46 所示。

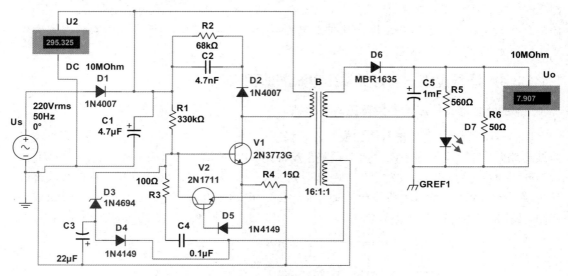

图 1-44　由分立器件构成的开关稳压电源电路仿真

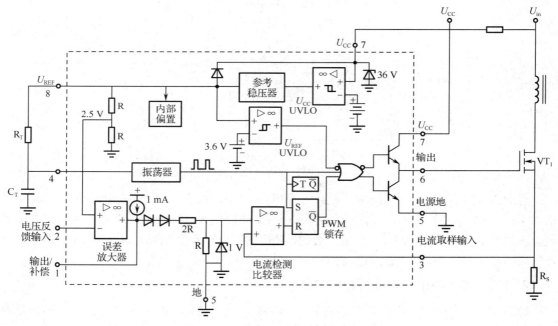

图 1-45　UC3842 内部电路及引脚连接图

3. CW4960/CW4962 集成稳压器

CW4960/CW4962 是将调整管集成在芯片内部的串联型集成稳压器，只需少量外围元器件就能构成稳压电路。CW4960 的额定输出电流为 2.5 A，过流保护电流为 3～4.5 A，它采用单列 7 脚封装形式，如图 1-47（a）所示。CW4962 的额定输出电流为 1.5 A，过流保护电流为 2.5～3.5 A，它采用双列直插式 16 脚封装形式，如图 1-47（b）所示。

项目 1　电路仿真及典型电源应用

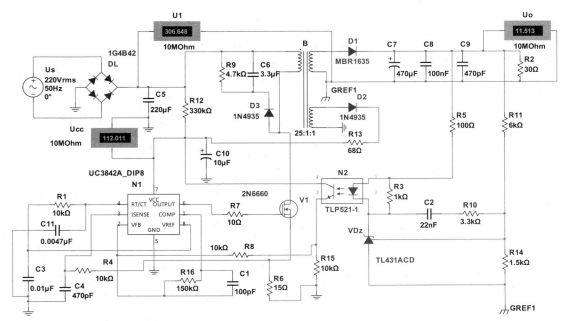

图 1-46　UC3842 控制的开关稳压电源电路仿真

CW4960/CW4962 内部电路完全相同，其典型应用电路如图 1-48 所示，其最大输入电压为 50 V，输出电压（5.1～40 V）连续可调，转换效率为 90%，额定输出电流由芯片决定。输入端所接电容器 C_1 可以减小输出电压的纹波，R_P、R_2 为取样电阻器，输出电压为

$$U_o = \frac{5.1 \times (R_P + R_2)}{R_2} \qquad (1-13)$$

式中，R_P、R_2 的取值范围为 500 Ω～10 kΩ。R_T、C_T 用于决定开关稳压电源的工作频率 $f = 1/R_T C_T$。一般取 R_T 为 1 kΩ～27 kΩ，C_T 为 1 nF～3.3 nF。图 1-48 所示电路的工作频率为 100 kHz，R 与 C_P 的串联支路为频率补偿电路，以防止产生寄生振荡，VD 为续流二极管，采用 4 A/50 V 的肖特基或快恢复二极管，C_3 为软启动电容器，以防止输出电压升高过快。

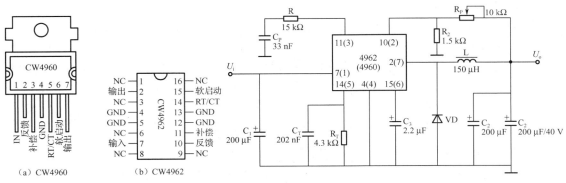

图 1-47　CW4960/CW4962 引脚图　　　　图 1-48　CW4960/CW4962 的典型应用电路

4. LM2576、CW2576S 集成稳压器

1）LM2576 集成稳压器的简介

LM2576 是美国国家半导体公司生产的 3 A 电流输出的降压开关型集成稳压器，它内含

电子产品原理分析与故障检修(第2版)

固定频率振荡器(52 kHz)和基准稳压器(1.23 V),并具有完善的保护电路,包括电流限制及热关断电路等,利用该器件只需极少的外围元器件便可构成高效稳压电路。

LM2576(最高输入电压 40 V)及 LM2576HV(最高输入电压 60 V)稳压器均提供有 3.3 V(规格后缀-3.3)、5V(规格后缀-5.0)、12 V(规格后缀-12)、15 V(规格后缀-15)及可调(规格后缀-ADJ)等多个电压档次产品。此外,各稳压器还提供了工作状态的外部控制引脚,当第 5 脚外加高电平信号时将关断该稳压器输出。对应相同引脚封装与功能的 LM2575,两者的区别在于最大输出电流为 1 A。

2)CW2576S 集成稳压器的引脚封装及特点

CW2576S 集成稳压器的特点是:外围元器件少,使用方便;振荡器的频率恒为 52 kHz,所需滤波电容器的电容较小;占空比可达 98%,从而使电压和电流调整率更理想;转换效率可达 75%~88%,一般不需要散热器。CW2576S 集成稳压器的外形及引脚图如图 1-49 所示。1 脚为输入电压。2 脚为输出电压。3 脚为接地端。4 脚为反馈端,对于固定输出电压集成稳压器,应将此引脚与输出端相连;对于可调输出电压集成稳压器,应将此引脚与取样电路相连,并提供参考电压 U_{REF} 为 1.23 V,供输出电压调整计算使用。5 脚为开关控制端,可用 TTL 高电平使稳压器关闭输出,进入低功耗待机模式,此时稳压器待机电流为 50 μA;稳压器正常工作时,应将此引脚接地。

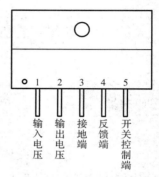

图 1-49 CW2576S 集成稳压器的外形及引脚图

3)LM2576-5.0/LM2576HV-5.0 的应用举例

LM2576-5.0/LM2576HV-5.0 为固定输出电压集成稳压器,对应国产型号为 CW2576-5.0/CW2576HV-5.0,在输入电压为 DC7~40 V(对于 HV 型,最大输入电压可达 60 V)时,输出电压恒为 5 V,输出电流最大可达 3 A。LM2576-5.0/LM2576HV-5.0 的应用电路如图 1-50 所示。参数的选择:输入电容器 C_i 要选择低 ESR 的铝电解电容器或钽电容器作为旁路电容器,以防止输入端出现大的瞬间电压,电容器电容可选择 100 μF~10 000 μF,电容器的额定耐压值要为最大输入电压的 1.5 倍,千万不要选用陶瓷电容器,否则会造成严重的噪声干扰;二极管 VD_1 应选择开关速度快、正向压降小、反向恢复时间短的肖特基二极管,千万不要选用 1N4000/1N5400 之类的普通整流二极管;输出端电容器 C_o 推荐使用电容为 220 μF~1 000 μF 的低 ESR 的铝电容器或钽电解电容器。

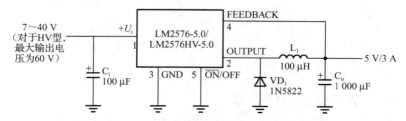

图 1-50 LM2576-5.0/LM2576HV-5.0 的应用电路

LM2576HV-ADJ 为可调输出电压集成稳压器,在输入电压为 DC55 V 时,输出电压可以在 1.2～50 V 内调节，最大输出电流可达 3 A。LM2576HV-ADJ 输出电压可调电路如图 1-51 所示。具体输出电压由取样电阻和基准电压决定，可由下式求出。

$$U_o = \left(1 + \frac{R_P}{R_2}\right) U_{REF} = \left(1 + \frac{R_P}{1.21}\right) \times 1.23 \qquad (1-14)$$

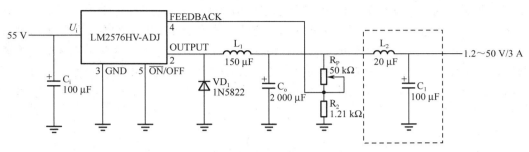

图 1-51　LM2576HV-ADJ 输出电压可调电路

1.3.5　任务评价

在完成开关稳压电源学习任务后，对学生主要从主动学习、高效工作、认真实践的态度，团队协作、互帮互学的作风，良好的电路分析能力和开关稳压电源电路故障检修技能，树立为国家、人民多做贡献的价值观等方面进行评价，并采用学生自评、小组互评、教师评价来综合评定每一位学生的学习成绩。开关稳压电源学习任务评价表如表 1-5 所示。

表 1-5　开关稳压电源学习任务评价表

评价指标	评价要素	分值	学生自评（10%）	小组互评（20%）	教师评价（70%）	得分
开关稳压电源的电路原理分析	能识读开关稳压电源的电路组成与工作原理，常用控制芯片的应用，并能进行电路仿真分析	20				
开关稳压电源的电路故障判断与检修	通过故障电路与正常电路的对比与关键参数测量，综合分析、判断开关稳压电源电路的故障部位，正确使用维修工具对故障元器件进行更换与维修，并完成维修后的调试工作	50				
文档撰写	能撰写开关稳压电源电路的故障检修报告，包括摘要、正文、图表等符合规范性要求	20				
职业素养	符合 7S（整理、整顿、清扫、清洁、素养、安全、节约）管理要求，具备认真、仔细、高效的工作态度，树立为国家、人民多做贡献的价值观	10				

任务 1.4　直流充电电源

扫一扫看直流充电电源微课视频 1

1.4.1　任务目标

（1）了解充电电池的种类及各种电池的主要特性。
（2）熟悉直流充电电源的主要技术指标。
（3）能分析直流充电电源的电路组成与工作原理。

扫一扫看直流充电电源微课视频 2

（4）掌握直流充电电源的典型应用及常见故障的检修方法。

1.4.2 任务描述

充电电池具有经济、环保、容量大、适合大功率、使用时间长等特点，并在便携式电子设备、不间断电源、电动汽车、通信与航天领域等得到了广泛应用。充电电池需要配合直流充电电源（充电器加上输入电源）才能使用。直流充电电源是供蓄电池充电用的整流装置。

对于纯电动汽车来说，其充电电源有直流充电桩和交流充电桩。这两种充电桩的本质区别就是从充电枪头输出的电流是直流还是交流，若是直流，则充电电源是直流充电桩，否则是交流充电桩。但这里需要说明的是，动力电池本身只能接受直流充电，即若外部接入电动汽车的电源是交流电，则需要先通过车载充电机（OBC），将交流电转换为直流电后，再给动力电池进行充电。

学生要学会分析、检修、装调直流充电电源的电路，熟悉直流充电电源的电路组成与工作原理，掌握直流充电电源电路关键参数的测量步骤和检修方法，包括充电方式、控制芯片、维修工具的使用、电路故障的分析判断与检修，并对检修后的电路进行通电调试，直至检修后的电路工作正常为止。

1.4.3 任务准备——充电电池的种类及充电方式

1. 常用充电电池的种类

充电电池是指充电次数有限的可充电的电池。目前大多数充电电池的充电次数在 1 000 次左右。常用的充电电池主要有铅酸蓄电池、镍镉电池、镍氢电池、锂离子电池、铁锂电池。

1）铅酸蓄电池

铅酸蓄电池具有无须均衡充电、使用寿命长、内阻小、输出功率大、自放电小、成本相对较低等特点，是目前应用很广泛的充电电池。此类电池单体电压高（2 V），主要用于汽车、摩托车的启动，应急照明系统、不间断电源系统等大功率场合。改进型全密封免维护铅酸蓄电池，免去补充电解液的问题，循环寿命最高可达 10 万次，使用更方便。

2）镍镉电池

镍镉电池的单体电压为 1.2 V，使用寿命为 500 次，可代替普通电池，但有充电记忆效应，如果没有完全放电就充电，会令其容量降低。由于镍镉电池中的镉有毒，使废弃电池处理复杂，易污染环境，因此它已经被镍氢电池所替代。

3）镍氢电池

镍氢电池具有比镍镉电池更大的容量、较不明显的充电记忆效应及较低的环境污染（不含镉）等特点，其回收再用的概率比锂离子电池高，被称为最环保的电池。镍氢电池价格便宜，单体电压为 1.2 V，使用寿命为 1 000 次，容量比镍镉电池大 1.5~2 倍，现已广泛应用于各种小型便携式电子设备中。但是与锂离子电池比较，其有一定的充电记忆效应。

4）锂离子电池

可充电的锂离子电池是手机、笔记本电脑等现代数码产品中应用最广泛的电池，但它在使用中不可过充、过放，否则会损坏电池。根据锂离子电池所用电解质材料的不同，锂离子电池分为液态锂离子电池和聚合物锂离子电池。液态锂离子电池的单体电压为 3.6 V，通常不

项目 1　电路仿真及典型电源应用

做成 5 号电池的形式，具有容量大、重量轻、电压高，但不耐贮存、价格较高、通用性差等特点。

聚合物锂离子电池是液态锂离子电池的改良型，没有用电解液，而改用聚合物电解质，单体电压为 3.7 V，使用寿命为 500 次以上，放电温度为-20 ℃～60 ℃。新一代聚合物锂离子电池在形状上可做到薄形化（最薄可达 0.5 mm）、任意面积化和任意形状化，大大提高了电池造型设计的灵活性。同时，聚合物锂离子电池的容量比液态锂离子电池提高了 20%，其容量、环保性能等方面都较液态锂离子电池有一些改善。

5）铁锂电池

铁锂电池是一种新型动力电池，具有输出效率高、温时性能良好、不燃烧、不爆炸、循环寿命长、快速充电、无环境污染等特点。单节铁锂电池的标称电压为 3.2 V、终止充电电压为 3.6 V、终止放电压为 2 V。

目前，在汽车电池领域，锂离子电池的应用最为广泛。而根据材料不同，锂离子电池可分为磷酸铁锂、钛酸铁锂及三元锂电池。

石墨烯聚合材料电池是利用锂离子在石墨烯表面和电极之间快速穿梭运动的特性，开发出的一种新能源电池。相比锂离子电池，石墨烯聚合材料电池的安全性大大提高，同时散热性也更好，不会因为温度升高而出现传统锂离子电池那样发热、发烫、起火的问题。石墨烯聚合材料电池将成为电池技术的下一个突破方向。

2. 充电电池的正确使用方法

充电电池的使用涉及选购、充电、使用和存储等过程。正确使用充电电池，可以延长电池的寿命或者减缓电池容量的衰减。选购充电电池的型号规格与外形尺寸时，一定要满足用电设备的要求，还应考虑充电电池的品牌。所用的充电器一定要和充电电池相配对，充电器的充电电压、充电电流、充电保护等都是其核心，直接决定充电电池能否充满，并且会影响充电电池的使用寿命。因此，使用充电器之前必须看清充电器的输出电压、充电电流及使用说明书，必须明确可对哪些充电电池（包括充电电池种类、电池容量、外形尺寸等）进行充电。对于锂离子电池，必须选用专用充电器，否则其可能会达不到充满状态，影响其性能发挥。

充电电池使用的注意事项如下。

（1）正确选购符合用电设备要求的充电电池。

（2）正确使用与充电电池相配对的充电器。

（3）充电电池在充电过程中不要拔下外接电源，在其充满电后要拔下充电器及电源插座。

（4）使用充电电池时，除锂离子电池不能过充、过放外，其他充电电池应尽量在用完全部电量（不能支持用电设备工作）后再充电，并且尽可能一次性将电池电量充满，这是因为充电电池充放电次数（寿命）是有限的。

（5）如果使用充电电池的用电设备长时间不用，请取出充电电池，并将其单独存放。

（6）充电电池单独存放前，应保持其电池电量大于 80%。

（7）充电电池应于干燥环境（-10 ℃～35 ℃）中存放，避免阳光直射。

（8）建议充电电池单独存放时间不要超过 3 个月，并保证每隔 3 个月左右就对其进行一次充电。

（9）由于镍镉电池、锂离子电池破损后会污染环境，同时又有一定的危险性，因此不要随意拆卸、丢弃这类电池，对废弃电池应进行集中收集处理。

3. 充电电池的充电方式

不同种类的充电电池（如镍镉电池、镍氢电池和锂离子电池）具有不同的充电特性和过程。不同的充电电池应采用不同的充电控制方法。常用的充电控制方法有电压负增量控制、时间控制、温度控制、最高电压控制、脉冲充电。其中，电压负增量控制是公认的较先进的控制方法之一。使用该方法对充电电池进行充电时，当测量到充电电池电压存在负增量时就可以确定该电池已经充满，从而将充电转为涓流充电。使用时间控制方法对充电电池进行充电时可以预定充电电池的充电时间，当达到充电电池的预定充电时间后，充电器停止充电或转为涓流充电，这种方法较安全。温度控制是指当充电电池达到充满状态时，其温度升高较快，用户可通过测量充电电池温度或温度的变化，确定是否对充电电池停止充电。最高电压控制则是根据充电电池的最高允许电压来判断充电状态，这种方法灵活性较好。脉冲充电是指以周期性脉冲电流对充电电池充电。因为使用该方法时会有一段停止充电的时间，这使得充电电池内的电解液可以利用这段时间均匀扩散，因此充电的能量能充分地由化学能转换为电能，充电效率较其他方法更高。

蓄电池通常有5种充电方式。①恒压充电。充电电压保持恒定，充电电流随蓄电池电压升高而降低，当充电电流为零时充电结束。②恒流充电。在充电过程中充电电流保持恒定，在实际应用中，常采用分阶段恒流充电，即在充电过程初期充电电流大，充电过程后期充电电流小。③恒压恒流充电。在充电过程初期使用恒流充电对蓄电池充电，当蓄电池电压使电解液产生气泡时，使用恒压充电对蓄电池充电。④定出气率充电。在充电过程初期，使用大电流对蓄电池充电，当蓄电池的出气率达到某一恒定值时，气体检测元件发出控制信号，及时降低蓄电池的充电电流，从而使出气率稳定在较低数值。⑤恒温充电。在充电过程中，当蓄电池的温度达到一定值后，通过恒温器或热敏元件检测，并及时发出控制信号，进而降低充电电流，使蓄电池的温度保持在规定值。

1.4.4 任务实施—直流充电电源的应用

1. 基本术语

（1）标称电压。标称电压是指在电池正常工作过程中表现的额定电压。例如，镍氢电池的标称电压为1.2 V，聚合物锂离子电池的标称电压为3.7 V。

（2）开路电压。开路电压是指电池在非工作状态下，即电路中无电流流过时，电池正负极之间的电势差。

（3）工作电压。工作电压是指电池在工作状态下，即电路中有电流流过时，电池正负极之间的电势差。

（4）终止电压。在电池放电试验中，规定结束放电的负荷电压称为终止电压。例如，单节镍氢电池的终止电压为1 V，单节聚合物锂离子电池的终止电压为2.75 V。

（5）中点电压。中点电压是指电池放电到50%额定容量时的电池电压。它主要用来衡量大电流放电系列电池的高倍率放电能力，是电池的一个重要指标。

（6）电池容量。电池容量有额定容量与实际容量之分。额定容量是指设计与制造电池时在规定的放电条件下，应该放出的最小电量。例如，镍镉电池和镍氢电池在（20±5）℃环境下，先以$0.1C$的充电率对其充电16 h后，再以$0.2C$的放电率对其放电至1 V时所释放出的电量称为电池的额定容量，用C来表示，如额定容量$C=1\ 000$ mAh的电池。实际容量是指电池实际工作过

程中所能释放的最大电量。

（7）电池放电的残余电量。当对电池用大电流（如放电率为 1C 或以上）放电时，由于电流过大使电池内部离子扩散速率存在"瓶颈效应"，致使电池电量在未能完全放出时已经达到终止电压而剩余的电量。

（8）脉冲充电及对电池性能的影响。脉冲充电一般采用充与放的方式，即充电 5 s，就放电 1 s。这样充电过程中电解液产生的大部分氧气在放电脉冲下将被还原成电解液。脉冲充电不仅限制了内部电解液的气化量，还能使那些已经严重极化的旧电池使用该方法充放电 5～10 次后，其电量逐渐恢复或接近原有容量。从电化学角度看，脉冲充电是最好的电池充电控制方法。

（9）涓流充电。涓流充电一般用于后备电源的充电，它使用(1/20～1/30)C 的充电率对电池持续充电。此充电方式对电池性能无影响。

（10）过充电及对电池性能的影响。当电池经过一定的充电过程充满电量后，继续充电的行为称为过充电。如果过充电的电流过大或充电时间过长，充电过程中电解液产生的氧气来不及消耗，就可能造成内压过高、电池变形、漏液等不良现象，同时也会使电池性能显著下降。

（11）充电效率。充电效率是指电池在一定放电条件下放电至某一截止电压时所释放出的电量与输入电池的电量之比，即充电效率=(放电电流×放电至截止电压的时间)/(充电电流×充电时间)。

（12）放电率。放电率是指电池放电时的速率，常用倍率（若干倍 C）来表示，其数值上等于额定容量的倍数。例如，电池容量为 C=600 mAh，用 0.2C 的放电率对电池进行放电，则放电电流为 $I=0.2C=0.2×600=120$ mA。我们通常所说的 0.2C、1C 容量是指在放电率为 0.2C、1C 条件下电池所释放出的电量。

（13）放电效率。放电效率是指在一定放电条件下，电池放电至电池电压为中点电压所释放出的实际电量与额定容量的比值。一般情况下，放电率越高，放电效率越低；环境温度越低，放电效率越低。

（14）过放电及对电池的影响。当电池放完内部可以释放的电量，电压达到终止电压后，继续放电的行为称为过放电。一般而言，过放电会使电池内压升高，正负极活性物质的可逆性受到破坏。通过充电只能恢复部分可逆物质，电池容量也会受到明显衰减。

2. 镍氢电池的充电方式

1）镍氢电池的标准充放电

IEC 标准规定镍氢电池的标准充放电为，首先以 0.2C 的放电率将单节电池的电压放电至 1 V，然后以 0.1C 的充电率对其充电 16 h，搁置 1 h 后，以 0.2C 的放电率将其电压放电至 1 V。其优点是充电电路简单，缺点是充电时间较长。

除标准充放电外，镍氢电池还可以进行快速充电和急速充电。一般镍氢电池行业将以 (0.2～0.3)C 的充电率对电池的充电称为快速充电；以 (0.5～1.5)C 的充电率对电池的充电称为急速充电。需要注意的是，急速充电必须设置合适的充电截止条件，否则容易造成过充电，过充电后电解液所产生的氧气来不及被消耗，就可能造成电池内压升高、电池变形、漏液等不良现象，使电池性能显著下降。

2）镍氢电池充电的常见控制方法

为了防止电池过充电，需要对充电终点进行控制。当电池充满时，会有一些特别的信息

用于判断充电是否达到终点。镍氢电池充电的常见控制方法有充电时间控制、峰值电压控制、电压负增量控制、电压零增量控制、电池温度控制、最大温差控制、温度变化率控制,这些控制方法可用来防止电池过充电。

（1）充电时间控制。通过设置一定的充电时间来控制充电终点,一般按照充入120%～150%电池额定容量所需的对应时间来控制。标准充放电一般采用充电时间控制。但是,由于电池的起始充电状态不完全相同,采用充电时间控制后,会造成有些电池充不满,有些电池过充电。

（2）峰值电压控制。通过检测电池的电压来判断充电终点,当电池电压达到峰值时,停止充电。但是,电池充满电的最高电压随环境温度、充电率而变化,而且电池组中各单节电池的最高充电电压也有差别,因此该方法不能非常准确地判断电池是否已经充满电。

（3）电压负增量控制。当电池充满电时,电池电压会先达到一个峰值,然后电压会降低。当电压降低到一定值时,会停止充电。由于电池电压的负增量与电池组的绝对电压无关,而且不受环境温度和充电率影响,因此可以比较准确地判断电池是否已经充满电。但是,镍氢电池充满电后,电池电压需要经过较长时间才出现负增量,所以存在比较严重的过充电问题,电池的温度较高。

（4）电压零增量控制。为了避免等待出现电压负增量的时间过久而损坏电池,通常采用电压零增量控制。但是,镍氢电池在充满电之前,电池电压在某一段时间内可能变化很小,从而会引起过早地停止快速充电。为此,目前大多数镍氢电池快速充电器都采用高灵敏度电压零增量控制,当电池电压略有降低（一般约为10 mV）,立即停止快速充电。

（5）电池温度控制。当电池温度升高到一定值时就停止充电。

（6）最大温差控制。在电池充电过程中,电池温度会逐渐升高。当电池充满电时,电池温度与周围环境温度的差值会达到最大,此时停止充电。

（7）温度变化率控制。通过检测电池温度相对于充电时间的变化率（如 2 ℃/2 min）来判断充电终点。

3）镍氢电池的充放电曲线

在 25 ℃环境温度中,当镍氢电池以 $1C$、$0.5C$、$0.1C$ 的充电率（或充电电流）进行充电时,刚开始,恒定充电电流能使电池电压很快升高;随后,电池电压以较低的速率持续升高,随着电池电量逐步升高,电池电压达到峰值后会适当降低。充电电流越大,电池电压越高。充电曲线如图1-52（a）所示。从图1-52（a）中可以看出,在电池电量未满时充电,电池温度升高速率和充电电流关系不大,并且保持较低温度数值;当电池充满电后继续充电时,电池温度升高很快,且升高速率与充电电流成正比。在 25 ℃环境温度中,当镍氢电池以 $0.2C$、$1C$、$2C$、$3C$ 的放电率（或放电电流）进行放电时,放电曲线如图1-52（b）所示。从图1-52（b）中可以看出,放电电流越大,电池能释放出的电量越低。

3. 镍氢电池的充电电路

1）镍氢电池充电电压分析

日常使用的 1.2 V 镍氢电池,其充满电压通常为 1.4 V,放电终止电压为 1 V。这就意味着,镍氢电池在放电到电池电压为 1 V 时已经不能使用,应该对其进行充电了。因此,1 V 既是镍氢电池放电时的终止电压,又是镍氢电池充电时的起始电压。镍氢电池充满电后的电压为 1.4 V 左右,可将其视为电池的最大电压,但单节电池的最大电压也要视具体充电方式而定。以恒压充电为例，一般将单节电池的最大电压设置为 1.4 V，但这样设置的后果是电池电压已经达到 1.4 V，电池却没有充满电。在这种情况下，镍氢电池充电终止电压就不是其饱和电压。上述缺陷主要是由充电电流引起的，以大电流对电池充电可能存在当电池电压为 1.4 V 时其并未充满电。从充电曲线上看，以 $1C$ 充电率对镍氢电池充电，当充电容量达到额定容量的 100%时电池电压达到 1.53 V，继续对其充电后，电池电压又会回到 1.4 V 左右。因此，1.53 V 成为镍氢电池充电时的最大电压。镍氢电池充电器根据这个特点，把拐点电压出现点设置为充电截止时间。

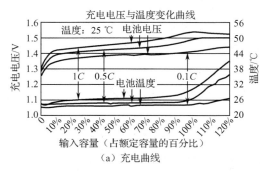
(a) 充电曲线

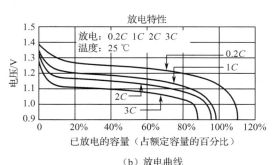
(b) 放电曲线

图 1-52 镍氢电池的充放电曲线

大电流与小电流充电对充电电压的影响。当电池以小电流充电时，其在较低电压就可以充满电，而且在满电后的充电仍能缓慢地提升电压；相反，当电池以 $1C$ 以上的充电率充电至满电状态时继续充电，电压不升反降。所以，在电压达到一定值（如 1.36 V）后，电池以 $0.3C$ 左右的充电率充电是较为合理的。恒流充电采用了温升速率法作为充电结束的判断依据。例如，在 $0.3C$ 充电率下，每分钟温度升高 2 ℃ 就会停止充电，这时的镍氢电池电压一般都在 1.4 V 左右。

2）镍氢电池的充电过程

镍氢电池的充电过程可分为预充电、快速充电、补充充电和涓流充电。

（1）预充电。对长期不用的电池或者新电池充电时，一开始就采用快速充电，会影响电池寿命。因此，对于这种电池，应先使用小电流充电，直到电池满足一定的充电条件为止，这个过程称为预充电。

（2）快速充电。快速充电是指采用大电流（充电率一般在 $1C$ 以上）充电，迅速恢复电池电能。快速充电时间由电池容量和充电速率决定。

（3）补充充电。补充充电是指采用某些快速充电方式并且完成充电后，电池并未充满电，此时用不超过 $0.3C$ 的充电率对其进行补充充电，直至电池充满电为止。

（4）涓流充电。涓流充电也称维护充电，只要电池接在充电器上并且充电器接通电源，充电器就始终以某一很低的充电率给电池充电。

3）镍氢电池充电电路的组成框图

镍氢电池充电电路一般由稳压电源（线性直流稳压电源或开关稳压电源）、充电控制 IC、主振功率管电路、温度传感器、取样电阻器等组成，能实现对镍氢电池的充放电控制和各种保护功能，有些镍氢电池充电电路还包含微控制器（单片机）、充电率选择、电池数量设定、充电状态及参数指示等，其组成框图如图 1-53 所示。

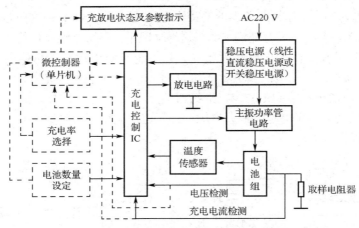

图1-53 镍氢电池充电电路的组成框图

4) 5 V输入电压的镍氢电池充电电路

5 V输入电压的镍氢电池充电电路主要由HX6321芯片负责充电控制功能,如图1-54所示。它能依据镍氢电池的电压状态,自动选择激活、预充电、快速充电、涓流充电的充电过程,采用工业界高标准的精准电压负增量控制、电压零增量控制判别电池是否充满电,使用PWM控制充电,实现恒流充电的目的,充满率≥90%,充电效率约85%。依照电池规格需求,该充电电路可通过外接电阻器R_6调整充电电流大小,具有过放电或老旧电池脉冲激活充电及过高电池电压停止充电保护、预充时间0.5 h保护、快充时间2.4 h保护(可通过外接电阻器R_1调节快充时间)等多重电池保护功能。同时,该充电电路还具有无电池、充电中、充满电、电池异常等充电状态的LED显示功能。当充电盒没有放入充电电池时,将显示"无电池"(LED熄灭);当充电盒放入干电池或碱性电池时,将显示"电池异常"(LED闪烁)并停止充电。充电中、充满电的状态显示可以根据芯片的3脚(LEDM)外接电位确定:当3脚接GND端时,电池充电时LED闪烁,电池充满电时LED恒亮;当3脚接VDD端时,电池充电时LED恒亮,电池充满电时LED闪烁。

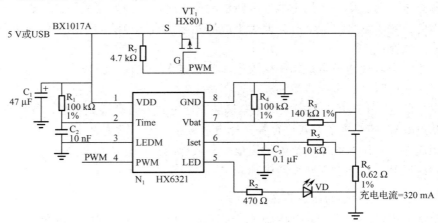

图1-54 5 V输入电压的镍氢电池充电电路

4. 锂离子电池的使用

在实际使用中,应该尽量避免对锂离子电池"过充过放",否则,将会对锂离子电池产生不可逆转的致命伤害。国产保护板通常会把低压保护设定在 2.5 V 左右（因为这样可以最大限度地延长放电时间）。锂离子电池的极限低压为 2.3 V，安全低压不应该低于 3 V。很多进口电器会把锂离子电池的低压保护设在 3.3～3.5 V，这样看似一次放电时间较短，但是对电池总体寿命却是大有好处的。锂离子电池在大电流放电超过极限低压会比小电流放电超过极限低压受到的伤害要小。所以，用户在使用电池时最好留意一下电池电压，不要过放电，也尽量不要用到保护板动作，如果把锂离子电池用到 0 V，多数将损坏不能再用。

1）为新电池充电

在使用锂离子电池的过程中应注意的是，电池放置一段时间后会进入休眠状态，此时电池容量低于正常值，使用时间亦随之缩短。但是锂离子电池很容易激活，只要经过 3～5 次正常的充放电循环就可激活，恢复正常电池容量。

2）正常使用中开始充电的时间

在正常情况下，应该有保留地按照将电池剩余电量用完再充电的原则充电，但是如果电池电量不能使用一天时，就应该及时充电，除非能够随时给电池充电。

3）对手机锂离子电池的正确做法

（1）按照标准的时间和程序充电，即使是前三次也要如此进行。

（2）当出现手机电量过低提示时，应尽量及时充电。

（3）电池的激活并不需要特别的方法，在手机正常使用中电池会自然激活。

5．锂离子电池的保存

长期不用的锂离子电池可以充电到额定容量的 50% 左右，低温（如冰箱冷藏室）保存。锂离子电池本身会有一定的自漏电，保护板也会有微安级的耗电，所以在长期保存中，要定期测量锂离子电池的电压，当达到低压保护值时，要及时对其进行补充充电。

6．锂离子电池的充电方式

1）锂离子电池的常见充电方式

对锂离子电池进行充电，要按照时间顺序对其充电电流和充电电压进行控制，不能滥充，否则就极易损坏电池。锂离子电池的充电方式包括涓流充电、恒流充电、恒压充电和充电终止，如图 1-55 所示。

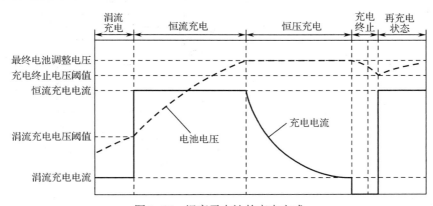

图 1-55　锂离子电池的充电方式

（1）涓流充电。涓流充电用来对完全放电的电池单元进行预充电（恢复性充电）。在电池电压低于 3 V 时可采用涓流充电。涓流充电电流是恒流充电电流的 1/10。

（2）恒流充电。当电池电压升高到涓流充电电压阈值以上时，提高充电电流对电池进行恒流充电。恒流充电的充电率为 $(0.2\sim1.0)C$。电池电压随着恒流充电的进行逐步升高，一般单节电池设定的此电压为 3.0～4.2 V。恒流充电时的电流要求并不精确：充电率大于 $1C$ 的恒流充电并不会缩短整个充电时间，因此这种做法不可取。

（3）恒压充电。当电池电压升高到 4.2 V 时，恒流充电结束，开始恒压充电。随着充电过程的进行，充电电流由最大值慢慢降低，当充电率下降到 $0.02C$ 时，可以终止恒压充电。

（4）充电终止。与镍氢电池不同，不建议对锂离子电池进行连续涓流充电。连续涓流充电会导致金属锂出现极板电镀效应，这会使电池不稳定，并且有可能导致突然的自动快速解体（爆炸）。通常有两种典型的充电终止方法，采用最小充电电流和采用定时器控制（或者两者的结合）。采用最小充电电流是指监测恒压充电的充电电流，并在充电率下降到 $0.02C$ 以下时终止充电。采用定时器控制是指从恒压充电开始时计时，在电池持续充电 2 h 后终止恒压充电。

以上是标准锂离子电池的充电方式，又称为四段式充电，其充电方式通常由 IC 芯片进行控制。对完全放电的锂离子电池要充满电约需 2.5～3 h。现在部分锂离子电池的充电系统采用了更多的安全措施，如电池温度超出指定窗口（通常为 0 ℃～45 ℃）时充电会暂停。

再充电状态：锂离子电池充电结束后，充电系统如检测到电池电压低于 3.89 V 将会重新对电池进行充电，直至电池电压满足充电终止条件。

2）锂离子电池的充放电曲线

锂离子电池的充放电曲线如图 1-56 所示。锂离子电池充电时的电池电压、充电电流、电池容量随充电时间的变化曲线，如图 1-56（a）所示。从图 1-56（a）中可以看出，锂离子电池一般采用四段式充电，并且必须使用与电池配套的专用充电器来充电。单节锂离子电池的放电终止电压通常为 3 V，不能低于 2.5 V。电池放电时间长短与电池容量、放电电流有关。电池放电时间（h）=电池容量 / 放电电流，且锂离子电池放电电流（mA）的数值不应超过电池容量的数值的 3 倍。例如，1 000 mAh 锂离子电池的放电电流应严格控制在 3 A 以内，否则会使电池损坏。锂离子电池容量和放电时间的关系曲线如图 1-56（b）所示。

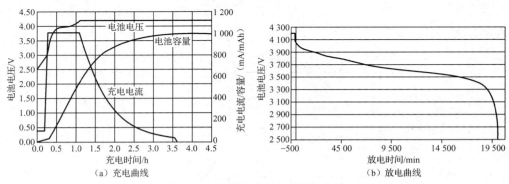

图 1-56　锂离子电池的充放电曲线

7. 锂离子电池的充电电路

1）锂离子电池的充电电压分析

锂离子电池的标称电压一般为 3.6 V 或 3.7 V（依厂商不同），终止电压（也称浮置电压或浮动电压)依具体电极材料不同一般为 4.1 V、4.2 V 等。一般负极材料为石墨时终止电压为 4.2 V,负极材料为碳时终止电压为 4.1 V。对同一块电池而言,即使电池充电时的初始电压不同,当电池容量达到 100%时,终止电压会达到同一水平。在对锂离子电池进行充电的过程中,如果电压过高,电池内部将产生大量的热量,使电池正极结构破坏或发生短路。因此,在电池使用过程中必须对电池的充电电压进行监测,从而使其在允许的电压范围内。

2)锂离子电池的充电过程

根据锂离子电池电压的不同有不同的充电过程。当电池电压小于 3 V 时,先以 0.1C 的充电率对电池进行涓流充电;当电池电压升高到 3 V 时,以(0.2~1.0)C 的充电率对电池进行恒流充电;当电池电压升高到 4.2 V 时,采用恒压充电,当充电率降低到 0.02C 时充电终止。

当电池电压大于或等于 3 V 且需要充电时,先以(0.2~1.0)C 的充电率对电池进行恒流充电;当电池电压升高到 4.2 V 时,采用恒压充电,当充电率降低到 0.02C 时充电终止。

3)锂离子电池的快速充电方式

锂离子电池的快速充电方式有多种,主要包括脉冲充电、Reflex 快速充电和智能充电。

(1)脉冲充电。脉冲充电曲线主要包括预充区、恒流区和脉冲区。在电池电压为 2.5 V 时,以 0.1C 的充电率对电池进行预充电。当电池电压升高到 3 V 时,以 1C 的充电率对电池进行充电,部分能量被转移到电池内部。当电池电压升高到上限电压(4.2 V)时,电池的充电方式为脉冲充电:以 1C 的充电率间歇地对电池充电。在一个脉冲充电周期内,在恒定充电时间 T_c 内电池电压会不断升高,在停充时间 T_o 内电池电压会慢慢降低。当电池电压降低到上限电压(4.2 V)后,以同样的电流对电池充电,开始下一个脉冲充电周期,如此循环直到电池充满电为止。锂离子电池脉冲充电曲线如图 1-57 所示。在脉冲充电过程中,电池电压下降速度会渐渐减小,停充时间 T_o 会逐步延长,当恒流充电占空比低至 5%~10%时,可认为电池已经充满电,终止充电。与常规充电方式相比,脉冲充电能以较大的电流充电,在停充期间电池的浓度极化和欧姆极化会被消除,使下一轮的充电更加顺利地进行,充电速度快、温度变化小、对电池寿命影响小,因而被广泛使用。但其缺点是需要一个有限流功能的电源,这增加了脉冲充电的成本。

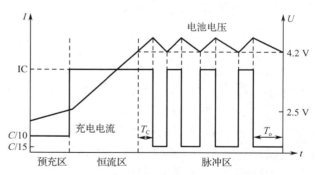

图 1-57 锂离子电池脉冲充电曲线

(2)Reflex 快速充电。它又被称为反射充电或"打嗝"充电。该方式的每个充电周期包括正向充电、反向瞬间放电和停充。它在很大程度上解决了电池极化问题,加快了充电速度。但是反向瞬间放电会缩短电池寿命。在每个充电周期中,先以 2C 的充电率对电池充电,充电时间为 T_c=10 s,然后停充时间为 T_{r1}=0.5 s,反向放电时间为 T_d=1 s,停充时间为 T_{r2}=0.5 s,每个充电周期为 12 s。随着充电的进行,充电电流会逐渐变小。

(3)智能充电。它是目前较先进的充电方式,其主要原理是应用 du/dt 和 di/dt 控制方法,通过检查电池电压和电流的增量来判断电池充电状态,动态跟踪电池可接受的充电电流,使充电电流始终在电池可接受的最大充电电流附近。这种方式一般会结合神经网络和模糊控制

等先进算法技术,以实现锂离子电池充电系统的自动优化。

4) 锂离子电池充电电路的组成框图

根据锂离子电池的充电方式,锂离子电池的充电电路可以分为线性充电电路和开关充电电路,它们均采用恒流/恒压充电方式,如图 1-58 所示。线性充电电路由一个传输电能的晶体管(三极管或场效应管)、检测电路、保护电路、控制电路、调节充电电流的电阻器等组成,具有结构简单、元器件较少、成本低廉等优点,但存在抗电磁辐射干扰能力差、功耗及散热较大等缺点。开关充电电路与线性充电电路相比较,它能够在比较大的输入电压和电池电压范围内使用,保持一个比较高的转换效率,能够适应大功率充电,但电路中引入高频开关和电感元件,会使电路产生高频干扰。

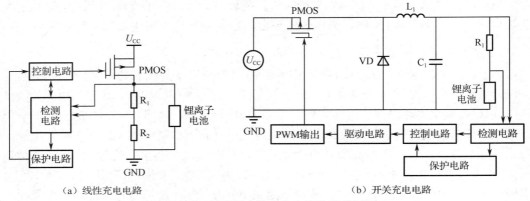

图 1-58 锂离子电池充电电路的组成框图

5) 单节锂离子电池线性充电器

(1) MAX1898 的简介。Maxim 公司出品 MAX1898,配合外部 PNP 型晶体管或 PMOS 管(P 型沟道 MOS 管),就可以组成简单、安全的单节锂离子电池线性充电器。MAX1898 在正常范围的输入电压(4.5~12 V)中,能提供精确的恒流/恒压充电,电池电压调节精度为 ±0.75%,提高了电池性能并延长了使用寿命。充电电流由用户设定,采用内部检流,无须外部检流电阻器。它可以提供充电状态、充电电流和输入电源是否连接的监视信号输出,还可以设定安全充电定时器,也可以选择或调整自动重启充电及对深度放电电池进行预充电等功能。

(2) MAX1898 的引脚功能。MAX1898 具有 2 种类型,可对所有化学类型的锂离子电池进行安全充电。电池充满电时的电压为 4.2 V(MAX1898EUB42)或 4.1 V(MAX1898EUB41)。两者都采用 10 引脚、超薄型 μMAX 封装。MAX1898 引脚功能说明如表 1-6 所示。

表 1-6 MAX1898 引脚功能说明

符 号	引脚编号	功 能 说 明
IN	1	输入电压引脚,电压为 4.5~12 V
$\overline{\text{CHG}}$	2	充电状态开漏极 LED 驱动引脚。当没有电池或者充电器没有输入电压时,该引脚呈高阻抗状态(LED 熄灭)。当电池电压低于 2.5 V,并且以快充电流的 10%进行充电时(预充电状态),该引脚呈低阻抗状态(LED 点亮)。当充电完成——充电电流低于快充电流的 20%或者安全充电定时器定时结束(当 5 脚外接定时电容器时,已经定时 3 h),该引脚呈高阻抗状态(LED 熄灭)。当发生充电故障——电池电压低于 2.5 V,且预充电定时时间到(当 5 脚外接定时电容器时,已经定时 45 min),LED 以 1.5 Hz 的频率和 50%的占空比闪烁

项目1 电路仿真及典型电源应用

续表

符 号	引脚编号	功 能 说 明
EN/OK	3	逻辑电平控制充电器工作/输入电源正常信号输出引脚。一个开漏极器件的输出端与该引脚相连,当该引脚维持低电平时充电器停止工作;当开漏极器件的输出端呈高阻抗状态时,且1脚的输入电压正常,该引脚被内部上拉电阻器(100 kΩ)拉成高电平(+3 V),可以作为电源 OK 指示
ISET	4	充电电流采样/最大充电电流设定引脚。该引脚输出的采样电流=充电电流/1 000。如果将该引脚外接一个电阻器到接地端,就能限制最大充电电流=1 400 V/R_{SET}
CT	5	安全充电定时器控制引脚。通过一个外接定时电容器设定定时器的定时值。当电容取 100 nF 时,定时长度为 3 h。将该引脚接地,禁止安全充电定时器功能
RSTRT	6	自动重启充电控制引脚。该引脚接地后,当电池电压与阈值电压的差低于 200 mV 以下时,就会重启充电功能。当该引脚悬空或者将 5 脚接地(禁止安全充电定时器工作)时,自动重启充电功能被禁止。当该引脚和接地之间连接一个电阻器(0~23 kΩ)时,可以降低重启阈值电压(3~4 V)
BATT	7	电池电压感应输入引脚。与锂离子电池正极相连
GND	8	芯片接地引脚
DRV	9	外部晶体管驱动引脚。用于驱动 PMOS 管的门极或 PNP 型晶体管的基极
CS	10	电流检测输入引脚。和 PMOS 管的源极或 PNP 型晶体管的发射极相连

(3)MAX1898 构成的充电电路。MAX1898 引脚排列图及充电电路图如图 1-59 所示。

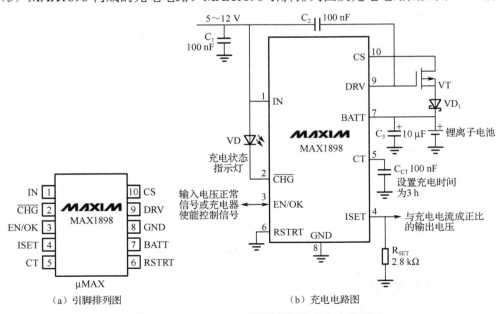

图 1-59 MAX1898 引脚排列图及充电电路图

将开关稳压电源形成的 5~12 V 直流电压,加到 MAX1898 的 1 脚处,并且并联一个电容为 100 nF 的退耦电容器。MAX1898 可以通过 VT 和 VD₁ 对锂离子电池进行充电,并将充电电压误差精确控制在±0.75%之内,工厂设定的充电电压为 4.2 V(MAX1898EUB4.2)和 4.1 V(MAX1898EUB4.1)。一个连接在 1 脚和 2 脚之间的 VD 可以用作充电状态指示灯。7 脚与地之间需要并联一个电容为 10 μF 的旁路电容器,VT 的漏极和 7 脚之间需要连接一个肖特基二

45

电子产品原理分析与故障检修（第 2 版）

极管（具有开关频率高和正向压降低等优点），避免输入电源短路时电池放电。当给 3 脚外加低电平电压时，充电器停止工作；当 3 脚悬空或呈高阻抗状态时，充电器开始工作；同时，该引脚也可用于判断输入电压是否正常，当该引脚为高电平（+3 V）信号时，说明输入电压正常。将 6 脚接地，当电池电压与阈值电压的差低于 200 mV 时重启充电功能，对应的重启阈值电压分别为 4 V（MAX1898EUB4.2）和 3.9 V（MAX1898EUB4.1）。将 4 脚通过外接一个电阻 2.8 kΩ 的电阻器到接地端，限制最大充电电流为 500 mA。将 5 脚通过外接一个 100 nF 的电容器到接地端，设定安全充电定时器为 3 h。9 脚通过一个电容为 100 nF 的电容器和输入电源相连，可以加快启动充电的开始。9 脚外接调整管（PMOS 管或者 PNP 型晶体管）的选择：最大功耗应满足快充电流 $I_{FASTCHG} \times (U_{IN}-2.5\ V)$。通常使用低成本的 PMOS 管，其工作电压必须大于预期的输入电压、导通电阻器的电阻为 100 mΩ～200 mΩ 就能满足要求。当选择 PNP 晶体管做调整管时，9 脚可以提供高达 4 mA 的吸收电流，应根据快充电流来选择晶体管的直流放大倍数 hFE（hFE=快充电流/4）。

1.4.5 任务评价

在完成直流充电电源学习任务后，对学生主要从主动学习、高效工作、认真实践的态度，团队协作、互帮互学的作风，良好的电路分析能力和直流充电电源电路故障检修技能，树立为国家、人民多做贡献的价值观等方面进行评价，并采用学生自评、小组互评、教师评价来综合评定每一位学生的学习成绩。直流充电电源学习任务评价表如表 1-7 所示。

表 1-7 直流充电电源学习任务评价表

评价指标	评价要素	分值	学生自评（10%）	小组互评（20%）	教师评价（70%）	得分
直流充电电源的电路原理分析	能识读直流充电电源的电路组成与工作原理，常用充电控制芯片的应用，并能进行电路分析	20				
直流充电电源的电路故障判断与检修	通过故障电路的分析与关键参数测量，综合分析判断电路的故障部位，并能正确使用维修工具对故障元器件进行更换与维修，并完成维修后的调试工作	50				
文档撰写	能撰写直流充电电源电路的故障检修报告，包括摘要、正文、图表等符合规范性要求	20				
职业素养	符合 7S（整理、整顿、清扫、清洁、素养、安全、节约）管理要求，具备认真、仔细、高效的工作态度，树立为国家、人民多做贡献的价值观	10				

任务 1.5　逆变电源

1.5.1 任务目标

（1）了解逆变电源的作用及分类。
（2）熟悉逆变电源的主要技术指标。
（3）能分析逆变电源的电路组成与工作原理。
（4）掌握逆变电源的典型应用及常见故障的检修方法。

46

1.5.2 任务描述

逆变电源是一种 DC/AC 的转换器（也称逆变器），它将电池组的直流电转换为输出电压和频率稳定的交流电。蓄电池、干电池、太阳能电池等直流电源向交流负载供电时，均需要用到逆变电源。逆变电源有着广泛的用途，它可用于各类交通工具，如汽车、各类舰船及飞行器；在太阳能及风能发电领域，逆变电源有着不可替代的作用；在外出工作或外出旅游时可用逆变电源连接蓄电池带动电器及各种工具工作；随着工业生产的发展，有相当一部分用电负载对交流电源有特殊要求，如感应加热电源（频率为几百赫兹到几百千赫兹）、电动机变频调速的变频变压电源、恒频恒压电源（如不间断电源）、直流输电系统的有源逆变电源等，它们对频率有特殊要求，必须使用逆变电源才能满足要求。

学生要学会分析、检修、装调逆变电源的电路，熟悉逆变电源的电路组成与工作原理，掌握逆变电路关键参数的测量步骤和检修方法，包括半导体功率调整管、PWM 控制方式、维修工具的使用、电路故障的分析判断与检修，并对检修后的电路进行通电调试，直至检修后的电路工作正常为止。

1.5.3 任务准备——逆变电源的分类与工作原理

1. 逆变电源的定义

逆变电源一般是指将低压的直流电转换为高压（或低压）的交流电，供交流负载使用，即将直流电能转换为交流电能的装置。以公共电网为负载的逆变电源称为有源逆变电源，反之，直接向用电负载供电的逆变电源称为无源逆变电源。

工业级逆变电源的输出波形一般为正弦波，同市电的波形一致，如电力逆变电源、通信逆变电源。另外有一种逆变电源的输出波形为方波、阶梯波或修正的正弦波，这类逆变电源一般都应用于民用场合，如车载逆变电源、太阳能家用逆变电源。

在技术工艺上，人们又把正弦波逆变电源区分为高频逆变电源和工频逆变电源。工频逆变电源技术成熟，性能稳定，过载能力强，但体积庞大。高频逆变电源是近年来市场上的新星，它的技术指标优越、效率很高，而且体积小、重量轻、高功率密度，它已抢占了中小功率逆变电源一半以上的市场。从技术发展和生产成本来看，高频逆变电源取代工频逆变电源将是大势所趋。

2. 逆变电源的分类

目前有多种类型的逆变电源。按电能流向划分，可以将逆变电源分为有源逆变电源和无源逆变电源；按输入电源特点划分，可以将逆变电源分为电压型（电压源）逆变电源和电流型（电流源）逆变电源；按所用功率器件划分，可以将逆变电源分为半控型逆变电源和全控型逆变电源；按电路结构特点划分，可以将逆变电源分为半桥式逆变电源、全桥式逆变电源和推挽式逆变电源；按输出相数划分，可以将逆变电源分为单相逆变电源和三相逆变电源；按输出电压波形特点划分，可以将逆变电源分为正弦波、方波及其他非正弦波逆变电源；按开关环境划分，可以将逆变电源分为硬开关逆变电源和软开关逆变电源。

3. 逆变电源的主要技术参数

（1）输出电压的稳定度。对于一个合格的逆变电源，其输入电压在规定的范围内变化时，其输出电压的变化量应不超过额定电压的±5%，同时当负载发生突变时，其输出电压偏差不

应超过额定值的±10%。

（2）输出电压的波形失真度。对于正弦波逆变电源，应规定允许的最大波形失真度（或谐波含量），通常以输出电压的总波形失真度表示，其值应不超过额定电压的5%（单相输出电压的波形失真度不超过额定电压的10%）。

（3）额定输出频率。对于工频逆变电源，其额定输出频率（通常为工频50 Hz）应是一个相对稳定的值，正常工作条件下其偏差应在±1%以内。

（4）负载功率因数。负载功率因数是指逆变电源带感性负载或容性负载的能力。正弦波逆变电源的负载功率因数为0.7～0.9，额定值为0.9。在负载功率一定的情况下，如果逆变电源的负载功率因数较小，那么所需逆变电源的容量就要增大，这样会造成成本增加。

（5）逆变电源效率。逆变电源效率是指在规定的工作条件下，逆变电源输出功率与输入功率之比，以百分数表示。目前主流逆变电源标称效率为80%～95%，小功率逆变电源的效率应不低于85%。

（6）额定输出电流。额定输出电流是指在规定的负载功率因数范围内逆变电源的额定输出电流。有些逆变电源给出的不是额定输出电流而是额定输出容量。逆变电源的额定输出容量是指当负载功率因数为1（纯阻性负载）时，额定输出电压与额定输出电流的乘积。

（7）保护措施。一款性能优良的逆变电源应具备完善的保护措施，包括欠压保护、高压保护、输出短路保护、输入反接保护、过电流保护、防雷保护、过温保护，以应对在实际使用过程中出现的各种异常情况，使逆变电源本身及系统其他部件免受损伤。

（8）启动特性。启动特性是指逆变电源带负载启动的能力和动态工作时的性能。逆变电源应保证在额定负载下可靠启动。

（9）噪声。逆变电源正常工作时，其噪声不应超过 80 dB，小型逆变电源的噪声不应超过 65 dB。

4. 逆变电源的工作原理

逆变电源的基本组成框图如图 1-60 所示。它由控制电路、高频升压逆变电路、全桥整流电路、逆变桥逆变电路、吸收电路、稳压调节器、过流保护电路、欠压保护电路、高压保护电路等组成。

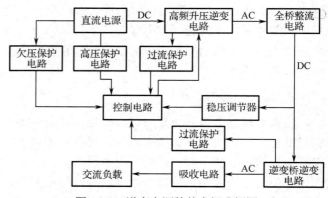

逆变电源的工作原理。在控制电路的控制下，高频升压逆变电路、全桥整流电路与稳压调节器将共同作用，把直流电源电压升压到逆变电源输出控制所需要的直流

图 1-60 逆变电源的基本组成框图

电压，并由逆变桥逆变电路把升压后的直流电压等价地转换为常用频率的交流电压。此交流电压经吸收电路吸收高次谐波后留下基波电压（正弦波），供给交流负载使用。

5. 单相全桥逆变电路

逆变桥逆变电路主要由晶体管等开关器件构成，通过有规则地让开关器件重复开-关（ON-OFF），使直流电源电压变成交流电压输出。当然，这样单纯地由开和关回路产生的逆变电路输出的波形并不实用。一般需要采用高频脉宽调制（SPWM），使靠近正弦波两端的电压宽度变窄，正弦波中央的电压宽度变宽，并在半周期内始终让开关器件按一定频率朝一个方向动作，这样形成一个脉冲波（拟正弦波）。脉冲波通过简单的滤波器滤去高次谐波成分后会形成正弦波，从而为交流负载供电。

单相全桥逆变电路如图 1-61 所示。在控制电路的控制下，正半周，主振功率管 VT_1 和 VT_4 导通，主振功率管 VT_2 和 VT_3 截止，直流电源电压 U_d 经过 VT_1 和 VT_4 为负载供电；负半周，VT_2 和 VT_3 导通，VT_1 和 VT_4 截止，直流电源电压 U_d 经过 VT_2 和 VT_3 为负载供电。

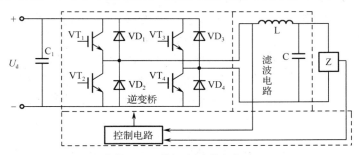

图 1-61　单相全桥逆变电路

单相全桥逆变电路的工作原理及其信号工作波形如图 1-62 所示。其中，$S_1 \sim S_4$ 为单相全桥逆变电路的四个开关，由电力电子器件及辅助电路组成。当 S_1 和 S_4 闭合，S_2 和 S_3 断开时，负载电压 u_o 为正；当 S_1 和 S_4 断开，S_2 和 S_3 闭合时，负载电压 u_o 为负，实现直流电到交流电的转换。改变两组开关切换频率，即可改变输出交流电的频率。信号工作波形分析：在 t_1 时刻之前，S_1 和 S_4 闭合，S_2 和 S_3 断开，u_o 为正向脉冲（幅度为 U_d），i_o 正向逐渐升高；在 t_1 时刻，S_1 和 S_4 断开，S_2 和 S_3 闭合，u_o 立刻变为负脉冲，但由于电感器作用，i_o 不能突变，只能逐步降低，在 t_2 时刻降为零之后才反向逐渐升高；在 t_3 时刻，S_1 和 S_4 闭合，S_2 和 S_3 断开，u_o 立刻变为正脉冲，i_o 逐渐升高。如此循环工作，就可以将直流电转换为交流电。

根据信号工作波形分析可知，理想方波信号包含了无穷多的谐波分量，可以说带宽是无限的。实际中的方波信号与理想方波信号有差距，但其共同点为包含高次谐波成分。将周期性的输出方波电压进行傅里叶级数展开为

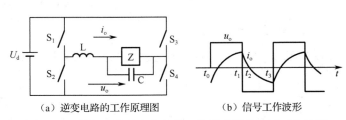

（a）逆变电路的工作原理图　　（b）信号工作波形

图 1-62　单相全桥逆变电路的工作原理及其信号工作波形

$$u_o = \frac{4U_d}{\pi}\left[\sin(\omega t) + \frac{1}{3}\sin(3\omega t) + \frac{1}{5}\sin(5\omega t) + \cdots\right] \quad (1-15)$$

通过 LC 滤波器滤去高次谐波成分后，输出电压主要就是基波电压，可以表示为

$$u_o \approx u_{o1} = \frac{4U_d}{\pi}\sin(\omega t) \quad (\omega = 2\pi f) \quad (1-16)$$

$$U_{o1} = \frac{2\sqrt{2}U_d}{\pi} = 0.9U_d \quad (1-17)$$

式中，u_{o1} 为基波电压；U_{o1} 为基波电压的有效值。

由此可见，控制开关信号的频率 f 决定输出交流电的频率，改变直流电源电压 U_d 可以改

变基波电压的幅值和有效值，从而实现逆变的目的。

1.5.4 任务实施—逆变电源的应用

1. 逆变电路

图 1-63 所示为家用逆变电路，其输出功率为 150 W，输出电压为 AC220 V，工作频率为 1 300 Hz 左右，可以为停电时的家庭照明与家用电器供电。由 R_2、R_3、C_2、C_3、N_1 组成多谐振荡器，产生场效应管工作所需要的脉冲；VT_3、R_8 组成稳压电路，提供辅助电源；R_1 和 VD_1 组成电源指示电路；R_4、R_5、VT_4 组成倒相器；VT_1、VT_2 在互为倒相脉冲驱动下轮流导通，将直流电转换为交流电，经变压器 T 升压至 AC220 V，供给负载 R_9 使用。安装时要注意下列事项：VT_1、VT_2 的焊接必须用接地良好的电烙铁或切断电源后再焊接；电流大于 10 A 的负载，需要用直径 2.5 mm 的粗导线连接，并且连线尽量短；蓄电池电压为 DC12 V、容量 12 mAh 以上；功率管要加适当的散热片，如用 100 mm×100 mm×3 mm 铝板散热。如果要增加变压器功率，可增加同型号的场效应管（并联使用）。

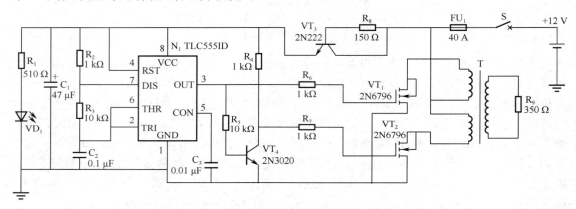

图 1-63 家用逆变电路

2. 逆变电路的仿真

对图 1-63 所示的逆变电路进行仿真，得到的输出电压为 AC220.963 V，如图 1-64 所示。

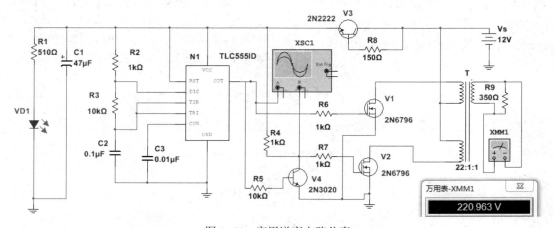

图 1-64 家用逆变电路仿真

1.5.5 任务评价

在完成逆变电源学习任务后，对学生主要从主动学习、高效工作、认真实践的态度，团队协作、互帮互学的作风，良好的电路分析能力和逆变电路故障检修技能，树立为国家、人民多做贡献的价值观等方面进行评价，并采用学生自评、小组互评、教师评价来综合评定每一位学生的学习成绩。逆变电源学习任务评价表如表 1-8 所示。

表 1-8 逆变电源学习任务评价表

评价指标	评价要素	分值	学生自评（10%）	小组互评（20%）	教师评价（70%）	得分
逆变电路的工作原理分析	能了解逆变电源的电路组成与工作原理，掌握常用 PWM 控制芯片的应用，并能进行电路分析	20				
逆变电路的故障判断与检修	通过故障电路的分析与关键参数测量，综合分析逆变电路的故障部位，并能正确使用维修工具对故障元器件进行更换、维修及完成维修后的调试工作	50				
文档撰写	能撰写逆变电路的故障检修报告，包括摘要、正文、图表等符合规范性要求	20				
职业素养	符合 7S（整理、整顿、清扫、清洁、素养、安全、节约）管理要求，具备认真、仔细、高效的工作态度，树立为国家、人民多做贡献的价值观	10				

思考与练习题 1

1. 稳压电源分为哪几类？各有什么特点？
2. 线性直流稳压电源和开关稳压电源有什么区别？
3. 在习题图 1-1 中，稳压管为 2CW14，它的参数为 $U_5 = 6$ V，$I_5 = 10$ mA，$P_5 = 200$ mW，整流输出电压为 $U_2 = 15$ V，稳定电流为 10 mA。当 u_1 在 220×(1±10%) V 范围变化，负载电阻在 0.5 kΩ～2 kΩ 变化时，试计算限流电阻器电阻的取值范围。
4. 用桥式整流、电容滤波、集成稳压块 LM7812 和 LM7912 设计最大输出电流为 1 A、固定输出电压的正负直流电源（±12 V）。要求绘制电路图并给出元器件的型号规格。
5. 在习题图 1-2 中，已知 CW7805 的输入电压为 24 V，静态工作电流为 $I_Q = 5$ mA，电阻 $R_1 = 150$ Ω，$R_2 = 360$ Ω，试求输出电压 U_o 及 R_1 和 R_2 的功率要求。

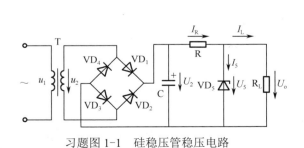

习题图 1-1 硅稳压管稳压电路　　　习题图 1-2 CW7805 提高输出电压电路

6. 在习题图 1-3 中，已知 CW317 的输入电压为 30 V，基准电压为 U_{REF} = 1.25 V，基准电路的工作电流为 I_{REF} = 50 μA，R_1 = 125 Ω，R_2 = 2.2 kΩ，试求输出电压 U_o 及 R_1 和 R_2 的功率要求。

7. 用桥式整流、电容滤波、集成稳压块 CW317 设计一个最大输出电流为 1.5 A、输出电压为 0～30 V 可调的稳压电源电路（参考电路如习题图 1-4 所示）。要求给出计算公式与元器件的型号规格。

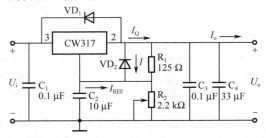
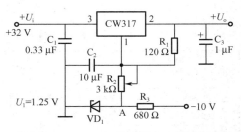

习题图 1-3　CW317 构成输出电压可调电路　　　习题图 1-4　CW317 构成输出电压可调电路

8. M4054 是专为 USB 电源特性设计的单节锂离子电池恒流恒压线性充电 IC，如习题图 1-5 所示。当电池充电时，LED 亮；当电池充电完成（电池电压达到 4.2 V）时，LED 熄灭。5 脚外接电阻器用于设定充电电流，充电电流等于 1 000 V 除以外接电阻器的电阻。试分析电路工作原理并计算恒流充电电流。

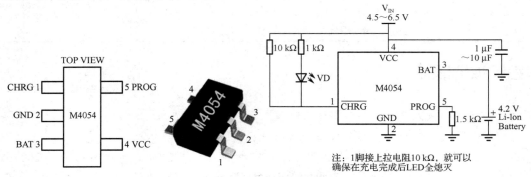

习题图 1-5　M4054 构成的锂离子电池充电电路

9. 分析习题图 1-6 所示的由单片高功率开关稳压器 LT1072 组成电路的工作原理。

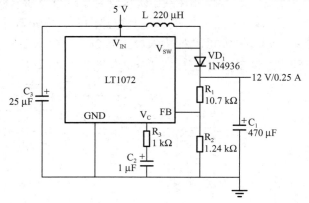

习题图 1-6　LT1072 组成电路图

10. 简述逆变电源的主要作用。

11. 分析 555 定时器组成的多谐振荡器的工作原理。

电子元器件是组成电子产品整机的基本元素，每一个单元电路（如振荡电路、放大电路等）都是由许多电子元器件构成的，每个电子元器件均在电路中发挥着应有的作用。电子产品中常用的电子元器件包括电阻器、电容器、电感器、晶体管、场效应管、晶振、IC 等。目前元器件的安装方式分为传统安装（又称通孔装）和表面安装（又称 SMT 或 SMD）。由于受环境条件、使用方法、本身性能等多种因素影响，元器件会产生烧焦、鼓包、炸裂、变值、电压升高后击穿、短路、开路等故障，一般也会引起电子产品性能下降甚至不能正常运行，这时就需要找出故障的元器件并进行更换与维修。因此，学习掌握常用电子元器件的主要特点、性能指标和表示方法，对电子产品的设计、制造、维修等均起着十分重要的作用。

电子产品在运行过程中，除人为因素发生一些偶然故障外，还常常因环境的影响、运行条件的突变及元器件电气性能的老化等产生各种故障。学生要判断出产品发生什么故障、故障部位在哪里、故障原因是什么，进而把它修复好，不但需要掌握维修工具和测量仪表的使用，而且需要掌握相关知识和检修方法。对于要从事以片状元器件为主的电子产品芯片级维修岗位的人员，除掌握电路工作原理和常用故障检修方法外，还应该掌握电烙铁、放大镜台灯、吸锡器、热风枪等工具，万用表、示波器等测量仪表的使用。

任务 2.1　电阻器

2.1.1　任务目标

（1）了解电阻器的主要功能及分类。
（2）掌握电阻器的主要参数及选用方法。
（3）掌握电阻器的参数识读与检测方法。
（4）能对故障电阻器进行更换与维修。

2.1.2 任务描述

电阻器是电子产品整机中使用最多的基本元器件之一，它在电路中主要用于稳定、调节、控制电压或电流的大小，起限流、降压、偏置、取样、调节时间常数、抑制寄生振荡等作用。在使用过程中，由于各种因素影响，电阻器会产生变值、断路、接触不良等故障，有些故障会影响电子产品整机性能，有些故障会使电子产品整机不能正常运行。其中，变值故障比较常见，由于温度、电压、电流的变化超过限值，使电阻变大或变小，而多数情况都是电阻变大故障，用万用表对电阻器进行检查时可发现其实际电阻与标称阻值相差很大。对于电阻器变值故障，只能通过更换新的电阻器消除。有的电阻器断路故障通过目测就可以判断，如引脚折断、脱落、松动及断裂等，而有的电阻器断路故障必须使用万用表测量才能判断。对于电阻器断路故障，只能通过更换新的电阻器消除。接触不良故障可分为内部接触不良和外部接触不良。外部接触不良往往是焊点脱落或者虚焊引起的，只要对其重新焊接即可消除。内部接触不良往往会产生杂音、噪声或者有间断的响声甚至带有微小的跳火现象，只能通过更换新的电阻器消除。

学生要学会使用电阻器或对故障电阻器进行更换与维修，熟悉电阻器的分类及其在电路中的主要作用，掌握电阻器的主要参数、外形结构特点及识读方法，能用万用表判断电阻器的好坏，并对故障电阻器进行更换与维修。判断电阻器的好坏，就是要测量电阻器的实际电阻与标称阻值是否相符，误差是否在允许范围之内，判断方法是用万用表的电阻挡对电阻器进行测量。测量时要注意，首先记下电阻器的标称阻值，如果是色环电阻器要根据色环查出其电阻。然后根据被测电阻器的标称阻值确定量程，使指针指示在刻度线的中间位置，这样便于观察。最后如果使用指针式万用表，确定好量程后还需调零校正。将两表笔相接，此时所显示的电阻应为零。如果指针不在零刻度线处，要先调整表盘下方的调零旋钮，使指针停在零刻度线处，再测电阻器的电阻。另外，人手不要碰电阻器两端或表笔的金属部分，否则会引起测量误差。如果用万用表测出的电阻接近标称阻值，那么说明电阻器是好的；如果用万用表测出的电阻与标称阻值相差很大，那么说明电阻器已经出现故障。对于故障电阻器，就需要对其进行更换或维修。在对普通电阻器进行更换时，尽可能选用同型号的电阻器，如果无法找到同型号的电阻器，应注意选用电阻器的标称阻值要与所需电阻器电阻的差值越小越好，并且更换电阻器的额定功率应符合固定电阻器的要求。一般电路中选用电阻器的允许误差（也称为精度等级）为±5%，所选用电阻器的额定功率应符合应用电路中对电阻器功率容量的要求，一般所选用电阻器的额定功率应大于实际承受功率的 2 倍以上。

2.1.3 任务准备——电阻器的分类及主要参数

1. 电阻器的分类

电阻器的种类繁多，其外形如图 2-1 所示。按电阻特性进行分类，电阻器可分为固定电阻器、可调电阻器和特种电阻器（敏感电阻器）。电阻器对温度、光照度、湿度、压力等非电物理量比较敏感，其电参数会随之变化的为敏感电阻器。按制造材料进行分类，电阻器可分为碳膜电阻器、金属膜电阻器、线绕电阻器等。碳膜电阻器由碳沉积在瓷质基体上制成，其主要特点是高频特性比较好、价格低，但精度差。金属膜电阻器是在真空条件下瓷质基体上沉积一层合金粉制成的，当环境温度升高后其电阻变化与碳膜电阻器的电阻变化相比，变化

很小，另外其高频特性好、精度高，常在精密仪表等高档设备中使用。线绕电阻器是用康铜丝或锰铜丝缠绕在绝缘骨架上制成的。它有很多优点：耐高温、噪声小、精度高、功率大，但其高频特性差，这主要是由于其分布电感较大，在低频的精密仪表中被广泛应用。按安装方式进行分类，电阻器可分为插件电阻器、片状电阻器。插件电阻器的引脚是针脚式的，片状电阻器又称为无引脚电阻器，焊点位于电阻器的两端。片状电阻器具有体积小、重量轻、安装密度高、抗振性能好、易于实现自动化等特点，广泛应用于计算机、手机、iPad及医疗电子等产品中。由于大部分片状电阻器功率最大只能达到1 W，因此其无法完全取代插件电阻器。

色环电阻器（五环）　色环电阻器（四环）　金属膜电阻器（RJ）　氧化膜电阻器（RY）　碳膜电阻器（RT）　实心电阻器

零欧姆电阻器　大功率线绕电阻器（KX）　水泥电阻器　可调电阻器　熔断电阻器　线绕电阻器（RX）

（负温度系数）（正温度系数）　清磁电阻器　无感电阻器（芯）　排阻　光敏电阻器　压敏电阻器
　　热敏电阻器

同轴双电位器　半可调电位器　电位器　直滑式电位器　有机实心电位器　微型可变电位器　带开关电位器

图2-1　电阻器的外形

2. 电阻器的主要参数

1）标称阻值

电阻是电阻器的主要参数之一。不同类型电阻器的电阻范围不同。不同允许误差的电阻器，其标称阻值系列也不相同。电阻器的标称阻值分为E192、E96、E48、E24、E12、E6系列，其中，常用的标称阻值系列如表2-1所示。需要注意的是，表2-1中的标称阻值可乘以10^n，其中 n 为整数。

表2-1　常用的标称阻值系列

标称阻值系列	允许误差	标 称 阻 值
E48	±2%	100，105，110，115，121，127，133，140，147，154，162，169，178，187，196，205，215，226，237，249，261，274，287，301，316，332，348，365，383，402，422，442，464，487，511，536，562，590，619，649，681，715，750，787，825，866，909，953
E24	±5%	1.0，1.1，1.2，1.3，1.5，1.6，1.8，2.0，2.2，2.4，2.7，3.0，3.3，3.6，3.9，4.3，4.7，5.1，5.6，6.2，6.8，7.5，8.2，9.1
E12	±10%	1.0，1.2，1.5，1.8，2.2，2.7，3.3，3.9，4.7，5.6，6.8，8.2
E6	±20%	1.0，1.5，2.2，3.3，4.7，6.8

电子产品原理分析与故障检修（第2版）

在选择电阻器的电阻时，标称阻值系列中可能没有该电阻，此时就要选择系列中与之相近的电阻，或在精度要求较高的电路中通过精密电阻器的串并联来实现。例如，电路中需要一个电阻为 4.8 kΩ 的电阻器，那么可以选择电阻为 4.7 kΩ 的电阻器，或者将电阻为 4.7 kΩ 和电阻为 0.1 kΩ 电阻器的串联。

2）允许误差

标称阻值系列 E6、E12、E24、E48、E96、E192 分别适用于允许误差为±20%、±10%、±5%、±2%、±1%和±0.5%的电阻器。其中，E96 系列电阻器有 96 种数字系列，对应的允许误差为±1%，该系列电阻器常用于对精度有较高要求的场合。E192 系列电阻器有 192 种数字系列，对应的允许误差为±0.5%、±0.2%、±0.1%，该系列电阻器精度高，成本高，多用于对精度有较高要求的场合。

电阻器的实际电阻往往与标称阻值之间存在偏差，偏差与标称阻值的百分比称为误差。允许相对误差的范围称为允许误差。常用电阻器的允许误差有 14 个等级，如表 2-2 所示。通用电阻器的允许误差为±5%、±10%、±20%，在一般场合下已能满足使用要求。允许误差小于+2%的电阻器为精密电阻器。在产品设计中，对于一般电路，选用允许误差为+5%的电阻器即可满足要求，对于精密仪表则应根据需要选用相应误差的电阻器。对于片状电阻器，其允许误差主要有±0.1%（B）、±0.5%（D）、±1%（F）、±2%（G）、±5%（J）。

表 2-2　常用电阻器的允许误差等级

允许误差	±0.001%	±0.002%	±0.005%	±0.01%	±0.02%	±0.05%	±0.1%
等级符号	E	X	Y	H	U	W	B
允许误差	±0.2%	±0.5%	±1%	±2%	±5%	±10%	±20%
等级符号	C	D	F	G	J（I）	K（II）	M（III）

3）额定功率

电阻器在电路中长时间连续工作不出现故障或不显著改变其性能参数所允许消耗的最大功率，称为额定功率。电阻器的额定功率并不是电阻器在电路中工作时一定要消耗的功率，而是电阻器在电路中工作时，允许消耗的功率限额。电阻器的额定功率应根据它在电路中的实际功率进行选择。一般选择电阻器额定功率是实际功率的 2～3 倍及以上。根据行业标准，不同类型的电阻器有不同的额定功率，常用的额定功率有 1/8 W、1/4 W、1/2 W、1 W、2 W、5 W、10 W、25 W 等。

额定功率在 2 W 以下的小型电阻器，其额定功率通常不在电阻器外壳上标出，观察外形尺寸即可确定；额定功率在 2 W 以上的电阻器，由于其体积较大，因此其额定功率通常在电阻器外壳上用数字标出。一般来说，额定功率大的电阻器，其体积也比较大。

对于片状电阻器，0201 封装的额定功率为 1/20 W，0402 封装的额定功率为 1/16 W，0603 封装的额定功率为 1/10 W，0805 封装的额定功率为 1/8 W，1206 封装的额定功率为 1/4 W。

除上述 3 个最重要的参数外，电阻器的其他参数有温度系数、非线性度、噪声、最高工作电压等。

56

2.1.4 任务实施——电阻器的识读、检测与应用

1. 表面安装电阻器的识读

1）表面安装电阻器的种类

表面安装电阻器按封装外形可分为片状电阻器和圆柱状电阻器；按制造工艺可分为厚膜型（RN 型）电阻器和薄膜型（RK 型）电阻器。

（1）片状电阻器一般由厚膜工艺制作而成，其结构示意图如图 2-2 所示。片状电阻器具有可靠性高，易于实现自动化安装，体积又只有插件电阻器体积的 1/10 左右，因此其应用越来越广泛。

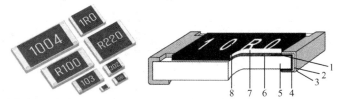

1—上部电极（银/钯）；2—阻隔层（Ni）；3—外部电极（SN）；4—底部电极（银）；
5—氧化铝基板；6—电阻层（RuO_2）；7—初级外涂层（玻璃）；8—第二保护层（环氧树脂）。

图 2-2 片状电阻器的结构示意图

（2）圆柱状电阻器由薄膜工艺制作而成，其结构示意图如图 2-3 所示。圆柱状电阻器主要有碳膜、金属膜及跨接用的零欧姆电阻器（功能等效跨接线，便于自动化安装）。

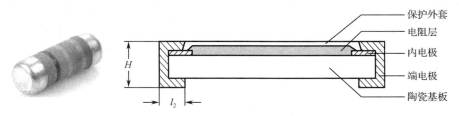

图 2-3 圆柱状电阻器的结构示意图

2）标称阻值的标注

（1）色环法。圆柱状电阻器的标称阻值标注一般采用色环法，其识别方法与针脚式色环电阻器相同。

（2）数码表示法。片状电阻器的标称阻值系列有 E6、E12、E24，精密电阻器的标称阻值系列有 E48、E96、E192 等。片状电阻器常采用数码表示法来表示标称阻值。当允许误差为±5%时，电阻器的标称阻值常用 3 位数字表示，前 2 位数字（从左到右）表示标称阻值的有效数字，第 3 位数字表示倍率乘数（有效数字后面加"0"的个数），单位为 Ω。若标称阻值小于 10 Ω，则在 2 个数字之间补加 R。例如：4.7 Ω 记为 4R7；0 Ω（跨接线）记为 000；100 Ω 记为 101；1 MΩ 记为 105。当允许误差为±1%时，电阻器的标称阻值常用 4 位数字表示，前 3 位数字（从左到右）表示标称阻值的有效数字，第 4 位数字表示倍率乘数（有效数字后面加"0"的个数），单位为 Ω。若标称阻值小于 10 Ω，则在第 2 位数字处补加 R；若标称阻值为 100 Ω，则在第 4 位数字处补加 0。例如：4.7 Ω 记为 4R70；100 Ω 记为 1 000；1 MΩ 记为 1 004；20 MΩ 记为 2 005。

（3）文字符号法。片状电阻器的标称阻值也可用文字符号法表示，即在电阻器外壳上标有 3 位文字符号，前 2 位文字符号（从左到右）表示标称阻值的数值，可由表 2-3 查询；第 3 位文字符号（英文字母）表示数值后面应该乘以 10 的多少次方，可由表 2-4 查询，单位为 Ω。例如，47E，由表 2-3 查得"47"表示 301，由表 2-4 查得"E"表示 10^4，因此 47E 为 301×10^4 Ω = 3.01 MΩ，同理，02C 为 102×10^2 Ω=10.2 kΩ。

表 2-3　片状电阻器标称阻值的数字代码对照

代码	标称阻值	代码	标称阻值	代码	标称阻值	代码	标称阻值	代码	标称阻值
01	100	21	162	41	261	61	422	81	681
02	102	22	165	42	267	62	432	82	698
03	105	23	169	43	274	63	442	83	715
04	107	24	174	44	280	64	453	84	732
05	110	25	178	45	287	65	464	85	750
06	113	26	182	46	294	66	475	86	768
07	115	27	187	47	301	67	487	87	787
08	118	28	191	48	309	68	499	88	806
09	121	29	196	49	316	69	511	89	825
10	124	30	200	50	324	70	523	90	845
11	127	31	205	51	332	71	536	91	866
12	130	32	210	52	340	72	549	92	887
13	133	33	215	53	348	73	562	93	909
14	137	34	221	54	357	74	576	94	931
15	140	35	226	55	365	75	590	95	953
16	143	36	232	56	374	76	604	96	976
17	147	37	237	57	383	77	619		
18	150	38	243	58	392	78	634		
19	154	39	249	59	402	79	649		
20	158	40	255	60	412	80	665		

表 2-4　片状电阻器标称阻值的字母代码对照

字母代码	含义	字母代码	含义	字母代码	含义	字母代码	含义
A	10^0	D	10^3	G	10^6	Y	10^{-2}
B	10^1	E	10^4	H	10^7	Z	10^{-3}
C	10^2	F	10^5	X	10^{-1}		

3）片状电阻器的封装尺寸及参数

片状电阻器的外形及体积有统一规格，它除 01005 超小型封装尺寸代号外，其余封装尺寸代号一般用 4 位数字（整数）表示，前 2 位数字（从左到右）表示长度，后 2 位数字表示宽度，单位为 mil，1 mil = 0.001 in = 0.025 4 mm。常规封装尺寸代号有 01005 和 0201，其他封装尺寸代号有 0402、0603、0805、1206、1210、1812、2010、2512，相关参数如表 2-5 所

项目 2　电子元器件及维修工具

示。例如：0603 电阻器为英制表示法（公制为 1608），前 2 位数字表示长度为 0.06 in（1.524 mm），后 2 位数字表示宽度为 0.03 in（0.762 mm），如图 2-4 所示；1005 电阻器为公制表示法，前 2 位数字表示长度为 1 mm（约 0.04 in），后 2 位数字表示宽度为 0.5 mm（约 0.02 in）。欧美国家大多采用英制表示法，日本大多采用公制表示法，我国这 2 种表示法都有使用。不同封装尺寸片状电阻器的额定功率和最高工作电压也不一样，如表 2-5 所示。

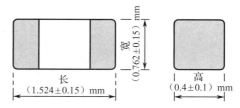

图 2-4　0603 封装尺寸示意图

表 2-5　片状电阻器常见封装尺寸代号及对应参数

封装尺寸		额定功率/W		工作温度 70 ℃ 最大工作电压 /V
英制/(in/100)	公制/(mm/10)	常规功率系列	提高功率系列	
01005	0402	1/32 W	/	15
0201	0603	1/20 W	/	25
0402	1005	1/16 W	/	50
0603	1608	1/16 W	1/10 W	50
0805	2012	1/10 W	1/8 W	150
1206	3216	1/8 W	1/4 W	200
1210	3225	1/4 W	1/3 W	200
1812	4532	1/2 W	/	200
2010	5025	1/2 W	3/4 W	200
2512	6432	1 W	/	200

2. 排阻的识读

排阻也称电阻器网络或集成电阻器，它是将多个参数与性能一致的电阻器，按预先的配置要求连接后置于一个组装体内的电阻器网络。排阻根据封装形式分为直插式和贴片式。图 2-5 所示为 A 型直插排阻实物及内部等效电路图，标识 A103J 表示该排阻为 A 型排阻，其电阻为 $10 \times 10^3 = 10\,000\ \Omega = 10\ \text{k}\Omega$，J 表示其允许误差为±5%。标识中的第 1 个字母表示排阻的内部电路结构，不同字母表示不同结构。A 型直插排阻所有电阻器的一个引脚都连到一起，作为公共引脚，其余引脚正常引出。所以，如果一个直插排阻是由 n 个电阻器构成的，那么它就有 $n+1$ 个引脚，一般来说，直插排阻最左边的引脚是公共引脚。它在直插排阻上一般用一个色点标出来。图 2-6 所示为 B 型直插排阻实物及内部等效电路图，标识 B221G 表示该排阻为 B 型排阻，电阻为 220 Ω，G 表示其允许误差为±2%。

（a）实物图

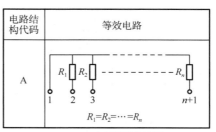

（b）内部等效电路图

图 2-5　A 型直插排阻实物及内部等效电路图

59

电子产品原理分析与故障检修（第 2 版）

（a）实物图

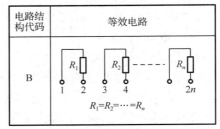

（b）内部等效电路图

图 2-6 B 型直插排阻实物及内部等效电路图

8P4R 型、10P5R 型贴片排阻如图 2-7 和图 2-8 所示。8P4R 型贴片排阻中的 8P 表示 8 个引脚，4R 表示 4 个电阻器，排阻上的标识 100 表示其电阻为 $10\times10^0=10\,\Omega$，它是由 4 个电阻为 10 Ω 的电阻器组成的排阻。10P5R 型贴片排阻中的标识 223 表示其电阻为 $22\times10^3=22\,k\Omega$，有白点标识的 5、10 脚为公共引脚，它是由 8 个电阻为 22 kΩ 的电阻器组成的排阻。

（a）实物图　　　（b）内部电路　　　　　　　　（a）实物图　　　　　（b）内部电路

图 2-7 8P4R 型贴片排阻　　　　　　　　图 2-8 10P5R 型贴片排阻

3. 电阻器的应用

实际的电阻器在低频时主要表现为电阻特性，但在高频使用时不仅表现为电阻特性，还表现为电抗特性。因此，人们在选用电阻器时必须考虑其分布电感和分布电容对其电抗特性的影响。

高频电路应选用分布电感和分布电容较小的非线绕电阻器，如碳膜电阻器、金属膜电阻器和氧化膜电阻器等。

高增益小信号放大电路应选用噪声较小的电阻器，如金属膜电阻器、碳膜电阻器和线绕电阻器，而不能使用噪声较大的合成碳膜电阻器和有机实心电阻器。

线绕电阻器的功率较大，噪声小，耐高温，但体积较大。普通线绕电阻器常用于低频电路中作限流电阻器、分压电阻器、泄放电阻器或大功率管的偏压电阻器使用。精度较高的线绕电阻器多用于固定衰减器、电阻箱、精密仪表等交直流电路中作分压、降压、分流及负载使用。

水泥电阻器是线绕电阻器的一种，属于功率较大的电阻器，具有外形尺寸较大、抗振、耐湿、耐热、良好散热及价格低等特性，广泛应用于电源适配器、音响设备、仪器仪表等设备中。

光敏电阻器是在特定波长的光照射下，其电阻迅速降低的半导体光敏器件，它广泛应用于照相机、太阳能庭院灯、石英钟、音乐杯、路灯自动开关及各种光控玩具等光自动开关控制领域。

热敏电阻器是一种传感器电阻器，其电阻随着温度的变化而变化。热敏电阻器按照温度系数不同分为正温度系数热敏电阻器和负温度系数热敏电阻器。正温度系数热敏电阻器一般

项目 2　电子元器件及维修工具

用于电冰箱压缩机启动电路、电机过电流过热保护电路、限流电路及恒温电加热电路。负温度系数热敏电阻器一般用于各种电子产品中以进行微波功率测量、温度检测、温度补偿、温度控制及稳压等。

力敏电阻器是一种电阻随压力变化而变化的电阻器。利用力敏电阻效应即半导体材料的电阻率随机械应力的变化而变化的效应,可制成各种力矩计、压力传感器等。力敏电阻器主要用于各种张力计、加速度计、半导体传声器及压力传感器中。

压敏电阻器是一种具有非线性伏安特性的电阻器,主要用于在电路承受过压时进行电压钳位,吸收多余的电流以保护敏感元器件。

湿敏电阻器是利用湿敏材料吸收空气中的水分而导致本身电阻发生变化的原理而制成的一种电阻器。工业上流行的湿敏电阻器主要有氯化锂湿敏电阻器、有机高分子膜湿敏电阻器。湿敏电阻器通常用于对温度的依存性小的电器(如空调、加湿器、除湿机、小型轻量的干燥机等)中。

气敏电阻器是一种将检测到的气体成分和浓度转换为电信号的传感器,它是利用某些半导体吸收某种气体后会发生氧化还原反应制成的一种电阻器。气敏电阻器可以用于化工生产中气体成分的检测与控制、煤矿瓦斯浓度的检测与报警、环境污染情况的监测、火灾报警监测、燃烧情况检测与控制等。

4. 电阻器出现故障的原因

电阻器质量差,材料不均匀,导致局部电阻发生变化,从而使电阻器出现故障;功率选择很靠近最大功率点,即使出现瞬间干扰,也会使电阻器出现故障。

5. 电阻器的检测

电阻器的检测方法:利用万用表的欧姆挡来测量电阻器的电阻,将所测电阻与标称阻值进行比较,从而判断电阻器是否能够正常工作,是否出现短路、断路及老化现象。

1)电阻器的检测步骤

(1)外观检查。查看电阻器有无烧焦,引脚有无脱落及松动的现象,从外观检查电路的断路情况。

(2)断电检测。若电阻器没有从电路板中拆除(在路检测),仍在回路中,一定要将电路中的电源断开,严禁带电检测,否则不但检测不准确,而且容易损坏万用表。

(3)选择合适的量程。根据电阻器的标称阻值选择万用表电阻挡的合适量程。

(4)在路检测。若对电阻器进行在路检测并且所测电阻大于标称阻值,则表明该电阻器出现断路或严重老化现象。

(5)断路检测。在对电阻器进行在路检测时,若所测电阻小于标称阻值,则应先将电阻器从电路中断开再进行检测。此时,若所测电阻基本等于标称阻值,则表明该电阻器正常。若所测电阻约等于 0,则表明该电阻器内部已短路。若所测电阻远大于标称阻值,则表明该电阻器已断路或老化严重。

2)固定电阻器的故障情况检测

(1)首先记下电阻器的标称阻值。如果电阻器是色环电阻器,先根据色环得到其电阻。这一步的意义在于了解被测电阻器的标称阻值,可作为万用表测量电阻器电阻时的参考。

(2)清理电阻器引脚的灰尘。如果有锈渍,最好拿细砂纸打磨一下,否则会影响测量

结果。如果表面未有明显锈渍,拿纸巾轻轻擦拭即可。切记不可用力过猛以免折断电阻器的引脚。

(3)清理完毕后就可以对电阻器进行检测了。根据电阻器的标称阻值选择万用表欧姆挡的合适量程,并将黑表笔插进 COM 孔,红表笔插进 V/Ω 孔(测电压、电阻都用这个孔)。

提示:选择的万用表量程要尽量与被测电阻器标称阻值相近,只有这样才能保证测量的准确性。

(4)先打开万用表电源开关,并将万用表的红、黑表笔分别搭在电阻器两端的引脚处,不用考虑极性问题,观察万用表显示的数值,然后记录所测电阻,交换表笔再测量一次。测量两次是为了减少外电路中的元器件对被测电阻器的影响,取数值较大的电阻作为参考值。

提示:若所测电阻比标称阻值大,则表明该电阻器已经现出故障;若所测电阻比标称阻值小很多,则不能确定该电阻器是否出现故障,因为这种情况可能是电路中的其他元器件对被测电阻器的干扰造成的。这时就需要采用开路检测法对其进行进一步检测。

3)热敏电阻器的故障情况检测

在对热敏电阻器进行检测时,通常会利用温度变化的方法来辅助检测。以正温度系数热敏电阻器为例,在检测时,首先在常温情况下用万用表的 R×1 Ω 挡测得正温度系数热敏电阻器的实际电阻,将这一电阻与其标称阻值进行比较,可以对其进行初步的故障判断。但是需要注意的是,为了确保正温度系数热敏电阻器没有其他方面的故障,还需要在加热的情况下对其进行进一步检测。通常来讲,正温度系数热敏电阻器正常工作时,其电阻会随着温度的升高而升高,为确保这一功能正常,应该在加热正温度系数热敏电阻器时观察其电阻变化,以判断其灵敏度。

4)光敏电阻器的故障情况检测

对于光敏电阻器来说,要想确保检测工作的顺利进行,首先要将其透光口用不透光的材料进行遮挡。在正常情况下对该电阻器进行测量时,其电阻并不会发生变化,而且电阻应当接近无穷大。若所测电阻不符合上述要求,则表明光敏电阻器已经出现故障。此外,在进行进一步确认时,需要通过光源的刺激来进行电阻改变情况的观察。如果光源照射不能使电阻明显降低,那么也表明光敏电阻器已经出现故障。

6. 电阻器的更换

(1)固定电阻器的更换。固定电阻器出现故障后,可以用额定功率及标称阻值相同的碳膜电阻器或金属膜电阻器更换。碳膜电阻器出现故障后,可以用额定功率及标称阻值相同的金属膜电阻器更换。

(2)热敏电阻器的更换。热敏电阻器出现故障后,若无同型号的热敏电阻器更换,则可用与其类型及主要参数相同或相近的其他型号的热敏电阻器更换。

(3)压敏电阻器的更换。压敏电阻器出现故障后,应用与其型号相同的压敏电阻器或与其主要参数相同的其他型号的压敏电阻器更换。更换时,不能任意改变压敏电阻器的标称电压及通流容量,否则会失去保护作用,甚至会被烧毁。

(4)光敏电阻器的更换。光敏电阻器出现故障后,若无同型号的光敏电阻器更换,则可用与其类型相同、主要参数相近的其他型号的光敏电阻器更换。

项目 2　电子元器件及维修工具

（5）熔断电阻器的更换。熔断电阻器出现故障后，若无同型号的熔断电阻器更换，则可用与其主要参数相同的其他型号的熔断电阻器或电阻器与熔断器串联后更换。

用电阻器与熔断器串联更换故障熔断电阻器时，电阻器的电阻和功率应与故障熔断电阻器的电阻和功率相同，而熔断器的额定电流 I 可用 $I=\sqrt{0.6P/R}$ 计算得出。其中，P 为故障熔断电阻器的额定功率，R 为故障熔断电阻器的电阻。对电阻较小的熔断电阻器，也可以用熔断器直接更换。

7. 电阻器的日常维护

（1）更换故障电阻器。坚持电阻器出现故障必须更换的原则。新电阻器的型号要与故障电阻器的型号相同。

（2）清理电阻器。在日常使用中电阻器难免会有杂质和灰尘。当电阻器存在接触不良的位置时，应将其接触面清理干净，并把紧固螺栓旋紧。

（3）焊接电阻器。焊接电阻器时，必须采用硬焊料，如黄铜、银或铜磷焊料。

（4）控制电阻器的温度。电阻器需要在一定的温度范围内才能工作，如果温度超出这个范围就会影响其使用。

2.1.5　任务评价

在完成电阻器学习任务后，对学生主要从主动学习、高效工作、认真实践的态度，团队协作、互帮互学的作风，良好的电阻器识读、电阻器检测、电阻器安装与焊接技能，树立为国家、人民多做贡献的价值观等方面进行评价，并采用学生自评、小组互评、教师评价来综合评定每一位学生的学习成绩。电阻器学习任务评价如表 2-6 所示。

表 2-6　电阻器学习任务评价

评价指标	评价要素	分值	学生自评（10%）	小组互评（20%）	教师评价（70%）	得分
电阻器的识读与检测	能使用不同方法识读电阻器的主要参数并能测量电阻	20				
电阻器的应用、安装、焊接与更换	能根据电路的实际需要选择合适类型和电阻的电阻器；能根据电阻器结构特点进行安装；能对故障电阻器进行检测、判断与更换；能根据工艺要求对电阻器进行正确焊接	50				
文档撰写	能撰写电阻器检测与使用报告，包括摘要、正文、图表等符合规范性要求	20				
职业素养	符合 7S（整理、整顿、清扫、清洁、素养、安全、节约）管理要求，具备认真、仔细、高效的工作态度，树立为国家、人民多做贡献的价值观	10				

任务 2.2　电容器

2.2.1　任务目标

（1）了解电容器的主要功能及分类。

电子产品原理分析与故障检修（第2版）

（2）掌握电容器的主要参数及选用方法。
（3）掌握电容器的参数识读与检测方法。
（4）能对故障电容器进行更换与维修。

2.2.2 任务描述

电容器是由两个电极之间夹一层绝缘材料（介质）构成的。当在两个电极间加上电压时，电极上就会存储电荷，所以电容器是储能元器件。电容器是电子产品整机中大量使用的电子元器件之一，在电路中具有耦合、滤波、退耦、高频消振、谐振、旁路、中和、定时、积分、微分、补偿、自举、分频等作用。在使用过程中，由于环境温度高、过电压、外力因素的破坏等因素，电容器会发生渗漏油、鼓肚、爆炸、电容降低、短路、开路、接触不良、电压升高时击穿（软击穿）等故障。有些故障会影响电子产品整机性能，甚至使电子产品整机不能正常运行。对于电容器故障，多数情况只能通过更换新的电容器消除。对于外部接触不良或者虚焊引起的电容器故障，只要重新将故障部位焊接一遍即可消除。

学生要学会使用电容器或对故障电容器进行更换与维修，熟悉电容器的分类及其在电路中的作用，掌握电容器的主要参数、外形结构特点及识读方法，能用万用表判断电容器是否发生故障，并对故障电容器进行更换与维修。判断电容器故障的方法是，用万用表的电容挡测量电容器的实际电容，以检测实际电容与标称容量是否相符，误差是否在允许范围内。在检测电容器时，可先根据电容器的标识信息识读被测电容器的标称容量，然后使用万用表对被测电容器的实际电容进行测量，最后将实际电容与标称容量进行比较，从而判断电容器是否发生故障。若实际电容与标称容量相差较大，则表明被测电容器出现故障。对于故障电容器，需要更换新的电容器。在更换故障电容器时，使用电烙铁将其取下，并换上新的与其电容相同的电容器。更换故障电容器时要注意：对于普通用途的故障电容器可以用与其标称容量相差±30%的电容器更换，但耐压值必须大于或等于故障电容器的耐压值。

2.2.3 任务准备——电容器的分类及主要参数

1. 电容器的分类

电容器的种类繁多。常见电容器的外形如图2-9所示。电容器按结构可以分为固定电容器、可变电容器和微调电容器；按用途可以分为旁路电容器、滤波电容器、调谐电容器、耦合电容器、去耦电容器等；按有无极性可以分为有极性电容器和无极性电容器；按介质可以分为空气介质电容器、固体介质（云母、陶瓷、涤纶等）电容器和电解电容器等。电容器介质材料的符号和意义如表2-7所示。

陶瓷电容器　　陶瓷电容器　　色环陶瓷电容器　瓷片电容器　　PPT电容器　　电机启动电容器　穿心电容器

图2-9　常见电容器的外形

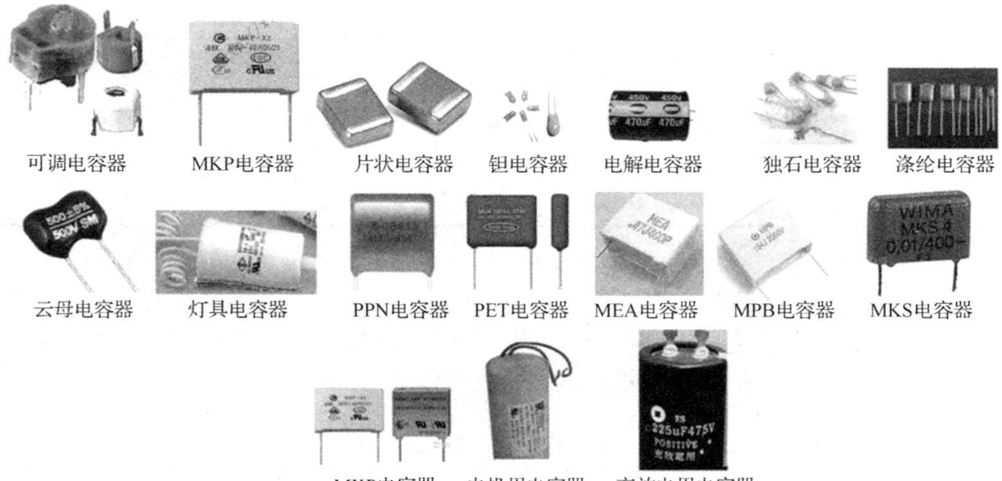

可调电容器　　MKP电容器　　片状电容器　　钽电容器　　电解电容器　　独石电容器　　涤纶电容器

云母电容器　　灯具电容器　　PPN电容器　　PET电容器　　MEA电容器　　MPB电容器　　MKS电容器

MKP电容器　　电机用电容器　　充放电用电容器

图 2-9　常见电容器的外形（续）

表 2-7　电容器介质材料的符号和意义

字母	介质材料	字母	介质材料	字母	介质材料
A	钽电解	I	玻璃釉	Q	漆膜
B	聚苯乙烯等非极性薄膜	J	金属化纸介	S、T	低频陶瓷
C	高频陶瓷	BB	聚丙烯	V、X	云母纸
D	铝电解	L	聚酯等极性有机膜	Y	云母
E	其他材料电解	LS	聚碳酸酯等极性有机膜	Z	纸
G	合金电解	N	铌电解	BF	聚四氟乙烯
H	纸膜复合介质	O	玻璃膜		

2. 电容器的主要参数

1）标称容量及允许误差

电容器的电容是指电容器加上电压后储存电荷能力的大小，用 C 表示，其基本单位是法拉（F）。常用的单位是微法（μF）、纳法（nF）和皮法（pF）。其中 $1\,\mu F = 10^{-6}\,F$，$1\,nF = 10^{-9}\,F$，$1\,pF = 10^{-12}\,F$。常用固定电容器的标称容量系列应符合国家标准规定，如表 2-8 所示。

表 2-8　常用固定电容器的标称容量系列

电容器类别	允许误差	电容范围	标称容量系列
纸介电容器、金属化纸介电容器、纸膜复合介质电容器、低频（有极性）有机薄膜介质电容器	±5%	100 pF～1 μF	1.0，1.5，2.2，3.3，4.7，6.8
	±10%　±20%	1 μF～100 μF	1，2，4，6，8，10，15，20，30，50，60，80，100
高频（无极性）有机薄膜介质电容器、瓷介电容器、玻璃釉电容器、云母电容器	±5%	1 pF～1 μF	1.0，1.2，1.3，1.5，1.6，1.8，2.0，2.4，2.7，3.0，3.3，3.6，3.9，4.3，4.7，5.1，5.6，6.2，6.8，7.5，8.2，9.1
	±10%		1.0，1.2，1.5，1.8，2.2，2.7，3.3，3.9，4.7，5.6，6.8，8.2
	±20%		1.0，1.5，2.2，3.3，4.7，6.8

续表

电容器类别	允许误差	电容范围	标称容量系列
铝、钽、铌、钛电解电容器	±10% ±20% -20%~+50% -10%~+100%	1 μF~1 F	1.0，1.5，2.2，3.3，4.7，6.8

电容器的标称容量与其实际电容之差除以标称容量所得的百分数，就是电容器的允许误差。常用电容器允许误差等级如表 2-9 所示。如果电容器的电容很重要，那就需要考虑使用高精度电容器。例如，晶振电路中的负载电容器，一般需要选择 1%高精度低漂移电容器。在进行信号滤波时，通常选用允许误差为 10%的电容器。

表 2-9　常用电容器允许误差等级

等　级	005	01	02	I	II	III	IV	V	VI
等级符号	D	F	G	J	K	M	N			
允许误差	±0.5%	±1%	±2%	±5%	±10%	±20%	±30%	-30%~+20%	-20%~+50%	-10%~+100%

除表 2-9 所示的常用电容器允许误差等级外，其他允许误差等级如表 2-10 所示。

表 2-10　电容器允许误差等级

等级符号	Q	S	T	R	H	Z
允许误差	-10%~+30%	-20%~+50%	-10%~+50%	-10%~+100%	-0%~+100%	-20%~+80%

2）额定电压与击穿电压

当电容器两个电板之间所加的电压达到某一数值时，电容器就会被击穿，该电压称为电容器的击穿电压。额定电压又称为耐压，它是指电容器长期安全工作所允许施加的最大直流电压，其值通常为击穿电压的一半。使用电容器时电路的工作电压不能超过电容器的耐压，否则电容器就可能被击穿。耐压系列随电容器种类不同而有所区别，无极性电容器的耐压值有：63 V、100 V、160 V、250 V、400 V、500 V、630 V、1 000 V 等，有极性电容器的耐压值比无极性电容器耐压值要低，有 4 V、6.3 V、10 V、16 V、25 V、32 V、40 V、50 V、63 V、100 V、125 V、160 V、250 V、300 V、400 V、450 V 等。耐压值通常会标注在体积较大电容器或电解电容器的外壳上。

3）绝缘电阻与漏电流

绝缘电阻是指电容器两个电极之间的电阻，它等于加在电容器两端电压与通过电容器的漏电流的比值，取决于电容器介质的材料及厚度。绝缘电阻越大，漏电流就越小，电容器的质量就越好。当给电容器加上直流电压时，电容器会有漏电流产生。若漏电流太大，电容器就会发热从而出现故障。除电解电容器外，其他电容器的漏电流是极小的，故用绝缘电阻来表示其绝缘性能。一般电容器的绝缘电阻为 100~10 000 MΩ。而电解电容器因漏电流较大，故用漏电流表示其绝缘性能（与电容成正比）。

2.2.4　任务实施——电容器的识读、检测与应用

1. 电容器主要参数的识读

电容器的主要参数（标称容量与耐压等）会标注在体积较大电容器的外壳上，以供人们

识读。电容器的参数标注方法有直标法、文字符号法、数码表示法和色环法。

1)直标法

直标法是将电容器的标称容量、耐压及允许误差等直接标注在电容器的外壳上,其中允许误差一般用字母来表示。常见表示允许误差的等级符号有 F($\pm1\%$)、G($\pm2\%$)、J($\pm5\%$)、K($\pm10\%$)等。当电容器的体积很小时,有时仅标注其标称容量。例如:电容器的外壳上标有 47nJ100,表示其标称容量为 47 nF,允许误差为$\pm5\%$,耐压为 100 V;电容器的外壳上只标有 100,表示其标称容量为 100 pF;电容器的外壳上只标有 0.56(或 R56),表示其标称容量为 0.56 μF。

当电容器所标标称容量没有单位时,其标称容量的识读可参考如下原则:数值在 $1\sim10^4$ 之间时,标称容量单位为 pF;数值小于 1 时,标称容量单位为 μF。

2)文字符号法

文字符号法是用数字和文字符号或两者有规律的组合,在电容器的外壳上标注主要参数。该方法为用文字符号表示标称容量的单位(n 表示 nF,p 表示 pF,u 表示 μF),标称容量的整数部分写在其单位的前面,标称容量的小数部分写在其单位的后面。例如:电容器的外壳上标有 1p2,表示其标称容量为 1.2 pF;电容器的外壳上标有 8n2,表示其标称容量为 8.2 nF 或 8 200 pF;电容器的外壳上标有 2u2,表示其标称容量为 2.2 μF;电容器的外壳上标有 p33,表示其标称容量为 0.33 pF。

3)数码表示法

数码表示法是用 3 位数字表示标称容量的大小,单位为 pF。前 2 位数字(从左到右)表示标称容量的有效数字,第 3 位数字(0~6)表示倍率乘数;当第 3 位数字是 8 时,则乘以 0.01;当第 3 位数字是 9 时,则乘以 0.1。例如:电容器的外壳上标有 103,表示其标称容量为 10 000 pF(或 0.01 μF);电容器的外壳上标有 229,表示其标称容量为 2.2 pF。

4)色环法

色环法是在电容器的外壳上标注色环或色点来表示其标称容量及允许误差,单位为 pF。这种方法在小型电容器上用得比较多。表 2-11 提供了色环法中各种颜色所表示的具体含义。

表 2-11 色环法中各种颜色所表示的具体含义

颜色	黑色	棕色	红色	橙色	黄色	绿色	蓝色	紫色	灰色	白色	金色	银色	无色
有效数字	0	1	2	3	4	5	6	7	8	9			
允许误差	$\pm20\%$	$\pm1\%$	$\pm2\%$	$\pm3\%$	$\pm4\%$	$\pm5\%$	$\pm25\%$	$\pm0.1\%$	$-20\%\sim+80\%$	$-20\%\sim+50\%$	$\pm5\%$	$\pm10\%$	$\pm20\%$
工作电压/V	4	6.3	10	16	25	32	40	50	63				
倍率	10^0	10^1	10^2	10^3	10^4	10^5	10^6		0.01	0.1			

从电容器外壳边缘朝电容器引脚方向排列,第 1、2 条色环表示标称容量的有效数字,第 3 条色环表示倍率乘数,第 4 条色环表示允许误差。某些型号的电容器仅标注 2~3 条色环,则这种颜色对应 2~3 个数字表示电容器的标称容量。例如,图 2-10(a)所示的电容器的外壳上有黄色、紫色、橙色色环,则表示该电容器的标称容量为(47×10^3)pF = 0.047 μF;图 2-10(b)所示的电容器的外壳上有棕色、绿色、黄色色环,则表示该电容器的标称容量为(15×10^4)pF = 0.15 μF;图 2-10(c)所示的电容器的外壳上有红色色环(红色、红色

和橙色色环，则表示该电容器的标称容量为（22×10³）pF = 0.022 μF。

图 2-10 电容器的色标法举例

2. 片状电容器的识读

片状电容器也称贴片式电容器，常用的有片状多层陶瓷电容器、片状铝电解电容器、片状钽电解电容器、高频圆柱状电容器、片状涤纶电容器、片状微调电容器。

1）片状多层陶瓷电容器

（1）片状多层陶瓷电容器的内部结构及外形。片状多层陶瓷电容器是由印好电极（内电极）的陶瓷层介电质以错位的方式叠合起来的，经过一次性高温烧结形成陶瓷芯片，并在芯片的两端封上金属层（端电极），从而形成一个类似独石的结构体，其结构主要包括陶瓷层介电质、内电极和端电极。片状多层陶瓷电容器的结构及外形如图 2-11 所示。

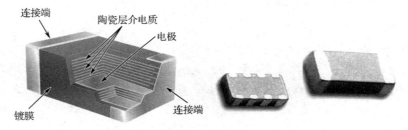

图 2-11 片状多层陶瓷电容器的结构及外形

（2）片状多层陶瓷电容器的识读。片状多层陶瓷电容器标称容量的标识码通常由 1 个（或 2 个）字母和 1 位数字组成。当标识码（由 2 个字母和 1 位数字组成）是 2 个字母时，第 1 个字母表示生产厂商代码。例如，当第 1 个字母是 K 时，表示此片状多层陶瓷电容器是由 Kemet 公司生产的。3 位标识码的第 2 个字母或 2 位标识码（由 1 个字母和 1 位数字组成）的第 1 个字母表示电容器标称容量的有效数字。字母与有效数字的对应关系如表 2-12 所示。

表 2-12 字母与有效数字的对应关系

字母	A	B	C	D	E	F	G	H	J	K	L	M	N	P	Q	R	S
有效数字	1.0	1.1	1.2	1.3	1.5	1.6	1.8	2.0	2.2	2.4	2.7	3.0	3.3	3.6	3.9	4.3	4.7
字母	T	U	V	W	X	Y	Z	a	b	d	e	f	m	n	t	y	
有效数字	5.1	5.6	6.2	6.8	7.5	8.2	9.1	2.5	3.5	4.0	4.5	5.0	6.0	7.0	8.0	9.0	

标识码中最后的数字表示有效数字后乘以 10 的次方数，计算结果得到的标称容量单位为 pF。例如：当片状多层陶瓷电容器外壳上的标识码为 S3 时，S 所对应的有效数字为 4.7，3 表示倍率乘数为 10³，因此，S3 表示此电容器的标称容量为 4.7×10³ pF 或 4.7 nF，而生产厂商不明；某片状多层陶瓷电容器外壳上的标识码为 KA2，K 表示此电容器由 Kemet 公司生产，

A2 表示其标称容量为 $1.0×10^2$ pF，即 100 pF。

有些片状多层陶瓷电容器标称容量的标识码由 3 位数字组成，单位为 pF。前 2 位数字（从左到右）表示标称容量的有效数字，第 3 位数字表示倍率乘数。若有小数点，则用 P 表示，如 1P5 表示 1.5 pF、100 表示 10 pF 等。

允许误差的等级符号用字母表示，C 表示允许误差为±0.25%，D 表示允许误差为±0.5%，F 表示允许误差为±1%，J 表示允许误差为±5%，K 表示允许误差为±10%，M 表示允许误差为±20%，I 表示允许误差为-20%～80%。

2）片状铝电解电容器

（1）片状铝电解电容器的外形图。片状铝电解电容器有立式及卧式，其外形图如图 2-12 所示。

（2）片状铝电解电容器的识读。片状铝电解电容器的标识码中标出的参数主要有标称容量和耐压。例如，10V6 表示电解电容器的标称容量为 10 μF，耐压为

图 2-12　片状铝电解电容器的外形图

6 V。有时在片状铝电解电容器中不使用直接标注方法，而使用"标识码法"，通常片状铝电解电容器使用的标识码由 1 个字母和 3 位数字组成，字母表示其耐压，而数字表示其标称容量。其中，第 1、2 位数字表示标称容量的有效数字，第 3 位数字表示倍率乘数，标称容量的单位为 pF。片状铝电解电容器上的指示条标明此端为电容器的正极。片状铝电解电容器标识码中字母与耐压的对应关系如表 2-13 所示。

表 2-13　片状铝电解电容器标识码中字母与耐压的对应关系

标识码	F	G	J	A	C	D	E	V	H
耐压/V	2.5	4	6.3	10	16	20	25	35	50

例如，若某一片状铝电解电容器的标识码为 A475，A 表示其耐压为 10 V，47 表示其标称容量的有效数字为 47，5 表示 10^5，则此片状铝电解电容器的标称容量为（47×10^5）pF=4.7 μF。

（3）固态铝质电解电容器。固态铝质电解电容简称固态电容器，它与普通电容器（液态铝质电解电容器）最大的差别在于它采用了不同的介电材料，液态铝质电解电容器的介电材料为电解液，而固态电容器的介电材料为导电高分子材料。导电高分子材料的导电能力通常要比电解液高 2～3 个数量级，可以大大降低 ESR（等效串联电阻）、改善温度频率特性，在高热环境下不会像电解液那样蒸发膨胀，甚至燃烧。因而固态电容器的使用十分安全，使用寿命也明显延长。

3）片状钽电解电容器

（1）片状钽电解电容器的特点。片状钽电解电容器的外形尺寸比片状铝电解电容器小，并且性能更好，如耐高温、准确度高、漏电流小、负温性能好、本身几乎没有电感、高频性能优良、寿命长，所以应用越来越广，除可应用于消费类电子产品外，还可应用于通信、电子仪器、仪表、汽车电器、办公室自动化设备等，但价格要比片状铝电解电容器高。常用的片状钽电解电容器为塑封，其顶面有一条黑色线，是正极的标志，顶面上还有标称容量标识码和耐压，如图 2-13 所示。

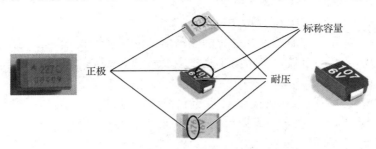

图2-13 片状钽电解电容器

（2）片状钽电解电容器的识读。由于片状钽电解电容器内部没有电解液，因此其很适合在高温下工作。片状钽电解电容器有标记的一端是正极，另外一端是负极。一般使用数码表示法（3位数字）表示其标称容量，前2位数字直接读数，第3位数字表示0的个数，单位为pF。在图2-13中，电容器的外壳上标有107，表示其标称容量为100 000 000 pF = 100 μF；电容器的外壳上标有227C，227表示其标称容量为220 μF，C表示其耐压为16 V。有些片状钽电解电容器的耐压会用不同的字母标注出来，每个字母含义说明如下：F—2.5 V，G—4 V，J—6.3 V，A—10 V，C—16 V，D—20 V，E—25 V，V—35 V，T—50 V。一般而言，在体积一定的情况下，标称容量越大，耐压越小。片状钽电解电容器的耐压范围为4～50 V，标称容量为0.1 μF～470 μF，工作温度范围为-40 ℃～+125 ℃，其允许误差有±10%（K）和±20%（M）。特别要注意的是：片状钽电解电容器不能接反，接反后轻则不起作用，重则片状钽电解电容器会烧焦甚至爆炸。

4）高频圆柱状电容器

高频圆柱状电容器是指能在1 kHz以上的高频环境中运行或者在脉冲频率环境中长期运行的电容器。常用的高频圆柱状电容器有0603、0805及1206，其标称容量、允许误差及耐压如表2-14所示。瓷介电容器、无感CBB电容器、CBB电容器（如WIMA电容器）、云母电容器（如金、银云母电容器）等均属于高频圆柱状电容器。

表2-14 高频圆柱状电容器的标称容量、允许误差及耐压

标称容量	1.8 pF	2.2 pF～8.2 pF	10 pF～100 pF	120 pF～1 000 pF	1 500 pF～6 800 pF	8 200 pF～10 000 pF
允许误差	±20%	±10%	±5%	±10%	±30%	±30%
耐压/V			50		25	16

5）片状涤纶电容器

片状涤纶电容器是有机薄膜电容器的一种，具有较好的稳定性和低失效率，主要用于消费类电子产品中。该电容器常用的标称容量为1 000 pF～0.15 μF，耐压为50 V，工作温度范围为-40 ℃～+85 ℃，允许误差为±(10%～20%)。

6）片状微调电容器

片状微调电容器在电路中具有微细调节和垫整的功能，在高频电路中应用广泛。常用的片状微调电容器有超小型、小型薄型和封闭型。

3. 片状电容器的应用注意事项

（1）电容器的工作电压必须低于其耐压。

（2）应合理地选择电容器的允许误差及材料类别。片状电容器的电容在 0.01 μF 以下，其允许误差可达±5%（J）；在 0.01 μF 以上，其允许误差以±10%（K）居多；在 0.1 μF 以上，其允许误差以±20%（M）为主。

（3）市场上封装尺寸代号为 0805 的片状电容器的标称容量系列最齐全，而封装尺寸代号为 0603 的片状电容器的某些标称容量系列可能会有缺失。在公司生产批量不大的电子产品时，为了避免因封装尺寸代号为 0603 的片状电容器某些标称容量的缺失而影响生产，可以将产品的焊盘稍作延伸，使它能适用于封装尺寸代号为 0603 及 0805 的片状电容器。

（4）片状多层陶瓷电容器都是卷装的，型号在带盘上，而其外壳上无任何标志。

（5）敞开式片状微调电容器不能用波峰焊，而封闭型片状微调电容器可用波峰焊。

4．电容器的检测

1）标称容量的检测

目前常用的数字万用表能测量一定电容范围内的电容器。测量时，将万用表置于电容挡的适当量程，两表笔分别接在电容器的两个引脚上，即可得出其电容。若所测电容等于或十分接近标称容量，则表明该电容器正常；若所测电容与标称容量相差过大，则查看其标称容量是否在万用表的测量范围内。如果超出万用表的测量范围，可用 LCR 数字电桥对其进行测量；若还是相差过大，则表明该电容器已变质，不能再使用；若所测电容远小于标称容量，则表明该电容器已经出现故障。

2）使用电容器的注意事项

有极性电容器在使用时必须注意极性，正极接高电位端，负极接低电位端。从电路中拆下的电容器（尤其是大电容和高压电容器），应对电容器先充分放电后，再用万用表对其进行测量，否则会造成万用表损坏。

5．电容器的常见故障及处理

1）电容器的常见故障

电容器的常见故障有电容器开路、击穿、漏电、通电后击穿。

（1）电容器开路。电容器开路后，该电路中相当于没有电容器作用。不同电路中的电容器出现开路故障后所表现出的故障现象不同，如滤波电容器开路后出现交流声、耦合电容器开路后无声等。

（2）电容器击穿。电容器击穿后，电容器两个引脚之间为通路，电容器的隔直作用消失，电路的直流电路出现故障，从而影响交流工作状态。

（3）电容器漏电。当电容器漏电时，电容器两电极之间存在漏电阻，电容器的隔直作用变差，电容器的电容降低。当耦合电容器漏电时，会造成电路噪声大。这是小电容电容器中故障发生率比较高的故障，而且该故障检测困难。

（4）电容器通电后击穿。电容器加上工作电压后被击穿，断电后它又表现为不击穿。当用万用表对电容器进行检测时其不表现击穿的特征，通电情况下测量电容器两端的直流电压为零或者很低，电容器性能下降。

2）电容器常见故障的处理

（1）对于电容器开路故障，应更换新的电容器；电容器外部连线开路或接触不良，重新焊好。

电子产品原理分析与故障检修（第2版）

（2）对于电容器击穿故障，应更换新的电容器。
（3）对于电容器漏电故障，应更换新的电容器。
（4）对于电容器通电后击穿故障，应更换新的电容器。

2.2.5 任务评价

在完成电容器学习任务后，对学生主要从主动学习、高效工作、认真实践的态度，团队协作、互帮互学的作风，良好的电容器识读、检测、安装与焊接技能，树立为国家、人民多做贡献的价值观等方面进行评价，并采用学生自评、小组互评、教师评价来综合评定每一位学生的学习成绩。电容器学习任务评价如表2-15所示。

表2-15 电容器学习任务评价

评价指标	评价要素	分值	学生自评（10%）	小组互评（20%）	教师评价（70%）	得分
电容器的识读与检测	能识读电容器的主要参数并能对其电容进行测量	20				
电容器的应用、安装、焊接与更换	能根据电路的实际需要选择合适类型和电容的电容器；能根据电容器结构特点进行安装；能对故障电容器进行检测、判断与更换；能根据工艺要求对电容器进行正确焊接	50				
文档撰写	能撰写电容器的检测与使用报告，包括摘要、正文、图表等符合规范性要求	20				
职业素养	符合7S（整理、整顿、清扫、清洁、素养、安全、节约）管理要求，具有认真、仔细、高效的工作态度，树立为国家、人民多做贡献的价值观	10				

任务2.3 电感器

2.3.1 任务目标

（1）了解电感器的主要功能及分类。
（2）掌握电感器的主要参数及选用方法。
（3）掌握电感器的参数识读与检测方法。
（4）能对故障电感器进行更换与维修。

2.3.2 任务描述

电感器实际上是一个由导线绕制而成的螺旋线圈。为了获得较大的电感，线圈通常绕制在铁芯上，所以电感器又称为电磁线圈。电感器是能够把电能转换为磁能而存储起来的元器件。电感器在电路中主要起到滤波、振荡、延迟、陷波、筛选信号、过滤噪声、稳定电流及抑制电磁波干扰等作用。电感器在电路中应用广泛，是实现振荡、调谐、耦合、滤波、延迟、偏转的主要元器件之一。在使用过程中，由于环境潮湿、过流工作、电压击穿、机械振动、碰撞摩擦等因素影响，电感器会发生开路、短路、电感降低、接触不良等故障。

学生要学会使用电感器或对故障电感器进行更换与维修，熟悉电感器的分类及其在电路

项目 2　电子元器件及维修工具

中的主要作用，掌握电感器的主要参数、外形结构特点及识读方法。通过使用万用表测量电感器电阻的方法来初步判断其好坏。判断电感器好坏的方法为，使用电感测量仪或电桥测量其实际电感，查看实际电感与标称电感是否相符，误差是否在允许范围内。对于故障电感器，多数情况只能通过更换新的电感器消除。对于外部接触不良或者虚焊引起的电感器故障，只要重新焊接一遍即可消除。

2.3.3　任务准备——电感器的分类及其主要参数

1. 电感器的分类

电感器的种类很多，常见的有色环电感器、色码电感器、电感线圈、磁环电感器及微调电感器等，如图 2-14 所示。电感器按工作特征分为电感固定的电感器和电感可变的电感器；按磁导体性质分为空心电感器、磁芯电感和铜芯电感器；按绕制方式及其结构分为单层、多层、蜂房式、有骨架式或无骨架式电感器。

图 2-14　常见电感器

色环电感器是在外壳上用不同颜色的色环来标识参数信息的一种电感器。色环电感器的外形与色环电阻器相似，色环电感器的外壳颜色一般为绿色，而色环电阻器的外壳颜色一般为蓝色或者米黄色。色环电感器两端和中间粗细差不多，并且两端引脚的位置是逐渐变细的。而色环电阻器则为两头粗、中间细，引脚两端是比较圆的。另外，可通过电路板上的电路图形符号或字母标识区分。色环电感器属于小型电感器，工作频率一般为 10 kHz～200 MHz，电感一般为 0.1 μH～33 000 μH。

色码电感器是通过色码标识参数信息的一种电感器。色码电感器与色环电感器都属于小型电感器。色码电感器的外壳上会标识不同颜色的色码。色环电感器与色码电感器的外形、标识及安装形式不同。通常，色码电感器采用直立式安装。

片状电感器是采用表面贴装方式安装在电路板上的一种电感器。常见的片状电感器有大功率片状电感器和小功率片状电感器。大功率片状电感器将其标称电感直接标注在电感器外壳上。小功率片状电感器的外形体积与片状电阻器类似，外壳颜色多为灰黑色。

2. 电感器的主要参数

1）电感

电感器自感作用的大小称为电感，用 L 表示，其基本单位是亨利，简称亨（H）。实际使用中的常用单位有 mH（毫亨）、μH（微亨）、nH（纳亨）。电感的大小与电感器线圈的匝数

（圈数）、线圈的横截面积（线圈的大小）、线圈内有无铁芯或磁芯等有关。

2）允许误差

允许误差是指实际电感与标称电感之差除以标称电感所得的百分数。允许误差可用Ⅰ、Ⅱ、Ⅲ表示，分别为±5%、±10%、±20%。除此之外，还有用字母 J、K、L、M、P、N 表示的允许误差。其中，J 表示允许误差为±5%，K 表示允许误差为±10%，L 表示允许误差为±15%，M 表示允许误差为±20%，P 表示允许误差为±25%，N 表示允许误差为±30%。

3）品质因数

品质因数 Q 是表示线圈质量的物理量，其定义公式为 $Q = 2\pi fL/r$。其中，f 为工作频率；L 为线圈的电感；r 为线圈的损耗电阻。

4）额定电流

额定电流是指电感器正常工作时，允许通过的最大工作电流。当工作电流大于额定电流时，电感器会因发热而改变参数，严重时将被烧毁。小型固定电感器的额定电流通常用字母 A、B、C、D、E 表示，标称电流有 50 mA、150 mA、300 mA、700 mA、1 600 mA 等。此外，电感器的参数还有分布电容、稳定性等。

2.3.4　任务实施——电感器的识读、检测与维修

1. 电感器主要参数的识读

电感器的标注方法主要有直标法、色环法、数码表示法和文字符号法。

直标法是指用数字表示标称电感，用字母表示额定电流，用Ⅰ、Ⅱ、Ⅲ表示允许误差，并将这些直接标注在电感器的外壳上。例如，固定电感器外壳上标有 150 μH、A、Ⅱ，表示该电感器的电感为 150 μH，额定电流为 50 mA（A 的含义），允许误差为±10%（Ⅱ的含义）。

色环法是在电感器的外壳上，使用色环或色点表示其参数。其识读方法与色环电阻器相同。其中第 1 条色环（在靠近 2 个引脚的 2 条色环中离引脚最近的色环）表示标称电感的第 1 位有效数字；第 2 条色环表示标称电感的第 2 位有效数字；第 3 条色环表示倍率乘数，第 4 条色环表示允许误差，而且与前 3 条色环的距离稍远一点，单位为 μH。第 4 条色环若为棕色，则表示其允许误差为 1%；若为红色，则表示其允许误差为 2%；若为橙色，则表示其允许误差为 3%；若为金色，则表示其允许误差为 5%；若为银色，则表示其允许误差为 10%。图 2-15 所示的色环电感器，其色环依次是棕、黑、红、银，则其电感为 (10×10^2) μH=1 000 μH，允许误差为±10%。

图 2-15　色环电感器

数码表示法由 3 位数字构成，前面 2 位数字表示标称电感的有效数字，第 3 位数字表示倍率乘数，单位为 μH。如果电感中有小数点，那么小数点用"R"表示，并占 1 位有效数字。电感单位后面用 1 个英文字母表示允许误差。在图 2-16 所示的电感器的外壳上标有 470，表示其标称电感为 (47×10^0) μH=47 μH。

图 2-16　数码表示的标称电感

文字符号法是将电感器的标称电感和允许误差用数字和文字符号按一定的规律标在电感器的外壳上。例如，某电感器的外壳上标有 560 μHK，表示其标称电感为 560 μH，K 表示其允许误差为±10%。采用这种标注方法标注参数的通常是一些小功率电感器，其单位通常为 nH 或 pH，分别用 N 或 R

表示小数点。例如：4N7 表示电感器的标称电感为 4.7 nH；4R7 表示电感器的标称电感为 4.7 pH；47N 表示电感器的标称电感为 47 nH，6R8 表示电感器的标称电感为 6.8 pH。

2. 片状电感器

从制造工艺来分，片状电感器主要有绕线型、叠层型、编织型和薄膜型片状电感器，如图 2-17 所示。常用的是绕线型片状电感器和叠层型片状电感器。前者是传统绕线电感器小型化的产物；后者则采用多层印刷技术和叠层生产工艺制作，体积比绕线型片状电感器还要小，是电感元器件领域重点开发的产品。

图 2-17 片状电感器

1）绕线型片状电感器

绕线型片状电感器实际上是把传统绕线电感器稍加改进制成的。制造时将线圈缠绕在磁芯上。小电感时用陶瓷作磁芯，大电感时用铁氧体作磁芯，线圈可以垂直也可以水平。一般垂直线圈的尺寸最小，水平线圈的电性能要稍好一些，绕线后需加上端电极。端电极也称外部端子，它取代了传统的插装式电感器的引线，以便表面组装。它的特点是电感范围大、电感精度高、损耗小、容许电流大、制作工艺简单、成本低等，但不足之处为其在进一步小型化方面受到限制。用陶瓷作磁芯的绕线型片状电感器在较高频率下仍能够保持稳定的电感和相当高的品质因数，因而其在高频电路中占据一席之地。

2）叠层型片状电感器

叠层型片状电感器也称多层型片状电感器（简称 MLCI），它的结构和片状多层陶瓷电容器相似，制造时由铁氧体浆料和导电浆料交替印刷叠层后，经高温烧结形成具有闭合磁路的整体。它具有良好的磁屏蔽性、烧结密度高、机械强度好，不足之处为合格率低、成本高、电感较小、品质因数低。

3）编织型片状电感器

编织型片状电感器的特点是在 1 MHz 下的单位体积电感比其他片状电感器大、体积小、容易安装在基片上，常用作功率处理的微型磁性元器件。

4）薄膜型片状电感器

薄膜型片状电感器具有在微波频段保持高品质因数、高精度、高稳定性和小体积的特性，其内电极集中于同一层面，磁场分布集中，能确保装贴后的参数变化不大，在 100 MHz 及以上的电路中呈现良好的频率特性。

3. 电感器主要参数的测量

测量电感器的主要参数比较复杂，一般可以通过电感测量仪、RLC 测量仪或电桥等专用仪器进行测量。若不具备以上仪器，则可通过万用表测量电感器的直流电阻来判断其好坏。将万用表置于 R×1 Ω 挡，进行电感器电阻测量，一般电感器的直流电阻很小，在零点几欧到几欧之间，电源变压器线圈可达几十欧。若所测电阻为无穷大时，则表明电感器内部已断路。若所测电阻远小于预估值或等于 0，则表明电感器内部已经短路，不能使用。还可以将电感器与电阻器串联，通上 50 Hz 交流电，测量电感器上的电压和通过的电流，由欧姆定律计算出电感器的感抗 $X_L = U/I$，并按照公式 $L = X_L/\omega$ 推算其电感大小。

4. 电感器常见故障的处理

开路故障是电感器常见的故障，特别是在用较细的多股漆包线绕制的电感线圈中更容易出现。产生开路故障的原因除了脱焊，还有可能是由线圈受潮后霉断引起的。线圈的断线往往是因为受潮发霉或折断引起的，一般的故障多数出现在电感线圈出头的焊接点或易折断的位置。

短路故障也是电感器常见的故障。产生这种故障是由电感器绝缘性变差引起的，因而发生漏电或局部短路。测试时会发现电感器的电阻较正常情况的小，短路现象越严重电阻越小，电感器漏电或局部短路会造成电感器电感和品质因数不合要求，如果电感器完全短路（电阻为0），往往是因为它的两个引脚相碰。

电感器出现故障后，原则上应使用与其性能类型相同、主要参数相同、外形尺寸相同的电感器来更换，但若找不到同类型电感器，也可用其他类型的电感器更换，但是更换电感器的电感、额定电流、品质因数及外形尺寸必须符合要求。

（1）小型固定电感器与色码电感器、色环电感器之间，只要电感、额定电流、外形尺寸相同或相近，即可以直接更换使用。

（2）片状电感器只须大小相同即可更换使用，还可用零欧姆电阻器或导线更换。但是应该注意，有些片状电感器能用回流焊和波峰焊焊接，但有些片状电感器不能用波峰焊焊接。允许通过最大电流也是更换片状电感器的一项指标。当电路需要承受大电流时，必须考虑电流这一指标。不同产品有不同的线圈直径和电感，所呈现的直流电阻也不同。在高频电路中，直流电阻对品质因数的影响很大，所以更换故障电感器时要注意这一点。

2.3.5 任务评价

在完成电感器学习任务后，对学生主要从主动学习、高效工作、认真实践的态度，团队协作、互帮互学的作风，良好的电感器识读、检测、安装与焊接技能，树立为国家、人民多做贡献的价值观等方面进行评价，并采用学生自评、小组互评、教师评价来综合评定每一位学生的学习成绩。电感器学习任务评价如表 2-16 所示。

表 2-16 电感器学习任务评价

评价指标	评价要素	分值	学生自评（10%）	小组互评（20%）	教师评价（70%）	得分
电感器的识读与检测	能识读电感器的主要参数并能对其电感进行测量	30				
电感器的应用、安装、焊接与更换	能根据电路的实际需要选择合适类型和电感的电感器；能根据电感器结构特点进行安装；能对故障电感器进行检测、判断与更换；能根据工艺要求对电感器进行正确焊接	40				
文档撰写	能撰写电感器的检测与使用报告，包括摘要、正文、图表等符合规范性要求	20				
职业素养	符合 7S（整理、整顿、清扫、清洁、素养、安全、节约）管理要求，具有认真、仔细、高效的工作态度，树立为国家、人民多做贡献的价值观	10				

任务 2.4 半导体分立器件

2.4.1 任务目标

（1）了解半导体分立器件的主要功能及分类。
（2）掌握半导体分立器件的主要参数及选用方法。
（3）掌握半导体分立器件的参数识读与检测方法。
（4）能对故障半导体分立器件进行更换与维修。

2.4.2 任务描述

半导体是导电性介于导体与绝缘体之间的材料。半导体分立器件可用来产生、控制、接收、变换、放大信号和进行能量转换。半导体分立器件具有体积小、功能多、重量轻、耗电低、成本低等诸多优点，在电子电路中得到广泛应用。按照习惯，通常把半导体分立器件分为二极管、晶体管和晶闸管。二极管是一种具有单向导电性的半导体器件，它由 PN 结加上相应的电极引线和密封壳构成，广泛应用于电子产品中，如在整流、检波、发光、稳压等电路中应用。晶体管具有放大和开关作用，应用非常广泛。目前半导体分立器件在日常生活中随处可见，其被广泛应用到消费电子、计算机及外部设备、网络通信、汽车电子等领域。

学生要学会使用二极管、晶体管、场效应管等半导体分立器件并对故障半导体分立器件进行更换与维修，熟悉各种半导体分立器件在电路中的主要作用及工作原理，掌握它们的主要参数、外形结构特点及识读方法，对性能变差的半导体分立器件进行更换与维修。

2.4.3 任务准备——半导体分立器件的分类及特点

1. 半导体分立器件的概念

半导体分立器件属于半导体器件中的一类，它是利用半导体材料的电特性来完成特定功能的电子器件，主要包括二极管、晶体管、晶闸管、场效应管等。

2. 半导体分立器件的分类

半导体分立器件的分类方法很多，按半导体材料可分为锗二极管（简称锗管）和硅二极管（简称硅管）；按制造工艺结构可分为点接触型、面接触型、平面型、三重扩散型（TB）、多层外延型（ME）、金属半导体型（MS）等半导体分立器件；按封装形式可分为金属封装、陶瓷封装及玻璃封装等半导体分立器件；按习惯可分为二极管、晶体管、晶闸管、场效应管等。

3. 二极管

1）二极管的分类

在 PN 结的两端各引出一根电极引线，并用外壳封装起来就构成了二极管。二极管的分类方法很多，按半导体材料可分为硅管、锗管、砷化镓二极管等；按安装方式可分为插件型、贴片型二极管；按用途可分为普通二极管、特殊二极管、敏感二极管、LED 等。其中，普通二极管包括整流二极管、检波二极管、开关二极管、稳压。特殊二极管包括微波二极管、变容二极管、肖特基二极管、隧道二极管（TD）、PIN 二极管、快恢复二极管、瞬态电压抑

制（TVS）二极管、静电保护二极管（ESD）等。敏感二极管包括光电二极管（也称光敏二极管）、压敏电阻二极管（简称压敏二极管）、磁敏二极管和湿敏二极管等。

2）二极管的内部结构

（1）点接触型二极管，结电容小，它可用于高频电路和小功率整流。

（2）面接触式二极管，结电容大，它只能在较低频率下工作。

（3）平面二极管，结电容大的二极管可用于大功率整流，结电容小的二极管可用作脉冲数字电路中的主振功率管。

3）部分二极管的主要特点或适用范围

（1）整流二极管。它是专门用于低频整流电路的二极管，它将交流电转换为单向脉动直流电。

（2）快恢复二极管（超快恢复二极管）。快恢复二极管和超快恢复二极管的反向恢复时间分别为数百纳秒和 100 纳秒以下，正向压降为 1～2 V，反向耐压多在 1 200 V 以下，主要用于开关稳压电源、PWM、变频调速等电路中的高频整流、大电流续流或阻尼二极管。

（3）肖特基二极管。它最显著的特点为反向恢复时间极短（最短为几纳秒），管压降约为 0.4 V，多用作高频、低压、大电流整流二极管、续流二极管、保护二极管，也可在微波通信等电路中用作整流二极管、小信号检波二极管。

（4）隧道二极管。隧道二极管具有低功耗、低噪声、开关速度达皮秒量级、工作频率高达 100 GHz 等特点。它主要用于微波混频、检波、低噪声放大、振荡等。由于其高速度、功耗低，所以其可用于卫星微波设备、超高速开关逻辑电路、触发器和存储电路等。

（5）稳压管。它是一种利用二极管在反向电压作用下的齐纳击穿（崩溃）效应制造而成的具有稳定电压功能的电子元器件。它主要用于稳定直流工作电压，也可用于限制信号的幅度。

（6）瞬态电压抑制二极管。它是一种保护用的电子元器件，它可以在电压极高时降低电阻，转移电流或控制其流向，从而保护电路元器件在瞬态电压过高时不会被烧坏。

（7）恒流二极管。它可以在很大的电压范围内输出恒定电流，可用于稳定和限制电流，并具有高动态阻抗，主要用于低功率恒流源、稳压器、放大器和电子保护电路等。

（8）LED。它是一种能发光的半导体电子元器件，通常用于指示电路的操作状态和各种信号灯。

（9）光电二极管。它是一种能够将光根据使用方式转换为电流或者电压信号的光探测器。

（10）双向触发二极管。它的正、反向特性相同，其耐压大致分为 20～60 V、100～150 V、200～250 V。双向触发二极管除用于触发双向晶闸管外，还常用于过压保护、定时、移相等电路中。

（11）压敏二极管。它的电阻体材料是半导体 PN 结，它主要用于 10 MHz～1 000 MHz 高频电路或开关稳压电源电路中，可用作可调衰减器、过电压限制和保护。

（12）双基极二极管。它只有一个 PN 结，所以又称为单结晶体管。它的引脚有发射极、第一基极和第二基极。它具有频率易调、温度稳定性好等特点，广泛用于各种振荡器、定时器和控制器电路中。

（13）磁敏二极管。它可以在弱磁场的作用下产生更高的输出电压，并且随着磁场方向的变化同步输出正电压和负电压。它在磁力检测、电流测量、非接触式开关、位移测量、速

度测量及无刷直流电机的自动控制中被广泛应用。

（14）温度敏感二极管。在一定的偏置电流下，温度敏感二极管 PN 结的电压降是温度的函数，这个函数的曲线近似为直线，温度每升高 1 ℃，电压降约降低 2 mV。它主要用于温度测量电路。

（15）精密二极管。它是一种具有稳定电压功能与稳定电流功能的高精度二极管。精密二极管的突出特点是工作温度范围大、线性好、稳定性非常高，主要在各种电子电路中作为恒流源与恒压源。

（16）红外发光二极管。它是一种能发出红外线的二极管，管压降约为 1.4 V，工作电流一般小于 20 mA，通常用于遥控器等场合。要使红外发光二极管产生调制光，只需在驱动管上加上一定频率的脉冲电压。

（17）激光二极管。它是一种激光发生器，属于固态激光器，主要用于数据存储、数据通信、固态激光器的光泵浦系统等领域。激光二极管的一个特征是其输出光功率和输入电流之间存在线性关系，所以激光二极管可以用于模拟或数字电流直接调制输出光的强度。

（18）防雷二极管。它通常用于保护电压敏感的电信设备免受雷击浪涌和设备切换产生的瞬态浪涌电压的影响。它的主要特点是在反向应用条件下，当其承受一个高能量的大脉冲时，其工作阻抗立即降至极低的导通值，从而允许大电流通过，同时把电压钳制在预定水平，其响应时间仅为 10 ms～12 ms，因此可有效地保护电子电路中的精密器件。

（19）探测器二极管。它是用于检测叠加在高频载波上低频信号的装置，具有高检测效率和良好的频率特性。

4. 晶体管

晶体管是通过一定的工艺将两个 PN 结结合在一起的器件，有 PNP 型晶体管和 NPN 型晶体管。

晶体管的分类方法很多，按频率可分为低频管、高频管和超高频管；按功率可分为小功率管、中功率管和大功率管；按半导体材料可分为硅管和锗管；按制造工艺可分为扩散型、合金型、平面型晶体管；按功能和用途可分为低噪声放大晶体管、中高频放大晶体管、低频放大晶体管、开关晶体管、达林顿晶体管、高反压晶体管、带阻晶体管、带阻尼晶体管、微波晶体管、光敏晶体管和磁敏晶体管等多种类型。

晶体管是由电流驱动的半导体器件，可用于控制电流的流动、放大弱小信号、振荡器或开关，具有检波、整流、放大、开关、稳压、信号调制等多种功能。晶体管利用电信号来控制自身的开合，而且开关速度可以非常快，切换频率甚至可达 100 GHz 以上。

（1）锗管。它的导通电压为 0.2～0.3 V，PN 结正向电阻为 500～2 000 Ω，反向电阻大于 100 kΩ，热稳定性差，主要用作高频小功率管和低频大功率管。

（2）硅管。它的导通电压为 0.6～0.7 V，PN 结正向电阻为 3 kΩ～10 kΩ，反向电阻大于 500 kΩ，热稳定性好，主要用作高频小功率管、高速主振功率管、低频大功率管、大功率高反压管、低噪声管等。

（3）专用晶体管。它主要包括单电子晶体管、可编程晶体管、光晶体管。单电子晶体管是用一个或者少量电子就能记录信号的晶体管。目前一般存储器的每个存储元包含 20 万个电子，而单电子晶体管的每个存储元只包含一个或少量电子，因此它将大大降低功耗，提高 IC 的集成度。可编程晶体管是可以实时更改其属性以产生不同功能的晶体管，它允许计算设备在需要时创建专用加速器,并在不需要使用专用加速器时重新编程此类电路,这对通用可编程硬件非常有益。光晶体管所用材料通常是砷化镓,该晶体管的增益很高,放大系数可大于1 000,响应时间大于纳秒,常用作光探测器。

5. 场效应管

场效应管是利用场效应原理工作的晶体管。与晶体管相比,场效应管具有输入阻抗大、噪声小、极限频率高、低功耗、制造工艺简单、温度特性好等特点,广泛应用于各种放大电路、数字电路和微波电路中。以硅材料为基础的 MOS 管和以砷化镓材料为基础的金属-半导体场效应管(MESFET)是两种最重要的场效应管,分别为 MOS 大规模 IC 和 MES 超高速 IC 的基础器件。

根据结构不同,场效应管可分为结型场效应管(JFET)和 MOS 管两大类。其中,结型场效应管的结构形式有 N 型沟道和 P 型沟道,均为耗尽型场效应管。而 MOS 管又分为 N 型沟道耗尽型、增强型、P 型沟道耗尽型、增强型。

当栅压为零时,有较大漏极电流的称为耗尽型;当栅压为零,漏极电流也为零时,必须加一定的栅压后才有漏极电流的称为增强型。结型场效应管只有耗尽型,MOS 管有耗尽型和增强型。

结型场效应管一般用于音频放大器的差分输入、调制、放大、阻抗变换、稳流、限流、自动保护等电路中。MOS 管是利用 PN 结之间感应电荷改变沟道导电特性来控制漏极电流实现放大功能的。MOS 管常用于音频功率放大、开关稳压电源、逆变电源、电源转换器、镇流器、充电器、电动机驱动、继电器驱动等电路中。

2.4.4 任务实施——半导体分立器件的检测与应用

1. 二极管的图形符号和形状

二极管的类型很多,图 2-18 给出了常用二极管的外形。

普通二极管　　　LED　　　稳压管　　　光电二极管　　　贴片二极管

图 2-18　常用二极管的外形

二极管的内部是一个 PN 结,具有单向导电性,其图形符号及伏安特性如图 2-19 所示。从图 2-19 中可知,当外加电压小于死区电压时,正向电流几乎为零;当外加电压大于死区电压时,正向电流随着外加电压的升高而升高(正向特性)。工程上,一般取硅管的导通电压为 0.7 V,锗管的导通电压为 0.2 V。当二极管两端加上反向电压且该电压低于反向击穿电压时,反向电流很小,且与反向电压无关,约等于反向饱和电流(反向特性)。在室温下,小功率硅管的反向饱和电流小于 0.1 μA,锗管为几十微安。当二极管两端的反向电压升高到反向击穿电压时,二极管的反向电流将随反向电压的升高而急剧升高,即发生反向击穿现象。

2. 二极管的主要参数

1)最大整流电流 I_F

它是指二极管在正常工作条件下,允许通过的最大正向平均电流。使用时要特别注意最大

项目 2 电子元器件及维修工具

电流不得超过 I_F。大电流整流二极管应用时要根据二极管消耗功率选择合适大小的散热片。

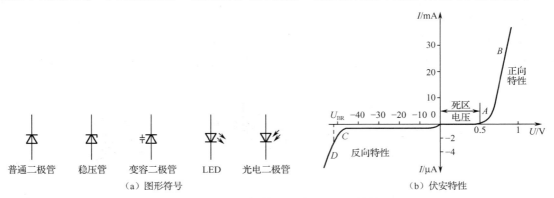

图 2-19 二极管的图形符号及伏安特性

2）最大反向工作电压 U_{RM}

它是指二极管正常工作时所能承受的反向电压最大值，通常规定其为反向击穿电压的一半。使用时应选用 U_{RM} 大于实际工作电压两倍以上的二极管。

3）反向电流 I_R

它是指二极管加上规定的反向电压时，通过二极管的电流。反向电流越小，二极管单向导电性越好。

4）最高工作频率 f_M

它是指保证二极管良好工作特性的最高工作频率。选用二极管时，其 f_M 至少要大于电路实际工作频率的两倍。当工作频率超过 f_M 时，二极管的单向导电性就会变差，甚至失去单向导电性。

3．二极管的极性判别及检测方法

二极管的极性常用其一端的色环来表示，带色环的一端为负极，不带色环的一端为正极。图 2-18 所示的普通二极管、稳压管和贴片二极管的外壳上均有一端印有色环标记，表示该侧为负极。对于 LED 和光电二极管，则是长引脚为正极，短引脚为负极。

若色环标记已脱落或引脚被剪无法判别长短时，可以用数字万用表的二极管挡来判别其极性。当红表笔接二极管正极，黑笔接二极管负极时，将显示 PN 结的导通电压，硅管的管压降为 0.5～0.8 V，锗管的管压降为 0.1～0.3 V。功率大的二极管管压降要稍微小一些。交换表笔再次测量，则无数字显示。由此不仅可以判别二极管的极性，还可以检测二极管性能的好坏。若两次测量均无显示，则表明二极管内部已经断路，若两次测量值都很小，则表明二极管已击穿短路。

4．常用二极管的应用

1）整流二极管

整流二极管是用于将交流电转换为直流电的二极管。它可用锗或硅等材料制造。硅整流二极管的击穿电压高，反向漏电流小，高温性能良好。通常高压大功率整流二极管都用高纯单晶硅制造。这种器件的截面积较大，能通过较大电流，但工作频率不高，一般在几十千赫兹以下。整流二极管主要用于各种低频整流电路，高频整流电路需要使用快恢复二极管或肖

81

特基二极管。

2）整流桥

整流桥就是将四个整流二极管按一定方式连接起来并封装在一起的整流器件，其内部电路及实物如图 2-20 所示。整流桥具有体积小、使用方便等优点，故其在整流电路中得到广泛应用。

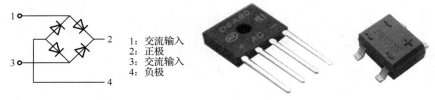

图 2-20　整流桥内部电路及实物

3）稳压管

稳压管实质上是一种特殊二极管，因为它具有稳定电压的作用。它是利用 PN 结反向击穿后，其端电压在一定范围内基本保持不变的原理工作的。稳压管的主要参数有稳压值、稳定电流、最大稳定电流和最大允许耗散功率。

4）LED

LED 是二极管的一种，可以把电能转换为光能。当 LED 正向导通时发光，反向截止则不发光。LED 的管压降比普通二极管要大。单色 LED 的材料不同，可产生不同颜色的光，如红光、绿光、黄光、红外光的二极管等。产生白光的 LED 以其高效、环保的优点正在逐步取代传统光源。

5）光电二极管

光电二极管的结构与普通二极管基本相同，只是它内部的 PN 结可以通过外壳上的一个玻璃窗口接收外部的光照，并且可以根据光照强弱来改变电路中的电流。光电二极管在反向偏置状态下工作，没有光照时，其反向电流很小（一般小于 0.1 μA），该电流称为暗电流；当有光照时，反向电流会升高。因此其可以利用光照强弱来改变电路中的电流，常见的有 2CU、2DU 等系列光电二极管，主要在光探测器、感光耦合器、光电倍增管等设备中有着广泛应用。

6）贴片二极管

贴片二极管有无引线柱形玻璃封装二极管和片状塑料封装二极管。贴片二极管的常见外形尺寸有 1.5 mm×3.5 mm 和 2.7 mm×5.2 mm。无引线柱形玻璃封装二极管是将管芯封装在细玻璃管内，它以金属帽为电极，其中红色一端为正极，黑色一端为负极。片状塑料封装二极管一般做成矩形片状，其中有白色横线的一端为负极，在图 2-18 中的 M7 二极管，其正向电流为 1 A，反向耐压为 1 000 V，正向电压为 1.1 V。

7）贴片 LED

常见的贴片 LED 如图 2-21 所示。贴片 LED 基本上是一块很小的晶片被封装在环氧树脂中，它具有体积小、重量轻、超低功耗的特点。很多贴片 LED 的外壳上标有相应的字符标识，该字符标识的颜色一般是绿色。例如，类似于英文字母"T"或三角形符号丝印，那么"T"

中横线的一端为正极，另一端则为负极；靠近三角形底边的一端为正极，靠近顶角的一端为负极。也有些贴片 LED 没有字符标识，整个贴片 LED 呈现正方形，且四个直角中有一个角有缺口，那么有缺口的那端为负极，另一端为正极。

图 2-21 常见的贴片 LED

8）双二极管封装

为减少引脚个数，通常将两个二极管封装在一起使用，并有共阳或共阴两种接法的公共端，称之为双二极管。例如，双肖特基二极管 BAT54A，中间是公共阳极，两边是两个阴极；而双肖特基二极管 BAT54C，中间是公共阴极，两边是两个阳极，它们均采用 SOT-23 封装，如图 2-22 所示。当通过的电流超过一个二极管的电流容量时，或者将两路输入信号合并成一路信号输出时，可以使用内部并联的双二极管。

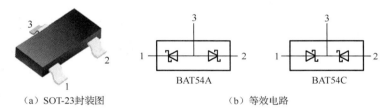

图 2-22 双肖特基二极管

5. 晶体管的结构和种类

晶体管的结构和图形符号如图 2-23 所示。

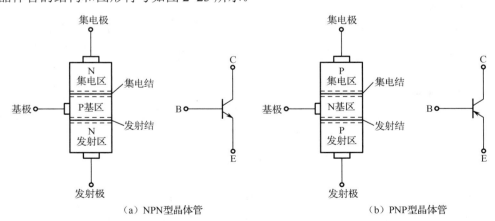

图 2-23 晶体管的结构和图形符号

6. 晶体管的主要参数

晶体管可以用基极电流去控制集电极电流。以 NPN 型晶体管为例，在使用共发射极接法时，其特性曲线如图2-24所示。从输入特性曲线看，在发射结电压大于死区电压时晶体管才导通，导通后U_{BE}的很小变化将引起I_B的很大变化；当U_{CE}从0 V升高到1 V时，曲线右移。从输出特性曲线看，晶体管有饱和区、放大区和截止区三个工作区域，对应晶体管的三种工作状态。其中，当发射结正偏、集电结正偏（$I_B>I_C/\beta$）时，晶体管处于饱和状态，$U_{CE} \approx 0.3$ V，集电极电流不受基极电流控制；当发射结正偏、集电结反偏时，晶体管处于放大状态，$I_B = I_C/\beta$，I_C与U_{CE}无关；当发射结反偏、集电结反偏（$I_B \leq 0$）时，晶体管处于截止状态。

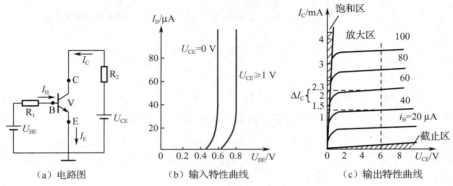

图2-24 NPN型晶体管共发射极特性曲线

1）共发射极电流放大倍数β

共发射极电流放大倍数β是表示晶体管放大能力的重要指标。通常在晶体管外壳顶部用色点表示β的大小，如表2-17所示。

表2-17 用色点表示β的大小

色点	棕	红	橙	黄	绿	蓝	紫	灰	白	黑
β	0~15	15~25	25~40	40~55	55~80	80~120	120~180	180~270	270~400	>400

2）集电极反向电流I_{CBO}

集电极反向电流I_{CBO}是指发射极开路时，集电结的反向电流。I_{CBO}的大小标志着集电结的质量。良好晶体管的I_{CBO}应该很小。室温下，小功率锗管的I_{CBO}约为10 μA，小功率硅管的I_{CBO}则小于1 μA。

3）穿透电流I_{CEO}

穿透电流I_{CEO}是指基极开路，集电极与发射极之间加上规定的反向电压时，流过集电极的电流。穿透电流是衡量晶体管质量的一个重要指标。室温下，小功率管的I_{CEO}为几十微安，锗管为几百微安。I_{CEO}大的晶体管的热稳定性较差。

4）集电极最大允许电流I_{CM}

集电极最大允许电流I_{CM}是指β下降到额定值的2/3时所允许的最大集电极电流。使用晶体管时，集电极电流不能超过I_{CM}，否则会使晶体管性能变差甚至损坏。

5）集电极-发射极间的击穿电压$U_{(BR)CEO}$

集电极-发射极间的击穿电压$U_{(BR)CEO}$是指基极开路时，允许加在集电极与发射极之间的最大工作电压。当集电极电压超过 $U_{(BR)CEO}$ 时,晶体管会被击穿。

6)集电极最大耗散功率 P_{CM}

集电极最大耗散功率 P_{CM} 是指晶体管正常工作时允许消耗的最大功率。这个参数决定了晶体管的温升。当温度超过晶体管的最高使用温度时,晶体管性能将变差,甚至会烧毁晶体管。使用晶体管时,其功率不能超过 P_{CM}。

7)特征频率 f_T

特征频率 f_T 是指在共发射极电路中,β 下降到 1 时所对应的频率。若晶体管的工作频率大于特征频率时,晶体管便失去电流放大能力。

7. 晶体管的引脚判别与检测方法

晶体管的引脚排列多种多样,要想正确使用晶体管,首先必须识别出它的三个引脚。对于有些晶体管可通过其外观直接判别出它的三个引脚,如图 2-25 所示。

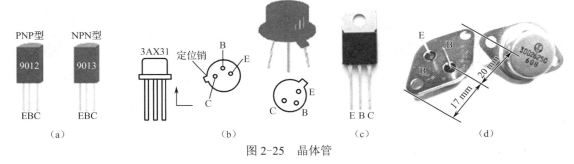

图 2-25 晶体管

在实际应用中,许多晶体管只能通过万用表或晶体管测量仪才能判别它的三个引脚。根据晶体管的内部等效电路可以判断晶体管的管型。PNP 型晶体管的基极是两个二极管阴极的共用电极,NPN 型晶体管的基极是两个二极管阳极的共用电极。可以用数字万用表的二极管挡去检测基极,对于 PNP 型晶体管,当黑表笔(连接表内电池负极)在基极上,红表笔去测另两个引脚时,一般为相差不大的较小读数(硅管一般为 0.5~0.8 V),若表笔反接则无数字显示。对于 NPN 型晶体管来说,则是红表笔(连接表内电池正极)在基极上。由此,可以判别晶体管的管型及基极。找到基极并知道管型后,就可以判别发射极和集电极了。

很多数字万用表有专门测量晶体管 hFE 的功能,hFE 是晶体管直流放大倍数,约等于交流电流放大倍数 β。将万用表置于 hFE 挡,并将晶体管三个引脚插到对应管型的三个小孔中,可测得 hFE。管型错误或引脚判别错误测得的值均小于实际 hFE,因此可根据最大测量值情况判别晶体管的管型及引脚。

8. 贴片晶体管

贴片晶体管一般采用 SOT 封装,其引脚从封装两侧引出呈海鸥翼状(L 形),SOT 封装是一种表面贴装的封装形式,其材料有塑料和陶瓷两种。最常见的贴片晶体管封装是 SOT-23,如图 2-26 所示。

贴片晶体管的外壳上往往标有字符。例如,贴片晶体管的外壳上标有 2TY,它表示晶体管型号为 S8550

图 2-26 贴片晶体管 SOT-23 封装

（PNP 型晶体管）。常用贴片晶体管的标注方法如表 2-18 所示。

表 2-18 常用贴片晶体管的标注方法

型号	标注	极性	I_C/mA	型号	标注	极性	I_C/mA
9011	1T	NPN	100	S8550	2TY	PNP	1 500
9012	2T	PNP	500	8050	Y1	NPN	1 000
9013	J3	NPN	500	8550	Y2	PNP	1 000
9014	J6	NPN	100	2SA1015	BA	PNP	150
9015	M6	PNP	100	2SC1815	HF	NPN	150
9016	Y6	NPN	25	MMBT2222	1P	NPN	600
9018	J8	NPN	100	MMBT5401	2L	PNP	500
S8050	J3Y	NPN	1 500	MMBT5551	G1	NPN	500

较高功率的贴片晶体管往往用 SOT-89 封装，与 SOT-23 封装相比，这种封装形式具有体积较大，且带有金属散热片等特点。贴片晶体管 SOT-89 封装如图 2-27 所示。它的三个引脚是从管子的一侧引出，管子底面有金属散热片与集电极相连，管子的芯片黏结在较大的铜片上，以利于散热。大多数贴片晶体管 SOT-89 封装的引脚都按"左基右射中间集"的规律排列，但也有例外，必须查阅器件数据手册。如果不知道器件型号，那就只能使用万用表测量。

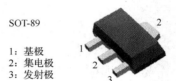

图 2-27 贴片晶体管 SOT-89 封装

9. 场效应管的图形符号及特性曲线

场效应管与晶体管不同，它是一种电压控制器件，且只有一种载流子参与导电。它具有输入阻抗高（$10^6 \sim 10^{15}$ Ω）、热稳定性好、噪声小、成本低和易于集成等特点，因此被广泛用于数字电路、通信设备及大规模 IC 中。

场效应管共有六种类型，其图形符号如表 2-19 所示。

表 2-19 场效应管的图形符号

类 型	图 形 符 号
结型场效应管	N型沟道（漏极 D，栅极 G，源极 S） P型沟道（漏极 D，栅极 G，源极 S）
MOS 管	N型沟道耗尽型（D, G, 衬底, S） P型沟道耗尽型（D, G, 衬底, S） N型沟道增强型（D, G, 衬底, S） P型沟道增强型（D, G, 衬底, S）

场效应管可以用栅极电压去控制漏极电流,各电极电压与电流之间的关系可用输出特性曲线和转移特性曲线来描述,如表 2-20 所示。其中,规定流进漏极的电流方向为正方向,则 PMOS 管的漏极电流为负值,即实际漏极电流是从漏极流出的。

表 2-20 场效应管的特性曲线

特性曲线	N 型沟道		P 型沟道	
	输出特性曲线	转移特性曲线	输出特性曲线	转移特性曲线
耗尽型结型场效应管				
增强型 MOS 管				
耗尽型 MOS 管				

以增强型 MOS 管为例,从表 2-20 的特性曲线中可以看出,当栅源电压 $u_{GS}<U_T$(开启电压,表 2-20 中为 2 V)时,漏极电流 $i_D = 0$,此时 MOS 管工作在截止区,相当于断开的开关;当 $u_{GS}>U_T$ 且 u_{DS} 从 0 V 开始升高时,MOS 管先进入可变电阻区工作,此时 i_D 将随着 u_{DS} 的升高迅速升高;当 u_{DS} 升高到一定值后,MOS 管就进入恒流区(放大区);如果 u_{DS} 继续升高时,就会使 MOS 管进入击穿区而损坏。由于使场效应管进入恒流区的 u_{DS} 数值很小,因此场效应管经常被用作电子开关。

对于增强型 MOS 管,其进入放大区时的漏极电流 i_D 可表示为

$$i_D = I_{DO}\left(\frac{u_{GS}}{U_T} - 1\right)^2 \tag{2-1}$$

式中,I_{DO} 为 $u_{GS} = 2U_T$ 时的漏极电流 i_D;U_T 为开启电压。

对于耗尽型 MOS 管,其进入放大区时的漏极电流 i_D 可表示为

$$i_D = I_{DSS}\left(1 - \frac{u_{GS}}{U_P}\right)^2 \tag{2-2}$$

式中,I_{DSS} 为 $u_{GS} = 0$ V 时的漏极饱和电流;U_P 为夹断电压。

10. 场效应管的主要参数

1)饱和漏源电流 I_{DSS}

饱和漏源电流 I_{DSS} 是指结型或耗尽型 MOS 管中,栅源电压为 0 V 时的漏源电流。

2）夹断电压 U_P

夹断电压 U_P 是指在结型或耗尽型 MOS 管中，使漏、源极之间刚截止时的栅源电压。

3）开启电压 U_T

开启电压 U_T 是指在增强型 MOS 管中，使漏、源极之间刚导通时的栅源电压。

4）导通电阻 $R_{DS(ON)}$

导通电阻是指在栅、源极之间加上一个偏压（N 型沟道为 G+、S-，P 型沟道为 G-、S+），场效应管导通时，漏、源极之间的电阻。导通电阻在低压大电流场合尤其重要。例如，贴片低压场效应管 P2804 的导通电阻为 28 mΩ。

5）漏源击穿电压 $U_{(BR)DS}$

漏源击穿电压 $U_{(BR)DS}$ 是指栅源电压一定时，场效应管正常工作所能承受的最大漏源电压。它属于极限参数，并且加在场效应管上的漏源电压必须小于 $U_{(BR)DS}$。

6）栅源击穿电压 $U_{(BR)GS}$

栅源击穿电压 $U_{(BR)GS}$ 是指栅、源极之间所能承受的最大电压。当栅源电压超过此值时，栅、源极之间发生击穿。

7）最大耗散功率 P_{DSM}

最大耗散功率 P_{DSM} 是指场效应管性能不变坏时所允许的最大漏源耗散功率。它属于极限参数。在使用场效应管时，其实际功耗应小于 P_{DSM}。

8）最大漏源电流 I_{DSM}

最大漏源电流 I_{DSM} 是指场效应管正常工作时，漏、源极之间所允许通过的最大电流。它属于极限参数。场效应管的工作电流不应超过 I_{DSM}。

11. 场效应管的保存、焊接与检测方法

1）保存方法

结型场效应管可以在开路状态下保存。对于 MOS 管来说，由于其输入电阻很大（$10^9 \sim 10^{16}$ Ω），栅、源极之间的感应电荷不易泄放，使得只有少量感应电荷就会产生很高的感应电压，极易使其击穿，因而在对其进行保存时，应使其三个引脚短路或用铝（锡）箔包好，并放在屏蔽的金属盒内。把场效应管焊接到电路上或取下来时，也应该先将各个引脚短路。取用时，不要拿它的引脚，而要拿它的外壳。

2）焊接方法

安装测试场效应管时所用的电烙铁等要有良好的接地，最好先拔掉电烙铁的电源再进行焊接。现在很多厂家生产的 MOS 管会在漏源与栅源之间加上保护二极管，如图 2-28 所示，这给 MOS 管的焊接使用带来方便。

3）检测方法

结型场效应管可用指针式万用表的欧姆挡（R×1 kΩ）进行检测。结型场效应管的电阻通常在 $10^6 \sim 10^9$ Ω 之间，所测电阻过大，表明结型场效应管已断路；所测电阻过小，表明结型场效应管已击穿。在对

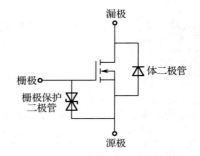

图 2-28 带保护二极管的 MOS 管

MOS 管进行检测之前，可先把人体对地短路后，再触摸其引脚。最好先在手腕上接一条导线与大地连通，使人体与大地保持等电位，再把引脚分开，拆掉导线。将指针式万用表置于 R×100 Ω 挡，并确定栅极。若某引脚与其他引脚的电阻都是无穷大，则此引脚就是栅极。交换表笔重新测量，漏源之间的电阻应为几百欧至几千欧，其中在电阻较小的那一次测量中，黑表笔接的为漏极，红表笔接的为源极。

12. 场效应管的使用方法

（1）选用场效应管时，各参数的值不能超过其极限参数。

（2）使用时通常在栅源之间接一个电阻器（电阻为 100 kΩ 以内），使累积电荷不致过多，或者接一个稳压管，使电压不致超过某一数值。

（3）对于结型场效应管，由于其内部结构对称，其源极和漏极可以互换使用。当耗尽型 MOS 管有三个引脚时，表明内部衬底已经与源极连在一起，漏极和源极不可以互换使用；当其有四个引脚时，表明内部衬底与源极不相连，此时源极和漏极可以互换使用。对于增强型 MOS 管，其内部的源极和漏极在工艺上不对称，所以不可以互换使用。

（4）MOS 管的输入电阻高，容易造成因感应电荷泄放不掉而使栅极击穿永久失效。因此，在保存 MOS 管时，要将三个引脚短接。焊接时，电烙铁的外壳要良好接地，并按漏极、源极、栅极的顺序进行焊接，而拆卸时则按相反顺序进行。测试时，测量仪器和电路本身都要良好接地，要先接好电路，再拆除引脚之间的短接。测试结束后，要先短接引脚再撤除仪器。

（5）当没有关闭电源时，绝对不能把场效应管直接插入电路板中或从电路板中拔出来。

（6）对于相同沟道的结型场效应管和耗尽型 MOS 管，在相同电路中可以通用互换。

13. 贴片场效应管

贴片场效应管因其价格低、体积小、驱动电流大，现已被广泛应用于各种开关稳压电源和逆变电源等电路中。下面以计算机主板等产品中常见的 AOD452、AOD472、APM2014N、AO3400 和 AO3401 为例介绍贴片场效应管。

AOD452 型场效应管是增强型 NMOS 管，采用 T-252（D-PAK）封装，如图 2-29 所示。AO 表示该器件为美国 AOS 公司的产品，D452 表示产品型号。AOD452 型场效应管的主要参数如下。

（1）当漏源电压为 10 V 时，导通电阻小于 8.5 mΩ；当漏源电压为 4.5 V 导通电阻小于 14 mΩ。

（2）最大漏源电压为 25 V。

（3）最大栅源电压为±20 V。

（4）最大漏极电流为 55 A。

（5）最大耗散功率为 3 W。

图 2-29　AOD452 型场效应管

AOD472 型场效应管是增强型 NMOS 管，采用 TO-252（D-PAK）封装，外形和 AOD452 相似，其主要特征参数为，最大漏源电压为 25 V，最大栅源电压为±20 V，最大漏极电流为 55 A，导通电阻小于 6 mΩ，最大耗散功率为 2.5 W。由此可见，两个器件的性能特点基本相同，主要的区别是 AOD472 型场效应管的导通电阻比 AOD452 型场效应管更小。

APM2014N 型场效应管是 NMOS 管，其内部结构和 AOD452 型场效应管相同，也采用 T-252 封装，引脚分布图相同，芯片内部同样集成了一个续流二极管。其主要特征参数为，最大漏源电压为 20 V，最大栅源电压为±16 V，最大漏极电流为 40 A，导通电阻小于 12 mΩ，最大耗散功率为 2.5 W。

AO3400 型场效应管和 AO3401 型场效应管都是美国 AOS 公司的产品，如图 2-30 所示。其中，AO3400 型场效应管是增强型 NMOS 管，其主要特征参数为，最大漏源电压为 30 V，最大栅源电压为±12 V，最大漏极电流为 5.7 A，导通电阻小于 26.5 mΩ，最大耗散功率为 1.4 W。AO3401 型场效应管是增强型 PMOS 管，其主要特征参数为，最大漏源电压为-30 V，最大栅源电压为±12 V，最大漏极电流为-4.2 A，导通电阻小于 50 mΩ，最大耗散功率为 1.4 W。

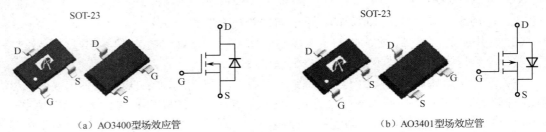

图 2-30 AO3400 型场效应管和 AO3401 型场效应管

2.4.5 任务评价

在完成半导体分立器件学习任务后，对学生主要从主动学习、高效工作、认真实践的态度、团队协作、互帮互学的作风，良好的二极管、晶体管、场效应管的识读、检测、安装与应用能力，树立为国家、人民多做贡献的价值观等方面进行评价，并采用学生自评、小组互评、教师评价来综合评定每一位学生的学习成绩。半导体分立器件学习任务评价如表 2-21 所示。

表 2-21 半导体分立器件学习任务评价

评价指标	评价要素	分值	学生自评（10%）	小组互评（20%）	教师评价（70%）	得分
半导体分立器件的识读	能识读二极管、晶体管、场效应管的主要参数并能分析应用电路的工作原理	20				
半导体分立器件的检测、安装与应用	能根据电路实际需要选择合适的半导体分立器件，并能检测、安装、更换、维修常用半导体分立器件	50				
文档撰写	能撰写半导体分立器件的检测与使用报告，包括摘要、正文、图表等符合规范性要求	20				
职业素养	符合 7S（整理、整顿、清扫、清洁、素养、安全、节约）管理要求，具有认真、仔细、高效的工作态度，树立为国家、人民多做贡献的价值观	10				

任务 2.5　电子产品常用维修工具

2.5.1 任务目标

（1）了解常用维修工具的功能及适用范围。
（2）掌握常用维修工具的使用方法及注意事项。
（3）掌握常用维修工具的保养与保存方法。

项目2 电子元器件及维修工具

2.5.2 任务描述

在确保电源正常供电的情况下,对电子产品进行故障判断与检修,一般需要打开电子产品的外壳,找到相关零部件和电路板,使用仪器设备测量电路关键参数及相关元器件的性能,对怀疑的故障元器件进行更换与维修等,在这些测量、更换、维修元器件中均需要使用一些维修工具。常用的维修工具包括五金工具、焊接工具和专用设备。其中,五金工具是指运用机械原理来进行电子产品安装和加工的工具,一般分为普通五金工具和专用五金工具。普通五金工具包括螺钉旋具(也称螺丝刀)、尖嘴钳、斜口钳、钢丝钳、剪刀、镊子、扳手、手锤和锉刀。专用五金工具包括剥线钳、绕接器、压接钳、热熔胶枪、手枪式线扣钳、元器件引线成形夹具、无感小旋具(无感起子)、钟表起子等。焊接工具是指电气焊接用的工具,包括电烙铁、热风枪、烙铁架、放大镜台灯。专用设备包括万用表、示波器等。学会正确选择和使用常用维修工具及相关材料,是开展电子产品检修工作的基础。

学生要学会使用电子产品常用维修工具,熟悉各种常用维修工具的主要功能及使用方法,熟练掌握常用维修工具的操作步骤、关键参数设置方法及安全注意事项等。万用表用于测量电阻、电容、电压、电流、二极管导通电压、晶体管电流放大倍数等。钳形电流表可以在不切断电路的情况下测量电流。示波器用于观察信号波形及参数。电烙铁用于各类元器件的手工焊接、补焊、维修及更换。晶体管测量仪是以半导体器件为测量对象的电子仪器。它可以测量晶体管(NPN型和PNP型)的共发射极、共基极电路的输入特性、输出特性;测量各种反向饱和电流和击穿电压,还可以测量场效应管、稳压管、二极管、单结晶体管、可控硅等器件的各种参数,能判断元器件类型、引脚的极性、输出hFE、阈电压、场效应管的结电容,特别适合晶体管配对和混杂表贴器件识别。通过将晶体管测量仪的测量结果与所测器件的额定参数进行对比,来判断半导体分立器件的性能好坏。在检修电子产品时,学生应能根据实际需要,选择合适的维修工具,严格按照操作规范要求来使用这些工具,以快速地完成各项检修工作。

2.5.3 任务准备——常用维修工具

1. 焊接工具

1)焊接工具的分类

根据焊接的形式,焊接工具一般分为手动焊接与自动焊接。手工焊接主要采用电烙铁、热风枪进行焊接,而自动焊接主要采用波峰焊、回流焊和贴片机等进行焊接。电烙铁是电子制作和电器维修的必备工具,其主要用途是焊接元器件及导线,按加热方式可将其分为直热式(包括内热式和外热式)电烙铁与调温式电烙铁。

2)调温式电烙铁

调温式电烙铁又可分为恒温电烙铁和防静电的调温电烙铁。恒温电烙铁内部装有带磁铁式的温度传感器,通过控制通电时间而实现恒温,主要适用于焊接怕高温的元器件。防静电的调温电烙铁包括与内部电路连接的电源插孔、恒温指示灯、工作指示灯、电源开关、调节电位器,具有电子控制恒温,PTC陶瓷发热元器件,升温快且温度可手动随意调节,独立静电接地系统,可消除静电及降低各种干扰信号的干扰,不但确保元器件静电安全,焊接时无须拔掉电源插头,而且确保维修人员和元器件免受动力电的电击危险。当维修人员外出维修遇到没有安装地线的情况时，其方便采用与设备搭接技术，使烙铁与设备同电位，消除静电对设备的危害，主要用于焊接组件小、分布密集的片状元器件、贴片 IC 和易被静电击穿的 CMOS 器件等。

3）热风枪

热风枪，又叫焊风枪，它是一种用于片状元器件拆卸、焊接的工具。热风枪主要利用微型鼓风机作为风源，用发热电阻丝加热空气流，使空气流的热度达到 200 ℃～480 ℃，即可以熔化焊锡的温度，并通过喷头导向加热进行元器件焊接与拆卸的工具。热风枪主要由气泵、手柄、鼓风机、控制电路板、气流稳定器、外壳等组成。其中，手柄采用特种耐高温高级工程塑料，耐温等级高达 300 ℃。鼓风机采用寿命 30 000 h 以上的强力无噪声鼓风机，满足大功率螺旋风输出。控制电路板主要包括温度显示与控制电路、风量控制电路、关机延时电路和过零检测电路。正确使用热风枪可提高维修效率，如果使用不当，会将电路板上的焊盘、元器件、IC、塑料件等损坏。加入关机延时电路，主要是先让枪芯被吹冷后鼓风机再停止工作，这样就避免刚关断电源时枪芯过高的温度对人或物造成伤害。过零检测电路可以检测到交流电正半波和负半波交变时的过零点，作为晶闸管控制电路的参考点，从而实现输出风量控制和加热功率控制。

2. 焊接辅助工具

1）吸锡器

吸锡器是一种主要的拆焊工具，用于收集拆焊元器件时融化的焊锡。常见的吸锡器主要有吸锡球、手动吸锡器、电热吸锡器、防静电吸锡器、电动吸锡枪及双用吸锡电烙铁等。手动吸锡器中有一个弹簧，使用时，先把吸锡器末端的滑杆压入，直至听到"咔"声，则表明吸锡器已被固定。再用电烙铁对接点加热，使接点上的焊锡熔化，同时将吸锡器靠近接点，按下吸锡器上面的按钮即可将焊锡吸上。若一次未能吸干净，则可重复操作几次。每次使用完毕后，要推动活塞三四次，以清除吸管内残留的焊锡，使吸头与吸管畅通，以便下次使用。

2）空心针

空心针形状如注射用针，有各种内径的型号，是拆卸元器件的必备工具，主要用来拆卸元器件在 PCB 上的引脚。使用时，先用电烙铁熔化焊锡，再将空心针插入被拆元器件的引脚中，旋转一下元器件引脚，其便与 PCB 铜箔引线分离，这样拆卸元器件既快又不损坏 PCB 铜箔。当拆卸不同粗细元器件引脚时，可换用内孔相应的空心针，针头内孔以刚好插入元器件引脚为准。

3. 焊料与助焊剂

焊料与助焊剂的好坏是保证焊接质量的重要因素。焊料是连接两个被焊物的媒介，它的好坏关系到焊点的可靠性和牢固性。助焊剂则是清洁焊点的一种专用材料，是保证焊点可靠生成的催化剂。

1）焊料

焊料是一种熔点比被焊物低，在被焊物不熔化的条件下能浸润被焊物表面，并在接触界面形成合金层的物质。焊料按其组成成分的不同可分为锡铅焊料、银焊料及铜焊料；按熔点

不同可分为软焊料（熔点在450 ℃以下）和硬焊料（熔点在450 ℃以上）。根据不同的焊接产品，需要选用不同的焊料，这是保证焊接质量的前提。在电子产品的装配中，一般都选用锡铅焊料。根据焊接的不同需要，焊料粗细各不相同，常用的焊料直径有0.5、0.8、0.9、1.0、1.2、1.5、2.0、2.3、2.5、3.0、4.0、5.0（单位：mm）等多种。若焊料内部夹有固体助焊剂松香，则焊接时一般不需要再加助焊剂。

2）助焊剂

因为被焊物表面与空气接触后会生成一层氧化膜，温度越高，氧化越厉害。这层氧化膜在焊接时会阻碍焊锡的浸润，影响焊点合金的形成。在没有消除被焊物表面氧化膜时，即使勉强焊接，也很容易出现虚焊、假焊现象。助焊剂就是用于清除氧化膜的一种专用材料，可增强焊料与被焊物表面的活性，提高浸润能力，另外覆盖在焊料表面，能有效抑制焊料和被焊物继续被氧化。所以在焊接过程中，一定要使用助焊剂，它是保证焊接过程顺利进行、获得良好导电性、具有足够的机械强度和清洁美观的高质量焊点必不可少的辅助材料。

4. 无铅焊接

在焊料的发展过程中，锡铅合金一直是最优质的、廉价的焊料。但是，随着人们环保意识的加强，铅及其化合物对人体的危害及对环境的污染，越来越被人们所重视。因此，无铅焊接的应用更为广泛。无铅焊接对设备要求较高，焊接温度高，设备和焊料价格昂贵，其主要优点是无毒、无污染、环保。

5. 阻焊剂

阻焊剂是一种耐高温的材料，可使焊接仅仅在需要焊接的焊点上进行，而将不需要焊接的部分保护起来，常用于防止桥接与短路的情况。用阻焊剂会形成防止焊接阻焊层，该阻焊层的颜色一般是绿色或者其他颜色，覆盖在布有铜线的薄膜上，它的作用为绝缘及防止焊锡附着在不需要焊接的铜线上。

6. 放大镜台灯

放大镜台灯又称台式放大镜，是类似于台灯形状、放于桌面的放大镜，适用于电子工程师对细微元器件、元器件密集的线路板进行观察和检验等需要照明放大的工作。

2.5.4 任务实施——常用维修工具的使用

1. 电烙铁的使用

1）注意事项

电烙铁是电子工程师的必备工具，它主要用来将一些电子元器件焊接到PCB上或者从PCB上拆卸故障元器件。电烙铁可将电能转换为热能，对烙铁头的尖端进行加热，一般温度可以达到200 ℃～500 ℃。如果不小心碰到了烙铁头，一定要赶紧移开，不然就会烫伤人或物。并且，烙铁头加热完后在空气中很容易被氧化，下次就不沾焊锡了，所以每次使用完电烙铁之后，都需要在烙铁头上沾取部分焊锡，以防止其被氧化。

2）焊料准备

在焊接前，需要准备好焊接所需的材料，现在一般都使用无铅焊料。过去使用的有铅焊料，其焊接特性较好，但是，焊料中的铅是有毒的，会危害人体健康。虽然无铅焊料不含铅，

但是在焊接过程中产生的烟气对人体健康也是有危害的。因此，使用时焊料要确保人是处于通风环境的，避免吸入焊接过程中产生的烟气。在焊接过程中，还需要用到助焊剂——松香，它可以消除表面被氧化的焊料或 PCB 表面的氧化层，增加焊锡的流动性，使得焊接更顺利地进行。

3）焊接步骤

穿孔型的焊接（引脚通过穿孔连接 PCB）步骤为，先将电烙铁接入电源进行预热，并将元器件的相应引脚穿过 PCB，然后利用焊料头部沾取部分松香或焊锡膏，并将电烙铁紧贴在 PCB 需要焊接的引脚处（一般放 1 s），最后将沾有松香的焊料接触电烙铁（放在烙铁头下面或与烙铁头平行接触，不要放在烙铁头上面），焊料在烙铁头的高温下会熔化，自动化成水滴状包住引脚及其周围的 PCB，熔化之后快速移开焊料，但是此时，先不要移开烙铁头，保持烙铁头在原来的位置大约 1 s，让焊料充分熔化流到引脚及其周围的 PCB，用斜口钳剪去多余的引脚，完成焊接操作。

提示： 焊接各步骤之间停留时间及操作的正确性将对焊接质量影响很大，需要在实践中逐步掌握。

2. 防静电的调温电烙铁的使用

防静电的调温电烙铁如图 2-31 所示。它的正确使用过程包括正常使用步骤、调至最适当的工作温度、结束使用步骤、烙铁头的保养方法和烙铁头的换新与维护。

图 2-31 防静电的调温电烙铁

1）正常使用步骤

（1）确认耐高温清洁海绵潮湿干净（浸水后取出）。

（2）清除发热管表面杂质。

（3）确认烙铁螺丝锁紧无松动。

（4）将防静电的调温电烙铁接地（电源三线插座中的地线必须接地，且接地电阻不能大于 10 Ω），这样可以防止工具上的静电损坏电路板上的精密器件。

（5）将电源开关置于 ON 挡。

（6）调整温度设定调整钮至 300 ℃，待加热指示灯熄灭后，先用温度计测量烙铁头的温度是否为（300±10）℃，再将其加热至所需的工作温度。

（7）如烙铁头温度超过范围必须停止使用该电烙铁，并将其送去维修。

（8）开始焊接操作。在焊接过程中，应及时清理烙铁头，防止因为氧化物和碳化物损害烙铁头而导致焊接不良，定时给烙铁头上锡。对于引脚较少的片状元器件的焊接与拆卸应该采用轮流加热法。

2）调至最适当的工作温度

在焊接过程中，烙铁头温度过低将影响焊接的流畅性，烙铁头温度过高将损害 PCB 铜箔、焊接不完全、不美观及烙铁头过度损耗，所以将温度调至最适当的工作温度非常重要。根据焊接不同大小的元器件，应相应调整烙铁头的温度。例如：焊接电阻器、电容器、电感器、TTL、熔断器，应将烙铁头的温度设置为（330±10）℃；焊接电晶体，应将烙铁头的温度设

置为（260±10）℃；焊接 QFP，应将调温烙铁头的温度设置为（340±10）℃；焊接高功率晶体、连接器、DIP 零件，应将烙铁头的温度设置为（380±10）℃；焊接铜柱，应将烙铁头的温度设置为（390±10）℃。

注意： 在红色区即温度超过 400 ℃，勿经常或连续使用；偶尔需要大焊点使用或者快速焊接时，仅可短时间内使用。若遇到大焊点，则可先用热风枪加热，再用电烙铁焊接。

3）结束使用步骤
（1）清洁擦拭烙铁头并加少许焊锡保护。
（2）将温度调整到可设置的最低温度。
（3）将电源开关置于 OFF 挡。
（4）拔掉电源插头。

4）烙铁头的保养方法
（1）每天送电前先清除烙铁头上残留的氧化物、污垢或助焊剂，并将发热体内的杂质清除，以防烙铁头与发热体或套筒卡死。随时锁紧烙铁头以确保其在适当位置。
（2）使用时先将烙铁头的温度设置为 200 ℃左右以进行预热，当温度达到后再将其温度设置为 300 ℃，当温度达到 300 ℃时须实时加焊锡于烙铁头前端的沾锡部分，等候稳定 3～5 min，在测试温度达到标准后，设置所需的工作温度。
（3）焊接时，不可将烙铁头用力挑或挤压被焊物；切勿敲击或撞击，以免发热管断掉或损坏；不可用摩擦方式焊接，否则会损伤烙铁头。
（4）作业期间烙铁头若有氧化物必须用海绵立即清洁擦拭，不可用粗糙的物体擦拭烙铁头。
（5）不可使用含氯或酸的助焊剂。
（6）不可在沾锡面加任何化合物。
（7）较长时间不使用时，将温度调整到 200 ℃以下，并将烙铁头加锡保护，勿擦拭；只有在焊接时才可用海绵擦拭，重新在尖端部分沾上新锡。海绵必须保持潮湿，每隔 4 h 必须清洗一次，确保干净。
（8）当天工作完成后，不焊接时将烙铁头擦拭干净后重新沾上新锡，并将其存放在烙铁架上，以及将电源关闭。
（9）若沾锡面已氧化不能沾锡，或因助焊剂（Flux）引起氧化膜变黑，用海绵也无法清除时，可用 600～800 目之细砂纸轻轻擦拭，并用内有助焊剂的焊料擦拭沾锡面，加温等待锡熔化后重新加锡。

5）烙铁头的换新与维护
（1）在换新烙铁头时，请先确定发热体是冷的状态，以免将手烫伤。
（2）逆时针方向用手转动螺帽，将套筒取下，若太紧时可用钳子夹紧并轻轻转动。
（3）将发热体内的杂质清除并换上新烙铁头。
（4）若烙铁头卡死勿用力将其拔出以免伤及发热体，此时可用除锈剂喷洒其卡死部位并用钳子轻轻转动。
（5）若烙铁头卡死严重，则将防静电的调温电烙铁退回经销商处理或者将其报废。

6）造成烙铁头不沾锡的原因
造成烙铁头不沾锡的原因如下。

（1）温度过高，超过 400 ℃时易使沾锡面氧化。
（2）使用时未将沾锡面全部加锡。
（3）在焊接时助焊剂过少或使用活性助焊剂，会使被焊物表面很快氧化；水溶性助焊剂在高温时有腐蚀性也会损伤烙铁头。
（4）擦拭烙铁头的海绵含硫量过高、太干或太脏。
（5）接触到有机物如塑料、润滑油或其他化合物。
（6）焊锡不纯或含锡量过低。

3. 热风枪的使用

在使用热风枪的过程中要学会如何调节气流使其符合标准温度，从而获得均匀稳定的热量、风量；也要学习如何有效防止静电干扰。快克（QUICK）850A 型热风枪如图 2-32 所示。机箱上设有风量调节旋钮和温度调节旋钮，手提把手采用消除静电的材料制成。

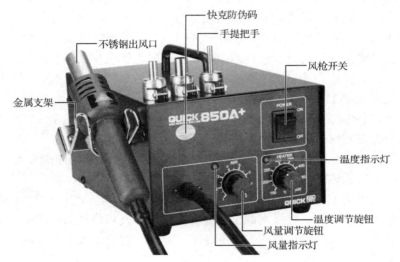

图 2-32　快充（QUICK）850A 型热风枪

1）准备工作

（1）首次使用时，需阅读说明书，必须将出风口上的螺钉去掉。

（2）松开喷头螺钉，选择合适的喷头（PCB 表面使用 4.4 mm 的喷头），套装到位，轻拧螺钉。

（3）检查热风枪静电接地线是否接触良好，检查喷头内有无金属物体，全部正常后，连接好电源线。

（4）对不良零件周边容易受热的料件，使用美文胶纸或高温胶带进行隔热防护，防止外观损坏（如电解电容器、IC 插座等）。

2）使用方法与步骤

（1）将电源插头插入电源插座，按下热风枪电源开关。

（2）调整到合适的温度和风量。根据不同的喷头形状、工作要求调整热风枪的温度和风量。调节风量调节旋钮和温度调节旋钮后，稍等一会儿，待温度稳定下来，温度调节范围为 150 ℃～500 ℃；在气流方面，气流控制旋钮可设在 1～7 挡。例如：当吹焊小片状元器件时，

项目 2　电子元器件及维修工具

一般采用小喷头，风量调至 1～2 挡，温度调至 300 ℃～350 ℃。热风枪的温度与风量设置如表 2-22 所示。

表 2-22　热风枪的温度与风量设置

焊 接 项 目	温度范围/℃	风量范围	备　　注
小体积片状电阻器、电容器、电感器等	(320±20)	1～3 挡	热风枪的温度以实际测试温度为准，一般风量越大，所需温度可相应降低
总线、VCO、DUPLEX 等元器件	(350±20)	4～7 挡	
PGA（CPU、FLASH、A/D 等）器件	(360±20)	2～7 挡	
LCD 排线修理、FPC 排线焊接	(330±10)	2～7 挡	
RF 模块	(350±10)	4～6 挡	
SIM 卡座、电池触片、串口等	(340±20)	4～6 挡	

（3）要等热风枪预热至温度稳定后方可进行焊接，焊接时手持喷头手柄，将喷头对准欲拆卸元器件上方 1～2 cm 处沿着其周围均匀加热，不可触及元器件。在拆卸过程中，要注意保护周边元器件的安全。电阻器、电容器等微小元器件的拆卸时间为 5 s 左右，一般 IC 的拆卸时间为 15 s 左右，小 BGA 的拆卸时间为 30 s 左右，大 BGA 的拆卸时间为 50 s 左右。

（4）当要吹焊片状元器件时，在引脚焊剂表面涂抹适量的助焊剂，待温度和气流稳定后，用喷头对着元器件各引脚均匀加热 10～20 s 后，等底部的焊锡完全熔化时用镊子夹住片状元器件，摇动几下将其取离，对焊盘和芯片引脚加焊锡和助焊剂并刮平。

（5）当要焊接片状元器件时，在 SMT 焊点上涂抹适量助焊剂，将元器件各引脚加焊锡，将片状元器件放在焊接位置，用镊子按紧。用喷头均匀加热到焊锡熔化，移走喷头等待冷却凝固。焊接完毕后，检查是否存在虚焊或短路现象。若存在，则需要用电烙铁对其补焊并排除短路点，同时，清除残余助焊剂。

（6）工作完成，关掉电源开关，这时热风枪开始进入自动冷却阶段。在冷却阶段不可拔掉电源插头，等到风扇自动关机后再拔掉电源插头。

3）吹焊小片状元器件的方法

吹焊小片状元器件一般采用小嘴喷头，温度和风量按表 2-22 设置。待温度和风量稳定后，便可用手指钳夹住小片状元器件，使热风枪的喷头离欲拆卸的元器件 2～3 cm，并保持垂直，对元器件的上方均匀加热，待元器件周围的焊锡熔化后，用手指钳将其取下。如果焊接小元器件，要将元器件放正，若焊点上的焊锡不足，可用电烙铁在焊点上加注适量的焊锡，焊接方法与拆卸方法一样，只要注意温度与气流方向即可。

4）吹焊贴片 IC 的方法

用热风枪吹焊贴片 IC 时，首先应在 IC 的表面涂抹适量助焊剂，这样既能防止干吹，又能帮助 IC 底部的焊点均匀熔化。由于贴片 IC 的体积相对较大，在吹焊时可采用大嘴喷头，温度和风量按表 2-22 设置，热风枪的喷头离 IC 2.5 cm 左右为宜，吹焊时应在 IC 上方均匀加热，直到 IC 底部的焊锡完全熔化，此时应用手指钳将 IC 取下。需要说明的是，在吹焊此类 IC 时，一定要注意是否影响周边元器件。另外 IC 取下后，PCB 上会残留余锡，可用电烙铁将余锡清除。若是焊接 IC，应将其与 PCB 相应位置对齐，焊接方法与拆卸方法相同。

注意：热风枪的喷头要垂直焊接面，距离要适中，热风枪的温度和风量要适当。吹焊电

电子产品原理分析与故障检修（第2版）

路板时，应将备用电池取下，以免电池受热而爆炸。吹焊结束时，应及时关闭热风枪电源，以免手柄长期处于高温状态，缩短使用寿命。禁止用热风枪吹焊手机显示屏。

5）注意事项

（1）首次使用时，应将机箱下最中央的红色螺钉拆下来，否则会引起严重的问题。

（2）使用前，必须接好地线，为释放静电做好准备。

（3）禁止在焊接前端网孔放入金属导体，否则会导致发热体损坏及人体触电。

（4）在热风枪内部，装有过热保护开关。当喷头过热时，过热保护开关自动开启，热风枪停止工作。必须把热风风量"AIR CAPACITY"调至最大，延迟 2 min 左右，加热器才能工作，热风枪恢复正常。

（5）使用后，要注意冷却机身。关电后，发热管会自动短暂喷出冷风，在此冷却阶段，不要拔掉电源插头，等风扇自动关机后再拔掉电源插头。

（6）不使用时，请把手柄放在支架上，以防意外。

4. 放大镜台灯的使用

放大镜台灯采用高倍带灯放大镜，可放大 10、15、20 倍等，是人们对电路板进行识读与维修的必备佳品。放大镜台灯就是带有放大镜的台灯，如图 2-33 所示。放大镜台灯自带照明光源，光线十分稳定，能清晰照亮观察部位，并且可以沿垂直和水平方向移动，根据需求随意改变位置，同时弹簧臂能保证在确定聚焦范围内的放大作用。

使用时，将电路板放在底座上，将电源线插入电源插座，打开放大镜台灯开关，先调节台灯位置直至清晰放大为止，再进行电路识读，元器件焊接、拆卸等操作。

5. 数字万用表的使用

数字万用表是一种直接显示数字的万用表，它具有显示清晰直观、读数准确、分辨率高、使用方便安全等特点，如图 2-34 所示。

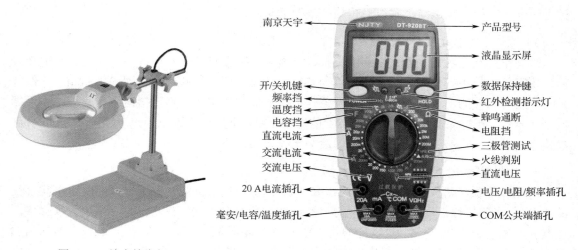

图 2-33　放大镜台灯　　　　　图 2-34　数字万用表

1）数字万用表的常规用法

数字万用表属于比较简单的测量仪器。使用前，应认真阅读有关的使用说明书，熟悉电源开关、转换开关、插孔、特殊插口的作用。

　　（1）打开数字万用表检查 9 V 电池是否正常。若电池电压不足，将显示在液晶显示屏上，这时则需更换电池。若液晶显示屏没有显示电池电压不足，则按以下步骤操作。

　　① 插孔的选择要正确。当测量毫安电流、电容、温度时，将红表笔插入电压/电阻/频率插孔，黑表笔插入 COM 公共端插孔。当测量毫安、电容、温度时，将红表笔插入毫安/电容/温度插孔。当要测量 20 A 之内的大电流时，将红表笔插入 20 A 电流插孔。

　　② 转换开关位置的选择要正确。根据测量对象将转换开关转到合适的位置上。

　　③ 量程的选择要合适。假如不确定需要测量的范围，可以先将挡位调到最高，然后逐一检测并下调挡位，直至得到精确的数值。

　　④ 根据量程，正确读数。注意转换开关尖头所指数值即表头上满刻度读数的对应值，读表时只要根据此数折算，即可读出实值。

　　（2）注意操作安全。

　　① 在使用万用表的过程中，不能用手去接触表笔的金属部分，这样一方面可以保证测量的准确，另一方面也可以保证人身安全。

　　② 当测试棒接触被测线路前应做一次全面的检查，看一看各部分位置是否有误。测量电阻时，被测电阻器决不能带电，以免损坏表头。

　　③ 在测量某一电量时，不能在测量时换挡，尤其是在测量高电压或大电流时，更应注意，否则，会使万用表毁坏。如需换挡，应先断开表笔，换挡后再去测量。

　　④ 万用表用完后最好将转换开关转到交流电压挡的最高量程，此挡对万用表最安全，以防下次测量时疏忽而损坏万用表。如果长时间不使用，还应将万用表内部的电池取出来，以免电池腐蚀表内其他器件。

　　2）用数字万用表判断线路是否带电

　　数字万用表的交流电压挡很灵敏，哪怕周围有很小的感应电压都会有显示，根据这一特点，可以将万用表作测试电笔使用。具体用法：将万用表置于 AC20 V 挡，黑表笔悬空，手持红表笔与被测线路或器件相接触，这时万用表会有显示，如果显示数字在几伏安到十几伏安之间（不同的万用表会有不同的显示），表明该线路或器件带电，如果显示为零或很小，表明该线路或器件不带电。

　　3）用数字万用表区分供电线是火线还是零线

　　（1）将万用表置于 AC20 V 挡，黑表笔悬空，手持红表笔与被测供电线相接触，显示数值较大的就是火线，显示数值较小的就是零线，这种方法需要与被测供电线接触。

　　（2）不需要与被测供电线接触。将万用表置于 AC2 V 挡，黑表笔悬空，手持红表笔使笔尖沿供电线的绝缘层轻轻滑动，这时表上如果显示为几伏，表明该线是火线。如果显示只有零点几伏甚至更小，表明该线是零线，这样的判断方法不与供电线直接接触，不仅安全而且方便快捷。

　　4）用数字万用表寻找电缆的断点

　　利用数字万用表的感应特性可以很快找到电缆的断点。先用电阻挡判断哪一根电缆发生断路，然后将发生断路的电缆的一头接到 AC220 V 的电源上，随后将万用表置于 AC2 V 挡的位置上，黑表笔悬空，手持红表笔使笔尖沿电缆轻轻滑动，这时表上若显示有几伏或零点几伏（因电缆的不同而不同）电压。如果移动到某一位置时，表上的显示突然降低很多，记下这一位置，一般情况下断点就在这一位置前方 10 cm～20 cm 的地方。同理，使用这种方法还可以寻找故障电热毯电阻丝的断点。

5）用数字万用表测量不间断电源的频率

对于不间断电源来说，其输出电压的频率是很重要的参数，但是不能直接用数字万用表的频率挡去测量，这是因为万用表频率挡能承受的电压很低，只有几伏。这时可以在不间断电源的输出端接一个 220 V/6 V 的降压变压器，将电压降低，而不改变电源的频率，并将频率挡与降压变压器的输出端相连，就可以测出不间断电源输出电压的频率。

6）用数字万用表测试晶体管的好坏

用二极管挡对管子进行测量时其中的一个引脚与其他两个引脚分别相通，但那两个引脚却并不相通。若与其他两个引脚都通的引脚接的是红表笔，则这是一个 NPN 型晶体管；若其接的是黑表笔，则这是一个 PNP 型晶体管。若用二极管挡对管子进行测量时，测得的压降大于 0.5 V，则这是一个硅管，若在 0.2 V 左右，则这是一个锗管。把晶体管按对应引脚放入 hFE 插孔，功能开关转到 hFE 挡，测量其直流放大倍数（只对小功率管有效）。若测得小功率管的直流放大倍数 hFE 为 30～1 000，则说明晶体管是好的。

2.5.5 任务评价

在完成电子产品常用维修工具学习任务后，对学生主要从主动学习、高效工作、认真实践的态度，团队协作、互帮互学的作风，能正确使用防静电的调温电烙铁、热风枪、放大镜台灯、万用表等常用维修工具，树立为国家、人民多做贡献的价值观等方面进行评价，并采用学生自评、小组互评、教师评价来综合评定每一位学生的学习成绩。电子产品常用维修工具学习任务评价如表 2-23 所示。

表 2-23　电子产品常用维修工具学习任务评价

评价指标	评价要素	分值	学生自评（10%）	小组互评（20%）	教师评价（70%）	得分
了解常用维修工具	了解防静电的调温电烙铁、热风枪、放大镜台灯、万用表等常用维修工具的功能	20				
能正确使用常用维修工具	能根据实际维修需要选择合适的维修工具，并能正确使用维修工具进行电子产品的维修操作	50				
文档撰写	能撰写常用维修工具的使用报告，包括摘要、正文、图表等符合规范性要求	20				
职业素养	符合 7S（整理、整顿、清扫、清洁、素养、安全、节约）管理要求，具有认真、仔细、高效的工作态度，为国家、人民多做贡献的价值观	10				

思考与练习题 2

1. 根据色环读出下列电阻器的标称阻值及允许误差。

（1）棕红黑金。

（2）黄紫橙银。

（3）绿蓝黑银棕。
（4）棕灰黑黄绿。
2．写出习题图 2-1 中的片状电阻器的标称阻值及允许误差。

习题图 2-1　片状电阻器

3．写出习题图 2-2 中电容器的类别名称、标称容量和耐压，有极性的标出正极。

习题图 2-2　电容器

4．写出习题图 2-3 中电感器的标称电感。

习题图 2-3　电感器

5．常用二极管有哪几种？各有什么特点？如何判断二极管的极性及好坏？
6．如何正确选用和使用电烙铁？
7．焊料有哪些种类？其分类方法是怎样的？
8．使用助焊剂应注意哪些方面呢？
9．在焊接过程中，为什么有时要使用助焊剂？
10．防静电的调温电烙铁和热风枪在使用时应注意哪些事项？

项目 3

LED 应急照明灯电路与维修

  LED 照明灯是利用第四代绿色光源 LED 制成的一种照明灯具。LED 是一种电致发光的固体光源，具有环保、节能、光照效率高、使用寿命长、体积小、色彩丰富、反应速度快、易控制等优点，被广泛应用于各种指示、显示、装饰、背光源、普通照明和城市夜景等方面。LED 应急照明灯是以 LED 为光源的应急照明灯具，是指在发生火灾或者市电突然断电时，为人员疏散、消防作业提供标志或照明的各类灯具。

  LED 应急照明灯作为一种电子产品在运行过程中，除驱动电路设计与装配缺陷容易引起故障外，还常常因为环境的影响、运行条件的突变及元器件电气性能的老化等原因产生各种故障。学生要判断出 LED 应急照明灯的故障类型、故障部位、故障原因等，进而把故障处理好，不但需要掌握 LED 应急照明灯的电路组成与工作原理，而且需要掌握电路检测与维修方法。LED 应急照明灯常见故障电路有交流电转换为直流电的电源电路、蓄电池及充电电路、市电突然断电时的应急切换电路、LED 应急照明电路、工作状态指示电路等。一般先通过电路分析与测量就能找到故障部位，再用备件更换故障元器件就能使 LED 应急照明灯恢复正常功能。

任务 3.1 LED 照明基础

3.1.1 任务目标

（1）了解常用照明灯的特点及分类。
（2）掌握 LED 的照明原理及 LED 照明灯的主要参数。
（3）掌握 LED 照明电路的分析与设计方法。
（4）能对 LED 照明电路的故障进行维修。

3.1.2 任务描述

  照明的首要目的是创造良好的可见度和舒适的环境。灯具是照明工具的统称，包括家居

项目 3　LED 应急照明灯电路与维修

照明、商业照明、工业照明、道路照明、景观照明、特种照明等。家居照明从最早的白炽灯泡，发展到荧光灯管，再到后来的节能灯、卤素灯、卤钨灯、气体放电灯和 LED 照明灯等。白光 LED 通常采用两种方法形成，在蓝光 LED 中添加黄色荧光粉产生白光，或者利用紫外光 LED 激发 RGB（三原色）荧光粉产生白光；使用两个或两个以上互补的两色 LED 或把 RGB LED 做混合光而形成白光。由于 LED 光源的特性，需要提供满足 LED 特殊要求的电压与电流，必须使用特别设计的驱动电路，才能使 LED 正常工作。不同用途的 LED 照明灯，要配备不同的电源适配器。

学生要学会检修 LED 照明电路，熟悉 LED 照明原理及 LED 驱动电路，掌握 LED 照明灯的主要参数、内部结构特点，LED 正负极的识读方法，能用万用表判断 LED 的好坏及对故障 LED 进行更换与维修。LED 的常见故障为完全熄灭：可能是灯珠坏了或者电源坏了。LED 一闪一闪故障：可能是灯珠金线虚焊，导致接触不良或者电源输出不稳定。LED 照明灯的驱动电源成本不是很高，通常规格参数一样就可以更换。要检查 LED 驱动电路的好坏，可以采用电阻检测法、电压检测法、短路检测法、IC 引脚压降检测法。电阻检测法是指在断电情况下将万用表置于电阻挡，先检测一块正常电路板某点到地的电阻，再检测另一块相同电路板同一个点的到地电阻，将其与正常的电阻进行比较，若两者不同，就可以确定问题的范围。电压检测法是指将万用表置于电压挡，先检测怀疑有问题电路某个点的到地电压，再将其与正常值进行比较，若两者偏差较大，就可以确定问题的范围。短路检测法是指在断电情况下将万用表置于二极管挡或者电阻挡（一般具有报警功能），检测是否有短路现象出现，发现短路后应优先解决问题。IC 引脚压降检测法是指在断电情况下将万用表置于蜂鸣通断挡，测量 LED 驱动芯片各引脚上的电压降。一般同一型号驱动芯片相同引脚上的电压降相近，根据测量引脚上电压降比较驱动芯片的好坏。

3.1.3　任务准备——LED 照明原理

1．光源的定义及分类

光是人类眼睛可以看见的一种电磁波，也称可见光谱。一般人的眼睛所能接收的光的波长范围为 380 nm～780 nm。人们把自身能发光且正在发光的物体叫作光源，如太阳、恒星、打开的电灯及燃烧的物质等。根据发光原理不同，光源可以大致分为热辐射光源、气体放电光源和电致发光光源。热辐射光源是指电流流经导电物体，使之在高温下辐射光能的光源，包括白炽灯和卤钨灯。气体放电光源是指电流流经气体或金属蒸气，使之产生气体放电而发光的光源。气体放电光源包括弧光放电光源和辉光放电光源，放电电压包括低气压、高气压和超高气压。弧光放电光源包括荧光灯、低压钠灯等低气压气体放电灯，高压汞灯、高压钠灯、金属卤化物灯等高压气体放电灯，超高压汞灯等超高压气体放电灯，碳弧灯、氙灯、某些光谱光源等放电气压跨度较大的气体放电灯。辉光放电光源包括利用负辉区辉光放电的辉光指示光源和利用正柱区辉光放电的霓虹灯，二者均为低气压气体放电灯。电致发光光源是指在电场作用下，使固体物质发光的光源。它能将电能直接转换为光能，包括场致发光光源（EL、FED）和 LED。

2．常用照明光源的主要技术指标

日常生活中常用的照明光源有白炽灯、卤钨灯、HID 氙气灯、普通荧光灯（日光灯）、RGB 荧光灯、紧凑型荧光灯、高压汞灯、金属卤化物灯、高压钠灯、低压钠灯、高频无极灯、

LED 照明灯等。衡量照明光源的主要技术指标有光效、显色指数、色温和平均寿命。其中，光效等于光源所发出的光通量（每秒钟的发光量）与其耗电量之比。显色指数是指光源照射在物体上所呈现物体自然原色的程度。色温是指光线中包含颜色成分的一个计量单位。若光源发出的光与某一温度下黑体发出的光所含的光谱成分相同，则该黑体温度称为光源的色温。平均寿命是指点亮一批相同灯具数量的一半及以上灯具损坏不亮时的小时数。常用照明光源的主要技术指标如表 3-1 所示。

表 3-1 常用照明光源的主要技术指标

光源种类	光效/(lm/W)	显色指数/Ra	色温/K	平均寿命/h
白炽灯	15	100	2 800	1 000
卤钨灯	25	100	3 000	2 000～5 000
HID 氙气灯	85	90	4 300～12 000	3 500～12 000
普通荧光灯	70	70	全系列	10 000
RGB 荧光灯	93	80～98	全系列	12 000
紧凑型荧光灯	60	85	全系列	8 000
高压汞灯	50	45	3 300～4 300	6 000
金属卤化物灯	75～95	65～92	3 000/4 500/5 600	6 000～20 000
高压钠灯	70～130	30/60/85	1 950/2 200/2 500	24 000
低压钠灯	100～200	44	1 700	28 000
高频无极灯	50～70	85	3 000～4 000	40 000～80 000
LED 照明灯	50～200	50～85	2 600～5 500	60 000

3. LED 的照明原理及特点

1）LED 的照明原理

当给 LED 加上正向电压后，从 P 区注入 N 区的空穴和从 N 区注入 P 区的电子，在 PN 结附近数微米内进行复合，复合放出过剩的能量而引起光子发射，直接发出红、黄、蓝、绿色的光。在此基础上，利用 RGB 原理，添加荧光粉制成的 LED，就可以发出任意颜色的光。利用 LED 作为光源制造出来的照明灯就是 LED 照明灯。

2）LED 的特点

（1）节约能源。LED 的光谱几乎全部集中于可见光频段，其发光效率可达 80%～90%。例如，普通白炽灯的光效为 12 lm/W，寿命小于 2 000 h；节能灯的光效为 60 lm/W，寿命小于 8 000 h；T5 荧光灯的光效为 96 lm/W，寿命大约为 10 000 h；直径为 5 mm 的白光 LED 的光效可以超过 150 lm/W，寿命可大于 100 000 h。白光 LED 的能耗仅为同功率白炽灯的 1/10，节能灯的 1/4。

（2）安全环保。LED 的工作电压低，普通小功率 LED 的正向工作电压为 1.4～3 V，工作电流仅为 5 mA～20 mA，白光 LED 的正向工作电压为 3～4.2 V，工作电流可以达到 750 mA 甚至 1 A 以上。LED 在生产过程中不需要添加汞，不需要充气，不需要玻璃外壳，抗冲击性好，抗振性好，不易破碎，便于运输，非常环保，被称为"绿色光源"。

（3）使用寿命长。LED 体积小、重量轻，外壳采用环氧树脂封装，不仅可以保护内部芯

片，还具有透光、聚光的能力。LED 的使用寿命普遍在 5 万～10 万小时，因为 LED 是半导体器件，即使是频繁地开关，也不会影响其使用寿命。

（4）响应速度快。照明 LED 响应时间最低为 1 μs，一般 LED 多为几毫秒，约为普通光源响应时间的 1/100，因此它可用于很多高频环境。例如，车辆的刹车灯或状态灯，可以缩短车辆刹车的指示时间，从而提高安全性。不同材料制成的 LED 响应时间各不相同。例如，由砷化镓材料制成的 LED，其响应时间一般在 1 ns～10 ns，即响应频率为 16 MHz～160 MHz，这样高的响应频率对于显示 6.5 MHz 的视频信号来说已经足够了，这也是实现视频 LED 大屏幕的关键因素之一。

（5）光效高。白炽灯、卤钨灯的光效为 12～24 lm/W，荧光灯的光效为 50～70 lm/W，钠灯的光效为 90～140 lm/W，而 LED 的光效可达到 50～200 lm/W，且光的单色性好、光谱窄，无须过滤就可直接发出有色可见光。

（6）体积小。采用贴片封装使 LED 的体积更小，更加便于各种设备的布置和设计，而且能够更好地实现夜景照明中"只见灯光不见光源"的效果。

（7）光线能量集中度高。LED 发出的光谱集中在较小的波长（几十纳米的带宽）内，纯度高。峰值波长位于可见光或近红外区域。

（8）发光指向性强。LED 发光具备很强的指向性，亮度随距离衰减比传统光源低很多。

（9）使用低压直流电驱动。由于 LED 使用低压直流电驱动，具有负载小、干扰弱的优点，对使用环境要求较低。

（10）可较好控制发出光线的光谱（颜色）。LED 发光的峰值波长 λ（单位：nm）与发光区域半导体材料的禁带宽度 Eg（单位：eV）有关，即 $\lambda \approx 1\,240/Eg$（nm）。半导体材料掺入其他元素可以改变其 Eg 值，从而控制 LED 发出光线的颜色。若要让 LED 产生可见光（波长在 380 nm～780 nm），制作半导体材料的 Eg 应为 3.26～1.63 eV。现在已有红外、红光、黄光、绿光及蓝光 LED，其中蓝光 LED 成本价格很高，使用不普遍。

LED 以其固有的特点，广泛应用于指示灯、信号灯、显示屏、照明等领域，在人们的日常生活中处处可见，如照明灯具、家用电器、手机电话、仪器仪表、汽车防雾灯、交通信号灯等。LED 照明灯可以分为室内照明和室外照明。市面上常见的 LED 照明灯的主要产品类型为 LED 大功率模组模块路灯、LED 射灯、LED 灯杯、LED 灯座、LED 灯带、LED 灯管、LED 灯泡、LED 筒灯、LED 蜡烛灯、LED 星星灯、LED 流星雨灯、LED 防爆灯、LED 管屏、LED 防爆防腐防尘灯、LED 防爆投光灯、LED 背光灯、LED 车灯、LED 强光手电筒、LED 埋地灯、LED 隧道灯等。

4. LED 驱动器

LED 驱动器是指驱动 LED 发光或 LED 模块组件正常工作的电源调整电子组件。由于 LED PN 结的导通特性，它能适应的电源电压和电流变动范围小，稍许偏离就可能无法点亮 LED，发光效率严重降低或者缩短使用寿命甚至烧毁芯片。现行的工频电源和常见的电池电源均不适合直接供给 LED。LED 驱动器是可以驱使 LED 在最佳电压或电流状态下工作的电子组件。恒流驱动是 LED 驱动方式，采用恒流驱动驱动 LED，不用在输出电路串联限流电阻器，LED 上流过的电流也不受外界电源电压、环境温度及其参数离散性的影响，从而能保持电流恒定，充分发挥 LED 的各种优良特性。

3.1.4 任务实施——LED 照明电路

1. LED 的电学特性

1) LED 的伏安特性曲线

LED 的伏安特性是流过 PN 结的电流与施加在 PN 结两端电压之间的关系，具有普通二极管类似的单向导电性和非线性特性，其曲线如图 3-1 所示。

OA 段：正向死区。U_A（U_f）为 LED 发光的开启电压。红、黄光 LED 的开启电压一般为 2～2.5 V，白、绿、蓝光 LED 的开启电压一般为 3～3.5 V。

AB 段：工作区。在这一区段，一般电流会随着电压的升高而升高，发光亮度也跟着增强。如果没有保护电路，LED 会因正向电流升高过快而超过其允许功耗，使其烧坏。

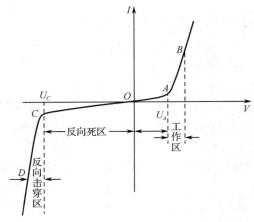

图 3-1 LED 的伏安特性曲线

OC 段：反向死区。LED 加反向电压是不发光的（不工作），但有反向电流。这个反向电流通常很小，一般在几微安之内，目前一般在 3 μA 以下。

CD 段：反向击穿区。LED 的反向电压一般不要超过 10 V，最大不得超过 15 V。超过这个电压，就会出现反向击穿，导致 LED 报废。

2) LED 的电学指标

（1）正向电压是指常见小功率 LED 在正向电流为 20 mA 时测得其两端的电压降。当然，不同的 LED 测试条件和测试结果也会不一样。发光颜色不同的 LED 有不同的正向电压。红光 LED 的正向电压一般为 1.8～2.2 V；黄光 LED 的正向电压一般为 2～2.4 V；普通绿光 LED 的正向电压一般为 2.2～2.8 V；蓝光 LED 和白光 LED 的正向电压一般为 2.8～3.5 V。当外界温度升高时，LED 开启电压将降低。

（2）正向电流是指 LED 正常发光时的正向电流。不同额定功率和发光颜色不同的 LED，其正向电流是不一样的。一般认为小功率 LED 的正向电流为 20 mA；食人鱼 LED 的正向电流约为 40 mA；1 W 白光 LED 的正向电流约为 350 mA；3 W 白光 LED 的正向电流约为 550 mA。最大正向电流是指允许通过 LED 芯片的最大正向直流电流，如果超过此值可损坏 LED，所以在 LED 的实际使用中应根据需要选择正向电流，使其在最大正向电流的 0.6 倍以下。为保证寿命，人们还会采用脉冲驱动来驱动 LED，通常 LED 规格书中给出的正向脉冲电流是以 0.1 ms 脉冲宽度、占空比为 1/10 的脉冲电流计算的。

（3）反向漏电流是指当 LED 反向电压为 5 V 时的反向电流。LED 的反向漏电流一般为 5 μA～100 μA。

（4）最大反向电压是指 LED 所能承受的最大反向电压，超过此反向电压，可能会损坏 LED。在使用交流脉冲驱动驱动 LED 时，要特别注意反向电压不要超过最大反向电压。LED 的最大反向电压一般不超过 20 V。

（5）允许功耗是指 LED 所能承受的最大功耗值，它等于最大正向电流乘以正向电压，超

过此功耗，可能会损坏 LED。使用手册规定的允许功耗，一般是在环境温度为 25 ℃时的额定功率。当环境温度高于 25 ℃时，LED 的允许功耗将降低。

3）LED 电参数的测量

LED 电参数测量仪主要用于 LED 电参数测量。例如，CHL-1 型 LED 电参数测量仪，内置恒流源，正向电流数控输出，可准确、方便、快捷、高效测量 LED 的正向电压（测量仪的测量范围为 0.01～20 V）、反向漏电流（测量仪的测量范围为 0.01 μA～200 μA）、正向电流（测量仪的测量范围为 0.1 mA～400 mA）、反向电压（测量仪的测量范围为 0.01～20 V），正向电压、反向电流上下限可设定声光报警功能。

2. LED 的分类

1）按发光颜色分类

按发光颜色分类，LED 可分为红光、橙光、绿光（又细分黄绿、标准绿和纯绿）、蓝光和白光 LED 等。作为特殊用途的 LED 发光管，有的含有两种或三种颜色的芯片，可以按时序分别发出两种或三种颜色的光。

根据 LED 出光处添加或不添加散射剂、有色或无色，LED 可分为有色透明、无色透明、有色散射和无色散射 LED。

2）按出光面特征分类

按出光面特征分类，LED 可分为圆形灯、方形灯、矩形灯、面发光管、侧向管、表面安装用微型管等。圆形灯按直径可分为 ϕ2 mm、ϕ4.4 mm、ϕ5 mm、ϕ8 mm、ϕ10 mm 及 ϕ20 mm 等类型。国外通常将 ϕ3 mm 的 LED 记作 T-1，将 ϕ5 mm 的 LED 记作 T-1（3/4），将 ϕ4.4 mm 的 LED 记作 T-1（1/4）。

3）按结构分类

按结构分类，LED 可分为全环氧封装、金属底座环氧封装、陶瓷底座环氧封装及玻璃封装 LED 等。

4）按发光强度角度分布图分类

按发光强度角度分布图分类，LED 可分为高指向型、标准型和散射型 LED。

（1）高指向型 LED：一般为尖头环氧封装或带金属反射腔封装，且不加散射剂。这种 LED 的半值角为 5°～20°或更小，具有很高的指向性，可作局部照明光源，或与光检出器联用以组成自动检测系统。

（2）标准型 LED：通常作为指示灯，其半值角为 20°～45°。

（3）散射型 LED：一般作为视角较大的指示灯，其半值角为 45°～90°或更大，其特点是添加散射剂的量较大。

5）按 LED 芯片功率分类

按 LED 芯片功率分类，LED 可分为小功率 LED（输入功率小于 60 mW）、中功率 LED（输入功率大于 100 mW 且小于 1 W）和大功率 LED（输入功率大于 1 W）。例如，小功率红光 LED（如常见的 ϕ5 mm 直插），其正向电压为 2 V，正向电流为 15 mA；单个大功率白光 LED（如 CREE 的 XML-T6）功率已经达到 10 W，其正向电压为 3.3 V，正向电流为 3 A。贴片封装 0805、1206 为小功率管，其工作电流一般为 10 mA；贴片封装 3014、3528、3535

为小功率管,其工作电流一般为 20 mA～50 mA;贴片封装 5050、5060、5630 为中功率管,其工作电流一般为 50 mA～150 mA;大功率 LED 全是贴片封装,标称 1 W 的 LED 工作电流一般为 350 mA。

6)按大功率白光 LED 分类

大功率白光 LED(照明用)分为单芯片封装和多芯片封装形式,其功率有 1 W、3 W、5 W、7 W、10 W、15 W、20 W、100 W 等。单个大功率 3 W 白光 LED 的工作电流为 0.75～0.9 A,工作电压为 3～3.6 V。多核心大功率产品采用多个单核心的发光体,排成发光体阵列,封装在同一个散热基板上,其优点是产品的功率很容易超过 10 W,缺点是由于发光体面积大,不容易实现聚焦,而且随着功率越大,驱动需求也越高,很多芯片的 LED 都要求 10～20 V 的驱动电压和 1 A 左右的驱动电流。单个大功率白光 LED 的正向压降为 3～4 V,在额定状态下,1 W 白光 LED 的工作电流为 350 mA;3 W 白光 LED 的工作电流为 700 mA～1 A;而 5 W 白光 LED 的工作电流为 800 mA,正向压降为 7 V(2 个芯片),以满足功率要求;10 W 白光 LED 的工作电流为 800 mA,正向压降为 17 V(4 个芯片);15 W 白光 LED 的工作电流为 700 mA,正向压降为 25 V(6 个芯片);20 W 白光 LED 的工作电流为 700 mA,正向压降为 34 V(8 个芯片);100 W 白光 LED 的工作电流为 3 A,正向压降为 36 V(10 个芯片)。

3. LED 的正常工作条件

要点亮 LED 必须向其提供足够大小的正向电压和工作电流。由于功率不同或者发光颜色不同,它们的导通电压和工作电流是不一样的。LED 的正常工作条件如下。

(1)正向电压必须大于 LED 的导通电压,工作电流必须足够大才能点亮 LED。

对于小功率(0.06～0.1 W)LED,点亮红光、黄光 LED 的导通电压为 1.75～1.83 V,工作电流为 20 mA;点亮橙光 LED 的导通电压为 2～2.13 V,工作电流为 20 mA;点亮普通绿光 LED 的导通电压为 2～2.13 V,工作电流为 20 mA;点亮蓝光、白光、超亮绿光 LED 的导通电压为 3.35～3.45 V,工作电流为 20 mA。

对于中功率(0.2～0.5 W)LED,点亮红光、黄光 LED 的导通电压为 2 V;点亮绿光、蓝光、白光 LED 的导通电压为 3.2 V,工作电流为 50～150 mA;点亮贴片封装的 5050 0.2 W 白光 LED 的导通电压为 3.3 V,工作电流为 60 mA;点亮 5630 0.2 W 白光 LED 的导通电压为 3.3 V,工作电流为 60 mA。

对于大功率(1 W 及以上)LED,点亮 1 W 红光、黄光 LED 的导通电压为 2.2～2.6 V,工作电流为 350 mA;点亮 1 W 绿光 LED 的导通电压为 2.2～2.8 V,工作电流为 350 mA;点亮 1 W 蓝光 LED 的导通电压为 3～3.7 V,工作电流为 350 mA;点亮 1 W 白光 LED 的导通电压为 2.8～4 V,工作电流为 350 mA;点亮 3 W 白光 LED 的导通电压为 3.05～4.47 V,工作电流为 700 mA;点亮 5 W 白光 LED 的导通电压为 3.16～4.47 V,工作电流为 1 A;点亮 10 W 白光 LED(如 CREE 公司的 XML-T6)的导通电压为 3.3 V,工作电流为 3 A。

(2)采用恒流或脉冲驱动。LED 所允许的额定电流随着环境温度的升高而降低。例如,在环境温度为 25 ℃时 LED 的额定电流为 30 mA,当环境温度升高到 50 ℃时,其额定电流降低到 20 mA。在此情况下,为了防止 LED 烧坏,驱动电流必须限制在 20 mA 之内。为避免 LED 的驱动电流超过最大额定值,影响其可靠性,同时获得预期的亮度要求,保证各个 LED 亮度和色度的一致性,应采用恒流驱动,而不采用恒压驱动。

(3)采用最佳光效控制的电流工作并考虑 LED 芯片的散热问题。LED 的光衰或其寿命

和其结温有直接的关系,散热不好结温就高,寿命就短。依照阿雷纽斯法,温度每降低 10 ℃,寿命就会延长为原来的 2 倍。Cree 公司发布的 LED 光衰和结温关系指出,结温控制在 65 ℃ 以下,光通量从 100%衰减到 70%的时间可以高达 10 万小时。基于综合因素考虑下,制造 LED 照明灯时通常使用的都是单个额定电流为 350 mA、功率为 1 W 的 LED。通过多芯片大型化,可改善 LED 发光效率,采取高光效封装及大电流化,可实现高亮度目标。改用高热传导率陶瓷或金属树脂封装形式,可以解决 LED 的散热问题。

4. LED 驱动电路

1) LED 需要电流源驱动

白炽灯表现为具备自稳定特性的纯电阻负载,可以直接用 AC220 V 工频电源供电。而 LED 是一个单向导通的非线性器件,其开启电压与发光颜色(半导体材料)有关。例如,红光 LED 的开启电压为 2 V,蓝光 LED 的开启电压为 3.5 V,如图 3-2(a)所示。不同生产批次的同一规格 LED 的开启电压可能相差很大,它会随工作电流的升高而升高。在输入电流恒定的情况下,LED 开启电压随着温度的升高而线性降低,如图 3-2(b)所示。例如,紫色超高亮 LED 的电压温度系数为 $K = -1.36$ mV/℃,蓝色超高亮 LED 的电压温度系数为 $K = -2.9$ mV/℃。LED 产生的光通量近似正比于流经该器件的工作电流,所以 LED 需要一个电流源来驱动。

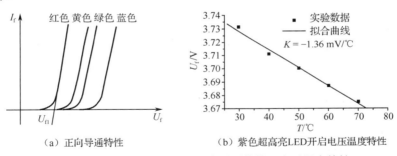

(a) 正向导通特性　　　　(b) 紫色超高亮LED开启电压温度特性

图 3-2　不同发光颜色 LED 正向导通特性及电压温度特性

2) 多个 LED 驱动连接方式

目前,在大多数 LED 光源中,需要连接多个 LED 到驱动器上,因为单个 LED 不能产生足够的光通量。多个 LED 连接使用时可以采用串联连接、并联连接或者混合连接。若多个 LED 采用串联连接,则 LED 链上的总电压等于各个 LED 正向电压之和(所有 LED 的工作电流均相等)。若连接的 LED 数量较多,则需要一个很高的驱动电压,并且会增加驱动电路的设计难度。若多个 LED 采用并联连接,则总驱动电流将分配到各支路中。由于 LED 的开启电压会随着温度的升高而降低,电流较大的支路会使 LED 温度升高更快,其结果是正向电压较低的支路电流将会越来越大,这些支路上的 LED 将变得更亮,容易过载而损坏,而那些具有较高正向电压的支路将变得更暗,因此这种连接方式本质上是不稳定的。不过,多个 LED 采用并联连接(或者小组串联后再并联组合)的优点是:它允许大量 LED 用一个合适的电源电压来驱动,通过在支路中串联一个合适的限流电阻器来限制 LED 的工作电流,以提高 LED 工作的可靠性。

3) 限流电阻器驱动电路

限流电阻器驱动电路如图 3-3 所示。限流电阻器 R 与单个或多个 LED 串联连接,LED

的工作电流可以通过 $I = (U - U_F)/R$ 来计算。其中，U 为支路两端电压，U_F 为 LED 正向电压（若采用多个 LED 串联连接，则 U_F 为多个 LED 的正向电压之和），R 为支路串联电阻，只要选择合适大小的电阻，就能保证 LED 按正常工作电流运行。直流稳压电源的输出电压要求应根据实际驱动 LED 的数量及各个串联电路电压之和来确定。这种电路的优点是：电路简单、成本较低；其缺点是：电流稳定度较低，电阻器消耗功率导致用电效率较低，效率一般为 20%～50%。为提高 LED 工作的可靠性，宜采用先分小组内串联连接、小组间并联连接，再串联连接的方案（图 3-3 中的串并串接法），而不采用分大组并联连接方案（图 3-3 中的串并接法）。这是因为如果某一个 LED 损坏开路，就会导致该大组内 LED 均不亮，进而出现整个灯具的照明亮度明显下降的故障。

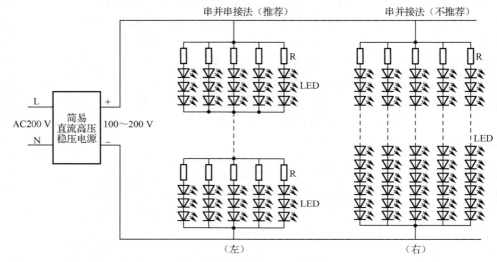

图 3-3　限流电阻器驱动电路

4）电容器降压驱动电路

电容器降压驱动电路为利用两个反并联的 LED 对电容器降压后的交流电进行整流，同时为 LED 提供工作电流，如图 3-4 所示。该电路广泛应用于夜光灯、按钮指示灯及一些要求不高的信息指示灯等场合。如果 LED 的正向电压为 3 V，工作电流为 20 mA，则其电容应取

$$C = \frac{1}{2\pi f X_C} \approx \frac{I_C}{2\pi f U_C} \approx \frac{0.02}{2 \times 3.14 \times 50 \times (220-3)} \approx 2.9 \times 10^{-7} \text{ F} = 0.29 \text{ μF}$$

电容器耐压为 400 V，与电容器并联的电阻器的电阻一般取 1 MΩ，用于断电时给电容器提供放电通路。这种驱动电路的优点是：电路简单、体积小、成本低；缺点是：输出电压不稳定、非隔离不安全、电流稳定度低、用电效率低（50%～70%），仅适用小功率 LED 照明灯（电流小于或等于 60 mA）使用。

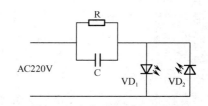

图 3-4　电容器降压驱动电路

由 C_1、R_2、R_3、VT_1 等组成光控路灯电路，如图 3-5 所示。C_1 的容抗为 $X_{C_1} = 1/(2\pi f C_1) \approx 1/(2 \times 3.14 \times 50 \times 0.22) \approx 14.476$ kΩ。假定白光 LED（$VD_5 \sim VD_8$）的正向电压为 3 V，则 C_2 两端的直流电压为 12 V。整流管 $VD_1 \sim VD_4$ 的交流输入电压为 10 V，所以流过 C_1 的电流为 $I_{C_1} = (220 - 10)/14\,476 \approx 0.014\,5$ A。在夜晚或者光线较暗时，R_2 的电阻可达到 100 kΩ 以上，

这时 C_2 两端的电压经 R_2、R_3 分压后提供给 VT_1 基极的直流偏置电压很小，VT_1 截止，LED 点亮工作；在白天或光线较亮时，由于光线作用 R_2 的电阻减小到 10 kΩ 以下，这时 VT_1 导通，由于通过 C_1 的电流最大只能达到 15 mA，且 VT_1 的分流，C_2 上的电压可降低到 4 V 以下，以使 LED 处于不亮状态。由于 C_1 不消耗有功功率，泄放 R_1 消耗的功率可忽略不计，因此整个电路的功耗为 10 × 0.015 ≈ 0.15 W。

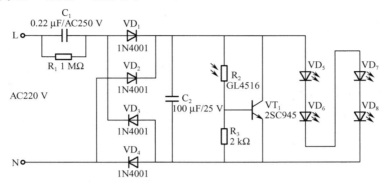

图 3-5　电容降压的光控路灯电路

5）线性恒流驱动电路

由于 LED 的工作电流随着正向电压的升高而呈现较大幅度的线性增长，而正向电流的较大增长容易引起 LED 结温升高而损坏，为此可以利用集成稳压器输出电压稳定的特点，将其先通过一个电阻器再与 LED 电路串联连接，从而实现 LED 工作电流的稳定，这就是线性恒流驱动电路，如图 3-6 所示。AC220 V 电压经过 VD_1～VD_4 桥式整流和 C_1 滤波后可以得到 DC311 V 电压。在 LM317 的 3 脚与 1 脚之间电压恒为 1.25 V，改变 R_1 的电阻可改变 LED 的工作电流，其工作电流约为 0.018 A，以确保 LED 恒流工作。该电路简单，稳流精度较高，但效率不高，一般只有 40%～60%。当 LM317 压差较大时需要加散热器，适用于中小功率 LED 照明灯。

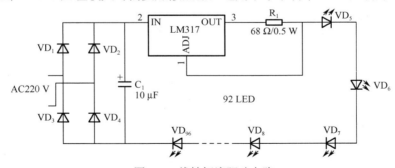

图 3-6　线性恒流驱动电路

6）开关稳压电源驱动电路

为了提高用电效率，采用开关稳压电源驱动电路，效率可达 80%～90%。例如，理光公司生产的 R1211 系列产品采用了 CMOS 工艺，是具有电流控制功能的低功耗开关式升压变换器，具有 1.4 MHz 的固定开关频率，因而可最大限度地减小输入和输出纹波，尤其适合要求输入和输出噪声低的 LED 驱动应用场合。R1211 系列产品共有 2 种封装 R1211D（SON-6 封装）和 R1211N（SOT23-6W 封装）。每种封装分别有 4 种规格，分别有 A 类，R1211D（N）002A：工作频率为 700 kHz，要求 AMPOUT 端外接相位补偿阻容元器件；B 类，R1211D（N）

002B：工作频率为 700 kHz，要求 CE 端外接芯片使能控制信号（加 1.5～6 V 高电平时，芯片工作；加低电平时，芯片不工作）；C 类，R1211D（N）002C：工作频率为 300 kHz，要求 AMPOUT 端外接相位补偿阻容元器件；D 类，R1211D（N）002D：工作频率为 300 kHz，要求 CE 端外接芯片使能控制信号（加 1.5～6 V 高电平时，芯片正常工作；加低电平时，芯片停止工作）。R1211 系列产品的封装及引脚排列如图 3-7 所示。R1211 系列产品的引脚功能说明如表 3-2 所示。

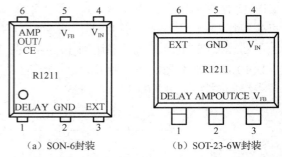

图 3-7　R1211 系列产品的封装及引脚排列

表 3-2　R1211 系列产品的引脚功能说明

引脚编号		端　号	功　能　说　明
SON-6 封装	SOT-23-6W 封装		
1	1	DELAY	外接电容器（用于设定输出延时）
2	5	GND	接地
3	6	EXT	外部 FET 驱动（通过 CMOS 管输出）
4	4	V_{IN}	电源输入引脚
5	3	V_{FB}	监视输出电压的反馈引脚（反馈电压为 1 V）
6	2	AMPOUT/CE	放大器输出脚（对于 A 类和 C 类产品）或者芯片使能端（对于 B 类和 D 类产品，高电平有效）

R1211 系列产品是专门驱动 2～4 个白光 LED 的芯片，适用于单节锂离子电池或普通干电池组供电（2.5～5.5 V）的场合，具有电路尺寸小、高效率和匹配白光 LED 亮度的特点，其驱动 LED 应用电路如图 3-8 所示。芯片内部采用 PWM 方式，最大占空比为 90%，由 EXT 端输出脉冲信号，控制 Q_1（型号为 IRF7601）的导通与截止。在 Q_1 导通时，电源电压 U_i 使电感器 L_1 中的电流逐步升高而储能；当 Q_1 由导通变为截止时，L_1 中的储能先经过开关二极管 VD_1（型号为 CRS02），再经电容器 C_3 滤波后可以产生高达 15 V 的输出电压，驱动 LED 工作。芯片内有软启动延时功能，可以通过外接电容器 C_2 来调节延迟时间，当 C_2 的电容取 0.22 μF 时，延迟时间为 10 ms。芯片内部的控制电路会根据 V_{FB} 端的电压来控制 Q_1 的导通与截止，所以电路会稳定输出电压。LED 的工作电流由 V_{FB} 端的电阻器 R_1 决定，根据 $I_{LED} = U_{FB}/R_1$（其中 $U_{FB}=1$ V）设置。在图 3-8 中，C_1 为退耦电容器，其电容取 4.7 μF；C_3 为滤波电容器，其电容取 10 μF；CE 端为外加芯

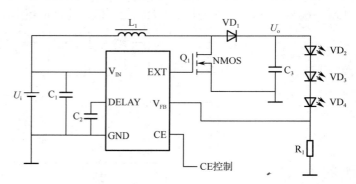

图 3-8　R1211 系列产品驱动 LED 应用电路

片使能控制信号，接高电平（1.5～6 V）时芯片正常工作，接低电平时芯片停止工作（进入待机状态）。

5. LED 发光强度的调节控制

1）改变正向电流或采用 PWM 来调节 LED 发光强度

以 1 W 白光 LED（额定电流为 350 mA）的正向电流与发光强度的关系为例，当 LED 的正向电流为 350 mA 时，其发光强度为 1 cd，当 LED 的正向电流降至 175 mA 时，其发光强度变为 0.5 cd，说明 LED 的正向电流在低于额定电流时，其发光强度与正向电流之间基本保持线性关系。因此，通过改变正向电流可以很好地调节 LED 的发光强度。如果要把 20 mA 的 LED 的发光强度调节到正常亮度的 25%，可以把电流直接调到 5 mA，也可以让 LED 以 20 mA 的电流亮 25% 的工作时间，灭 75% 的工作时间，如此循环，当这个循环足够快（大于 100 Hz），人眼就不会有闪烁感，这种调节工作时间的方法就是 PWM。PWM 调光的优点是系统简单，特别是需要做多路调光时。另外由于 LED 工作时的电流一直都是额定电流，所以不存在调节电流的光强线性度与光谱偏移的问题。

通过改变驱动电流、驱动脉冲宽度或频率，就可调节 LED 的发光强度。在 LED 的 PWM 调光控制下，LED 的发光强度正比于 PWM 的脉冲占空比，用这种方法调光，可以实现调光比 3 000∶1，且能保持 LED 的发光颜色不变，远大于电流调光比 10∶1。

2）改变正向电流调节 LED 发光强度存在的问题

（1）正向电流的持续降低会引起红移现象。随着正向电流的降低，LED 的光谱波长会变长，即红移现象（白光灯珠则表现为色温变暖）。虽然人对色温的变化并不是太敏感，但对色彩的变化还是非常敏感的，所以在采用 RGB 构成 LED 的照明系统中，就会引起彩色的偏移。

（2）引起电源电压和负载电压之间的失配问题。由 LED 的伏安特性可知，正向电流的变化会引起正向电压的相应变化，确切地说，正向电流的降低也会引起正向电压的降低。所以在把正向电流调低时，LED 的正向电压也就跟着降低，即负载电压会降低，这就会改变电源电压和负载电压之间的匹配关系，从而使 LED 产生闪烁现象。

（3）引起降压型恒流源温升增高而过热保护。当正向电流降低引起正向电压降低时，降压型恒流源的降压比会增大，而降压比越大，降压型恒流源的效率越低，损耗在芯片上的功耗越大。LED 长时间于低亮度下工作有可能会使降压型恒流源效率降低，温升升高而无法工作。

（4）调节正向电流无法得到精确调光。因为正向电流和光输出并不是完全正比关系，而且不同的 LED 会有不同的正向电流和光输出关系曲线。所以，用改变正向电流调节 LED 发光强度的方法很难实现精确的光输出控制。

3）LED 调光驱动电路

PT4107 是一种高压降压型 LED 调光驱动芯片，可以在 25 kHz～300 kHz 频率范围内控制外部 MOS 管的通断，能适用于 DC18～450 V 的输入电压范围，支持从毫安级至安级（最大电流由 GATE 端的外接场效应管确定）输出电流的 LED 驱动应用，支持线性调光（改变外接电阻器的电阻，就能改变 MOS 管的通断频率）和 PMW 调光（改变外加数字脉冲信号的占空比）。PT4107 采用 SOP-8 封装，其引脚排列及说明如图 3-9 所示。

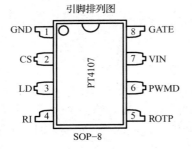

引脚	端号	描述
1	GND	芯片地
2	CS	LED电流采样输入端
3	LD	线性调光输入端
4	RI	振荡电阻输入端
5	ROTP	过温保护设定端
6	PWMD	PWM调光输入端，兼做使能端。芯片内部有电阻为100 kΩ的上拉电阻器
7	VIN	芯片电源
8	GATE	驱动外部MOSFET栅极

图 3-9　PT4107 的引脚排列及说明

由 PT4107 和外围元器件构成的高压降压型 LED 调光驱动电路如图 3-10 所示。交流电压经 VD$_1$ 桥式整流和 C$_1$、C$_2$ 滤波后，得到直流输入电压（18～450 V），经 R$_1$ 向 PT4107 提供电源电压（芯片内部嵌位在 20 V），C$_4$ 为退耦电容器。该直流输入电压经 C$_4$ 退耦后向 LED 提供工作电压。LED 的工作电流由 Q$_1$（增强型 NMOS 管 4N60）控制，电感器 L$_1$ 起到稳定 LED 工作电流的作用，肖特基二极管 VD$_2$ 的主要作用是在 Q$_1$ 由导通变为截止时为 L$_1$ 提供能量释放通道。

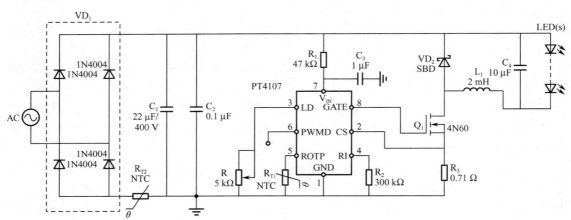

图 3-10　由 PT4107 和外围元器件构成的高压降压型 LED 调光驱动电路

PT4107 的 3 脚外接电位器 R，实现 LED 亮度的调节。改变 R 的电阻即可调整 PT4107 8 脚输出脉冲的频率（在 25 kHz～300 kHz 范围内变化），实现 LED 亮度的调节。从 PT4107 的 6 脚外加低频可变占空比的数字脉冲，实现 LED 亮度的调节。同时，6 脚兼有片选使能功能。当把 6 脚接到低电平时，该芯片将停止工作。

当 PT4107 的 5 脚外接一个负温度系数热敏电阻器 R$_{T1}$（常温时其电阻大于 12.5 kΩ），内部从 5 脚流出的电流（单位：μA）为 $I_{ROTP} = 24\,000/R_2 = 24\,000/300 = 80$。

从 PT4107 5 脚流出的电流流过 R$_{T1}$ 会产生电压。当温度升高使 R$_{T1}$ 电阻低于 12.5 kΩ（5 脚电压低于 1 V）时，芯片内的控制器将立即关闭整个系统，实现对 LED 的过热保护。直到过热的环境消失后，R$_{T1}$ 的电阻大于 12.5 kΩ，系统将通过滞回电路自动恢复正常的工作模式。

PT4107 的 4 脚外接电阻器 R$_2$，除控制过热保护的参考电流 I_{ROTP} 外，还控制振荡器的工

作频率（单位：kHz）$f = 30\,000/R_2$。当 $R_2 = 300\,\text{k}\Omega$ 时，振荡器的工作频率为 $100\,\text{kHz}$。如果用 PT4107 驱动少于 5 个 LED 的串联电路时，推荐使用更低工作频率的振荡器。

PT4107 的 2 脚外接电阻器 R_3，对 LED 工作电流进行取样，该电阻器上的取样电压直接传递到该引脚。当 2 脚电压超过内部电流采样阈值电压（275 mV）时，8 脚处的驱动信号就终止，使 Q_1 关闭。所以，LED 的工作电流（单位：mA）为

$$I_{\text{LED}} = 275/R_3 = 275/0.71 \approx 387$$

即改变 R_3 即可改变 LED 的工作电流。

使用热敏电阻器 R_{T2} 和桥式整流电路串联，可以有效防止在电路启动过程中 C_1 充电电流过大的问题，同时电路正常工作后应尽可能地降低该热敏电阻器的功耗问题。根据经验，在最大输入电压时，热敏电阻器的选择要防止浪涌电流超过正常工作电流的 5 倍。若输入电压为 AC220 V，LED 的平均电流为 350 mA，热敏电阻器的电阻在额定值的基础上上浮 50%，能起到更好地保护 LED 的作用，则有

$$R_{T2} = 1.5 \times 1.414 \times 220/(5 \times 0.35) = 266.64\,\Omega$$

可以选择 300 Ω、工作电流大于 0.35 A 的热敏电阻器。

6. LED 照明灯的可靠性

LED 照明灯驱动电源寿命偏低的一个重要因素是驱动电源所需的铝电解电容器的寿命较短。而铝电解电容器寿命较短的原因是长时间工作时 LED 照明灯内部的环境温度很高，致使其电解液很快被耗干，寿命大为缩短，通常只能工作 5 千小时左右。因为 LED 照明灯驱动光源的寿命是 5 万小时，所以铝电解电容器的寿命就成为 LED 驱动电源寿命偏低的原因。能否用其他电容器来代替铝电解电容器呢？由于薄膜电容器要达到与铝电解电容器相同的电容（通常为 100 μF～220 μF），其体积就会很大，并且成本太高；陶瓷电容器通常电容太小，如用多个陶瓷电容器达到与铝电解电容器相同的电容，则占用 PCB 的面积太大，并且成本太高；钽电解电容器要达到与铝电解电容器相同的电容，其耐压太低达不到需求，并且成本太高；如果换成电容较小的电容器，消除纹波的作用就没有那么好，许多出口产品所需的认证目标（如 EMI 测验和无闪烁测验）就无法通过，因此当前高质量的 LED 照明灯驱动电源仍普遍选用铝电解电容器。

某家公司推出了一款 TRIAC 集成市电调光驱动的 13 W LED 灯泡，它选择了 NXP 公司的 SSL2102 开关稳压电源控制器及铝电解电容器。通常来说，最靠近 LED 照明灯驱动光源部位的温度最高，可达到 100 ℃～200 ℃，散热金属外壳的温度通常在 100 ℃左右，灯尾的温度最低，通常在 70 ℃左右。若将铝电解电容器安装在灯尾处，则其寿命就不会衰减得太快，它的寿命可达到 1 万小时左右。例如，以明纬 LED 照明灯驱动电源 HLG-150H-24 机型为例，它采用 10 000 小时、105 ℃最高等级电解电容器，因电解电容器效率高达 93%，在环境温度 60 ℃下对其进行测试时，电解电容器的温升低且不会超过 80 ℃，经实测后计算得 LED 照明灯寿命可达 7 万多小时。因此，采用电解电容器的驱动电源对灯具寿命是否造成影响，取决于 LED 照明灯所用电源与搭配上。如果采用高效率的电路设计，且零件设计使用高品质电解电容器的驱动电源，才能提高 LED 照明灯寿命。

3.1.5 任务评价

在完成 LED 照明基础知识学习任务后，对学生主要从主动学习、高效工作、认真实践的

电子产品原理分析与故障检修（第 2 版）

态度，团队协作、互帮互学的作风，掌握 LED 电学特性及正常工作条件，能分析与检修 LED 驱动电路，具备 LED 灯珠的安装与焊接技能，树立为国家、人民多做贡献的价值观等方面进行评价，并采用学生自评、小组互评、教师评价来综合评定每一位学生的学习成绩。LED 照明基础知识学习任务评价如表 3-3 所示。

表 3-3　LED 照明基础知识学习任务评价

评价指标	评价要素	分值	学生自评（10%）	小组互评（20%）	教师评价（70%）	得分
LED 的照明原理、电学特性与正常工作条件	能识读 LED 封装，熟悉 LED 照明原理与电学特性，能分析与创造 LED 正常工作条件	20				
LED 的驱动电路、亮度调节控制及故障检修	能根据实际需要选择合适类型的 LED 及驱动电路；能分析 LED 驱动电路的工作过程；能对故障 LED 驱动电路进行检修；能按工艺要求完成焊接任务	50				
文档撰写	能撰写 LED 驱动电路的原理分析与使用报告，包括摘要、正文、图表符合规范性要求	20				
职业素养	符合 7S（整理、整顿、清扫、清洁、素养、安全、节约）管理要求，具有认真、仔细、高效的工作态度，树立为国家、人民多做贡献的价值观	10				

任务 3.2　LED 应急照明灯

扫一扫看 LED 应急照明灯电路微课视频

3.2.1　任务目标

（1）了解消防应急照明灯的类型及应用场所。
（2）掌握 LED 应急照明灯的结构及主要功能。
（3）掌握 LED 应急照明灯电路的分析方法。
（4）能对 LED 应急照明灯电路的故障进行维修。

3.2.2　任务描述

应急灯是指当 AC220 V 工频电源发生故障时，正常照明无法使用的情况下启动的照明灯。例如，因为火灾导致正常照明系统出现故障时，消防应急照明灯会自动亮起，起到疏散人群、提供照明、帮助消防救援的作用。LED 应急照明灯是由 LED 提供应急照明的应急灯，一般由充电电池供电，当市电断电时可立即启动应急照明功能，也可通过外接开关控制应急照明功能。LED 应急照明灯可为学校、商场、车间、仓库、巷道等场所提供应急照明。它具有应急时间长、亮度高、安全可靠、转换速度快等优点。按功能划分，应急灯可分为备用照明灯、安全照明灯和疏散照明灯。备用照明灯是指当正常照明灯不能工作时，为保证正常活动继续而启动的应急灯。备用照明灯多安装在油漆、化工、航天航空、热处理车间、通信中心、交通枢纽、消防控制室等场所，其光照度通常为 0.5～10 lx。安全照明灯是指照明系统出现故障时，确保处于潜在危险中的人员安全的应急灯。安全照明灯多安装在热处理车间、医院、电梯间等场所。这类灯具的转换速度快，通常在照明系统出现故障后的 0.5 s 内启动，其光照度为正常照明灯的 5% 以上。在特殊场所如手术室，其光照度和正常照明灯相同。疏散照明灯是指一旦发生火灾等灾害时，为了保证疏散通道被人快速有效辨认，为疏散通道启动照明或方向指示的应急灯，有利于在灾害发生时将人员疏散到安全的地方。疏散照明灯多安装在工厂、酒店、学校、商场、医院等公共场所的楼梯间、走廊、安全出口等。

学生要学会检修 LED 应急照明灯，熟悉 LED 应急照明灯的电路组成与工作原理，掌握 LED 应急照明灯的主要功能、内部结构特点及关键参数，能用万用表检测与判断单元电路与主要元器件的好坏，并对故障元器件进行更换与维修。LED 应急照明灯的常见故障有接通 AC220 V 电源后全部指示灯均不亮，这类故障可能是直流供电电路不正常引起的，也可能是全部指示灯电路均不正常引起的，可通过万用表检测电路关键点电压和电阻来判断具体的故障部位；接通 AC220 V 电源后绿色指示灯（主电状态指示灯）亮、红色指示灯（充电状态指示灯）不亮、黄色指示灯（故障状态指示灯）不亮，这类故障可能是电池两端电压接近充满电压但又低于开路电压引起的，还可能是红色指示灯电路与黄色指示灯电路均不正常引起的，可通过万用表检测电池两端电压、红色指示灯两端电压与黄色指示灯两端电压来判断具体的故障部位；接通 AC220 V 电源后绿色指示灯和黄色指示灯均亮，这类故障可能是与电池串联的熔断器熔断、电池损坏、充电电路开路引起的，还可能是黄色指示灯电路不正常引起的，可通过万用表测量电压或电阻来判断具体的故障部位；接通 AC220 V 电源后绿色指示灯和红色指示灯均亮，但不能实现应急切换功能，这类故障可能是应急切换电路不正常所引起的，只要检查相关元器件即可找到具体的故障部位。

3.2.3 任务准备——消防应急照明灯

1. 消防应急照明灯

消防应急灯是指在火灾发生时，为人员疏散、消防作业提供标志或照明的各类灯具。其中，消防应急照明灯是指为人员疏散或消防作业提供照明的消防应急灯。消防应急照明标志灯是指同时具备消防应急照明灯和消防应急标志灯功能的消防应急灯。消防应急照明系统主要包括事故应急照明、应急出口标志及指示灯，是在发生火灾时正常照明电源切断后，引导被困人员疏散或展开灭火救援行动而设置的照明系统。消防应急照明灯平时利用外接电源供电，在外接电源断电时自动切换为内部备用电源供电。一般高层建筑、教学楼、商场、娱乐场所等人员密集的场所都会配置消防应急灯。图 3-11 给出了消防应急灯的应用实例。

　　（a）应急照明灯　　　　　　　（b）应急标志灯　　　　　　（c）应急照明标志灯

图 3-11　消防应急灯的应用实例

2. 消防应急照明灯的分类

消防应急照明灯按应急供电形式可以分为自带电源型（电池装在灯具内部或附近）、集中电源型（灯具内无独立的电池而由集中供电装置供电）、子母电源型（子应急灯由母应急灯供电）应急照明灯；按用途可以分为标志灯、照明灯及照明标志灯；按工作方式可以分为持续型（交直流均可点亮灯具，交流充电）、非持续型（直流点亮灯具，交流充电）应急照明灯；按应急实现方式可以分为独立型（单灯独立控制由主电状态转入应急状态）、集中控制型（工作状态由控制器控制）、子母控制型（由母应急灯控制子应急灯的应急状态）应急照明灯。

3. 消防应急照明灯的主要功能

消防应急照明灯是一种十分重要的照明装置，它可以在外接电源断电时自动切换为内部备用电源供电，在外接电源恢复正常供电时自动对后备蓄电池充电，并有充电保护功能。由于它涉及建筑物发生火灾时人员的安全疏散、消防应急照明和指示等，因此其在消防救援中扮演着十分重要的角色，甚至被人们称作"生命之灯"。

目前，由于消防应急照明灯采用了先进的控制电路，其主要功能如下。

（1）自动切换功能。当市电发生断电时，内置的控制电路在 5 s 内（高危险区域在 0.25 s 内）自动切换为内部备用电源供电，进入应急状态。当市电恢复供电时，自动切回充电状态。

（2）恒流充电功能。充电时，红色指示灯和绿色指示灯均点亮，充满电时，红色指示灯熄灭，此时转入涓流充电；绿色指示灯显示主电状态，市电正常接入即点亮。

（3）故障检测功能。如与电池串联的熔断器的熔丝熔断或者接触不良，或者充电电路不正常，内置的自检电路将自动点亮黄色指示灯。

（4）过放电保护功能。当电池电压放电到额定电压的 80%时，电子开关立即切断放电电路，以确保电池的长寿命。

（5）模拟主电断电的试验功能。在主电正常供电的条件下，按下试验按键等同于切断外接电源，用于模拟主电断电的试验。

4. 消防应急照明灯的主要技术指标

消防应急照明灯的主要技术指标如下。

（1）主电源应采用 220 V（应急照明集中电源可采用 380 V）、50 Hz 交流电源，主电源降压装置不应采用阻容降压方式，安装在地面灯具的主电源应采用安全电压，因为有接触触电的危险。

（2）控制电路的应急切换时间不应大于 5 s；高危险区域的应急切换时间不应大于 0.25 s。

（3）控制电路的应急工作时间不应小于 90 min，且不小于灯具本身标称的应急工作时间。

（4）消防应急标志灯的表面亮度应满足：仅用绿色或红色图形作为标志的标志灯，其表面最小亮度不应小于 50 cd/m^2，最大亮度不应大于 300 cd/m^2；用白色与绿色组合或白色与红色组合图形作为标志的标志灯，其表面最小亮度不应小于 5 cd/m^2，最大亮度不应大于 300 cd/m^2。

（5）消防应急照明灯应急状态光通量不应低于其标称的光通量，且不小于 50 lm。

（6）消防应急照明灯应设主电、充电、故障状态指示灯。指示灯的颜色：主电状态用绿色，充电状态用红色，故障状态用黄色。

（7）灯具应有过充电保护，充电电路开路、短路保护，充电电路开路或短路时灯具应点亮黄色指示灯，其内部元器件表面温度不应超过 90 ℃。重新安装电池后，灯具应能正常工作。灯具的充电时间不应大于 24 h，最大连续过充电电流不应超过 0.05C_5A（若电池容量为 1 000 mAh，则 0.05C_5A 表示 0.05 倍电池容量电流，即 50 mA；C_5 表示连续 5 h 放电的电池）。使用免维护铅酸电池时，最大过充电电流不应大于 0.05C_{20}A。

（8）灯具应有过放电保护。镍氢电池放电终止电压不应小于额定电压的 80%（使用铅酸电池时，电池终止电压不应小于额定电压的 85%），放电终止后，在未重新充电条件下，消防应急照明灯不应重新启动，且静态泄放电流不应大于 $10^{-5}C_5A$（铅酸电池静态泄放电流不应大于 $10^{-5}C_{20}A$）。

（9）当主电电压为主电额定电压的 85%～110%时（187～242 V），不应转入应急状态。

（10）控制电路由主电状态转入应急状态时，主电电压应为主电额定电压的 60%～85%（132～187 V）。由应急状态恢复到主电状态时主电电压不应小于主电额定电压的 85%（187 V）。

（11）控制电路应有下列自检功能。

① 控制电路持续工作 48 h 后每隔（30±2）d 应能自动由主电状态转入应急状态，并在持续 30～180 s 后自动恢复到主电状态。

② 控制电路持续在主电状态工作一年后应能自动由主电状态转入应急状态并持续至放电终止，且能自动恢复到主电状态，持续应急工作时间不应小于 30 min。

③ 控制电路应有手动自检（模拟应急切换）功能，手动自检不应影响自动自检计时，如电路断电且应急工作至放电终止后，应在接通电源后重新开始计时。

④ 控制电路在不能完成自检时，应在 10 s 内发出故障声、光信号，并保持至故障排除。

（12）消防应急照明灯的主电源输入端与壳体之间的绝缘电阻不应小于 50 MΩ，有绝缘要求的外部带电端子与壳体间的绝缘电阻不应小于 20 MΩ。

（13）消防应急照明灯的主电源输入端与壳体间应能耐受频率为 50×(1±1%) Hz、电压为 1 500×(1±10%) V、时间为（60±5）s 的试验。消防应急照明灯的外部带电端子（直流额定电压小于或等于 50 V）与壳体间应能耐受频率为 50×(1±1%) Hz、电压为（500±10%）V、时间为（60±5）s 的试验。试验期间，消防应急照明灯不应发生表面飞弧和击穿现象，试验后，消防应急照明灯应能正常工作。

5. LED 应急照明灯的特点

LED 应急照明灯是由 LED 提供应急照明的应急灯，由于它具有 LED 照明的低功耗、长寿命、体积小、响应速度快、发光效率高等优点，容易满足消防应急照明灯的技术要求，因此它成为消防应急照明灯的首选灯型。LED 应急照明灯主要有以下特点。

（1）灯罩上设计了防眩功能，灯光更加柔和，能够减轻眼睛的视觉疲劳，提高工作效率。

（2）使用寿命长，使用寿命高达 10 万小时，不需要经常维护。

（3）外壳的轻质合金材料具有防水、防尘、抗腐蚀的性能。

（4）透明件是防弹胶材质，优点是透光率高和抗冲击性好，可以在各种恶劣环境下工作。

（5）采用了宽电压设计，输入交流电压范围为 85～300 V。

（6）具有自动切换和手动切换的应急功能，LED 应急照明灯分为工作中的正常照明灯（也具备应急照明功能）和纯粹的应急照明灯（平时处在关闭状态）。

3.2.4 任务实施——LED 应急照明灯

1. LED 应急照明灯的结构

LED 应急照明灯由降压整流与滤波电路、状态指示电路、电池充放电控制电路、应急切换控制电路、LED 应急照明电路、灯壳等几部分组成。平时，市电 220 V 通过 LED 光源与驱动电路驱动光源正常照明，同时通过降压整流与滤波电路对充电电池组进行电能补充，即使在下班后关断正常照明的情况下，降压整流与滤波电路仍然工作在充电状态，以使电池组始终处于满电量的备用状态。当遇到紧急情况，如市电突然断电时，应急切换控制电路将自动启动充电电池组供电，驱动LED继续照明并维持一定的时间。

这里以RH-311L型应急照明灯为例来介绍，其内部结构如图3-12所示。它由灯座、充电电池组、LED显示板1、LED显示板2、接线端子、控制主板、状态指示板组成。其中，灯座用于安装AC220 V节能灯泡，在主电供电时，通过外接开关控制照明的亮/灭；充电电池组（镍氢电池组）（3.6 V，300 mAh）在主电断电时，提供应急灯照明电源；LED显示板1和LED显示板2在主电断电时，提供应急照明光源；接线端子用于AC220 V电源输入、外接照明开关、灯座电源转接等；控制主板用于电源电压的降压、整流、滤波、充电与应急控制等；状态指示板用于主电、充电、故障等状态指示。

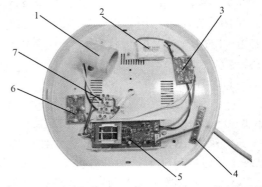

1—灯座；2—充电电池组；3—LED显示板1；4—状态指示板；
5—控制主板；6—LED显示板2；7—接线端子。

图3-12 RH-311L型应急照明灯的内部结构

2. RH-311L型应急照明灯的主要功能

RH-311L型应急照明灯是一种集正常照明、应急照明功能于一体的照明灯具，其主要功能如下。

（1）正常照明功能。当在灯座上安装节能灯泡后，在主电供电时闭合外接照明开关，由主电供电实现灯泡正常照明功能。

（2）应急照明功能。当主电突然断电时，自动切换为充电电池组供电，进入应急状态，由LED提供照明。当主电恢复正常供电后，自动切换为充电状态及恢复正常照明功能。

（3）主电指示与充电控制功能。绿色指示灯显示主电状态，市电正常接入即点亮，市电断电就熄灭。红色指示灯显示正常充电状态。正常充电时，红色指示灯点亮；充满电后，红色指示灯熄灭。

（4）故障检测功能。如与电池串联的熔断器的熔丝熔断或者接触不良，或电池充电电路不正常，内置的自检电路将自动点亮黄色指示灯。

（5）过放电保护功能。当电池组电压放电到额定电压的80%时，电子开关能自动切断电池的放电电路，以确保电池的长寿命。

（6）模拟主电断电的试验功能。在主电正常供电的情况下，按下试验按键等同于切断外接电源，可用于模拟主电断电的试验。

3. RH-311L型应急照明灯的控制电路分析

RH-311L型应急照明灯的控制电路主要由降压整流与滤波电路、状态指示电路、应急切换控制电路、LED应急照明电路组成，如图3-13所示。正常照明灯L_1由开关S_1控制，可实现正常照明功能。

项目3 LED应急照明灯电路与维修

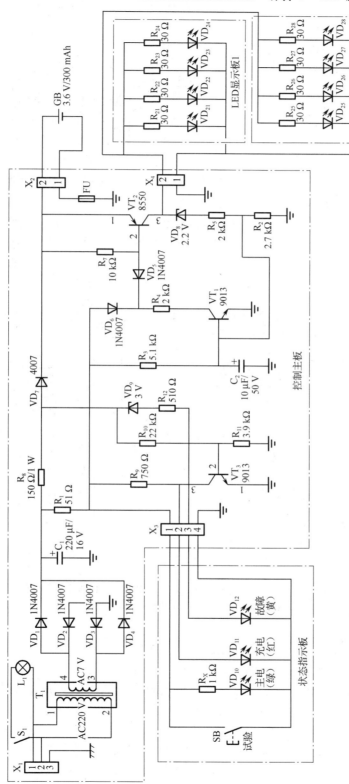

图3-13 RH-311L型应急照明灯的控制电路

1) 降压整流与滤波电路

降压整流与滤波电路如图 3-14 所示。AC220 V 电压经变压器 T_1 降压为 AC7 V 电压。AC7 V 电压经 $VD_1 \sim VD_4$ 桥式整流和 C_1 滤波后，得到 DC8.4 V 电压（对充电电池 GB 进行正常充电），供给充电电路和其他电路使用。

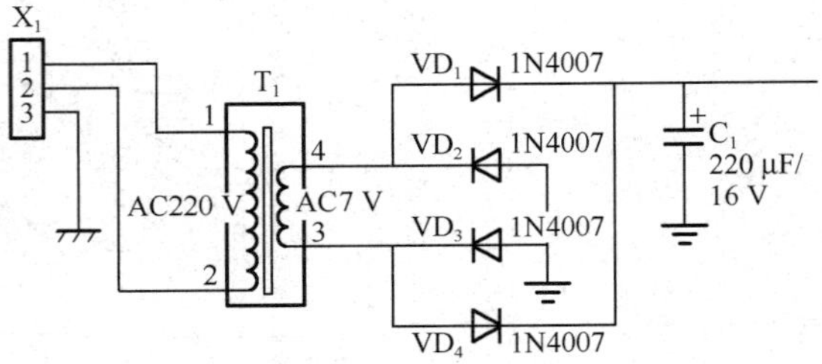

2) 状态指示电路

RH-311L 型应急照明灯的工作状态主要有主电状态、充电状态和故障状态，相应有主电、充电、黄色指示灯，各指示灯分别采用标准的绿光 LED、红光 LED 和黄光 LED 表示。根据控制要求，状态指示电路如图 3-15 所示。

图 3-14 降压整流与滤波电路

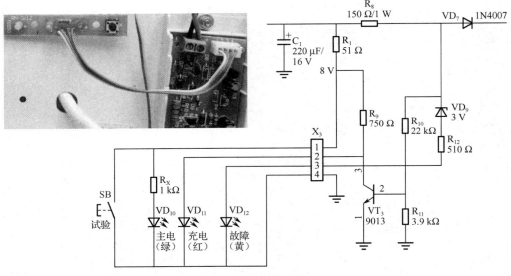

图 3-15 状态指示电路

（1）主电状态。当接通主电电源后，经降压整流与滤波后得到的 DC8.4 V 电压，经过 R_1、R_x 限流后，使 VD_{10} 点亮，VD_{10} 的导通电压为 2.2 V，正常显示电流为 5 mA～20 mA；主电断电后，VD_{10} 熄灭。

（2）充电状态。首次接通电源，直流电压经 R_8、VD_7 向 GB 充电。刚开始充电时，GB 电压较低，VT_3 截止，DC8.4 V 电压经 R_1、R_9 限流后，使 VD_{11} 点亮。VD_{11} 的导通电压为 1.8 V，正常显示电流为 5 mA～20 mA；当 GB 电压升高到 4.2 V 时，即 VD_7 左端电压达到 4.9 V，该电压经 $R_{10} \rightarrow R_{11} \rightarrow VT_3$（9013）形成通路，使 VT_3 导通，从而 VD_{11} 熄灭，正常充电结束，进入涓流充电。

（3）故障状态。在主电供电的情况下，当 GB 失效或者与之串联的熔断器的熔丝熔断后，施加的直流电压高于 8 V 使稳压管 VD_9 工作。该电压经过 R_{12} 使 VD_{12} 点亮。VD_{12} 的导通电压为 2 V，正常显示电流为 5 mA～20 mA。当主电断电后，VD_{12} 熄灭。

项目3 LED应急照明灯电路与维修

3）应急切换控制电路

应急切换控制电路如图 3-16 所示。当主电正常供电时，DC8.4 V 电压经 R_8、VD_7 限流后对 GB 充电，同时，DC8.4 V 电压经 R_1、R_3 对 C_2 充电，为应急切换做准备，并使 VT_1 导通，但由于 C 点电位高于 A 点电位，因此 VD_5 和 VT_2 均截止，切断电池的供电电路。

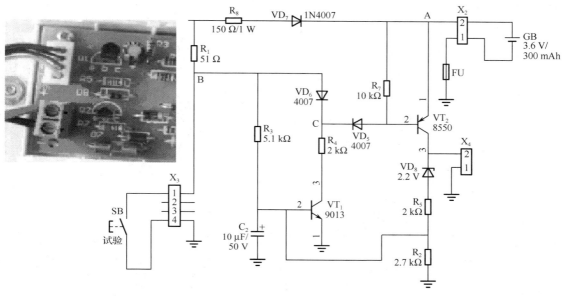

图 3-16 应急切换控制电路

当主电由供电转为断电时，C_2 上的电压使 VT_1 继续保持导通状态，C 点由高电位转为低电位，此时 A 点电位高于 C 点电位，VD_5 和 VT_2 均导通，由 GB 向 LED 应急照明电路供电。选择蓄电池容量为 3.6 V/300 mAh，在 LED 应急照明电路电流小于或等于 200 mA 的情况下，确保 LED 应急工作时间不小于 90 min。当 GB 电压放电到额定电压的 80%时，由于供电电压低于 VT_1 的导通电压而使之截止，进而使 VT_2 截止，自动切断 GB 的放电电路，以确保电池的长寿命。

在主电正常供电的情况下，如果按住试验按键 SB，以模拟主电断电使应急切换控制电路进入应急状态，松开试验按键恢复主电供电状态。

4）LED 应急照明电路

RH-311L 型应急照明灯的应急照明功能是由白光 LED 实现的。LED 应急照明电路如图 3-17 所示。

为了照明光线的均匀性，将应急照明电路做成 2 块显示板，分布在底座的两边，每块显示板上均安装了 4 个白光 LED，其导通电压为 3 V，正

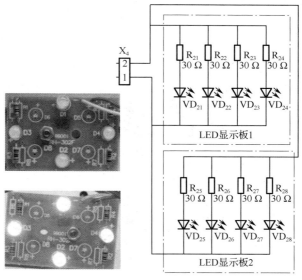

图 3-17 LED 应急照明电路

123

向工作电流为 10 mA～30 mA。同时，为了避免 LED 导通电压的离散性而导致功率消耗不均衡的问题，每个 LED 串联一个电阻器后再并联使用。在本设计中，因为 GB 容量为 3.6 V/300 mAh，共使用了 8 路白光 LED 电路，总的工作电流不能超过 200 mA，即每路 LED 电路的工作电流不能超过 25 mA，考虑到白光 LED 的导通电压为 3 V，故选取限流电阻为 30 Ω，以保证应急工作时间不小于 90 min。

4. RH-311L 型应急照明灯控制电路的仿真

根据 RH-311L 型应急照明灯的控制电路，在 Multisim 14 软件中绘制其仿真图，如图 3-18 所示。8 路白光 LED 电路可用一个蓝光 LED 和 5 Ω 电阻器串联电路来仿真。当 GB 的电压为 3.6 V 时，D10、D11 均点亮，D12 熄灭，说明应急照明灯工作正常。同样，可以验证当 GB 的电压为 4.2 V（充满电）、一端开路，按住试验按键 SB 等情况的仿真结果，请读者自行练习。

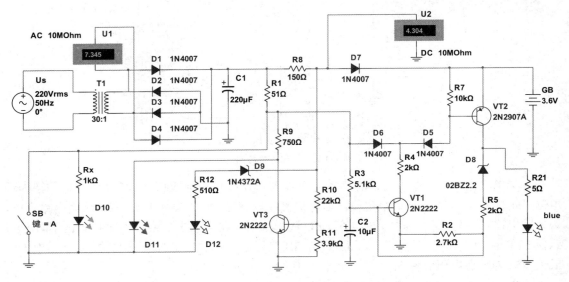

图 3-18 RH-311L 型应急照明灯的控制电路仿真图

5. RH-311L 型应急照明灯常见故障的检修

RH-311L 型应急照明灯是一种功能和电路比较简单的电子产品，其发生故障时的检修方法遵循一般电子产品的检修方法。要做好应急照明灯的检修工作，检修人员既要熟悉应急照明灯的工作原理，又要熟悉单元电路的工作过程及其调试技能，并且严格按照科学的检修程序进行检修。

1）检修前的准备工作

检修工作是一项理论与实践紧密结合的技术工作，要做好该项工作，必须事先做好准备工作。检修前的准备工作主要有以下 5 方面。

（1）必要的技术资料。RH-311L 型应急照明灯的使用说明书、电路原理图、PCB 布置图、电路关键点的工作电压等是检修人员必须掌握的技术资料。

（2）必要的备件。检修人员根据 RH-311L 型应急照明灯的元器件清单，包括焊接材料和连接导线等，做好备件工作。

（3）必需的检修工具。检修人员应该有一字形螺钉旋具、十字形螺钉旋具、螺帽旋具、

项目3 LED应急照明灯电路与维修

尖嘴钳、斜口钳、剪刀、剥线钳、镊子、电烙铁等。

（4）必要的检测仪器。在RH-311L型应急照明灯的检修过程中，主要涉及交直流工作电压的测量、电阻测量、工作电流的测量等，普通的万用表就能满足测量要求。电路调试需要外加直流电压，所以检修人员还需要配一台可调的直流稳压电源。

（5）熟悉检修安全知识。在检修RH-311L型应急照明灯之前，检修人员应该熟悉检修安全知识。这里所说的安全，包括检修人员的人身安全、检修产品和检测仪器的安全。检修人员要养成胆大心细，随时注意安全的好习惯，避免操作不当而损坏检修产品、扩大故障范围或发生人身触电事故等。

2）检修步骤

（1）不通电观察。打开外壳，检查内部电路的电阻器、电容器、晶体管、LED、变压器、充电电池、熔丝、导线等是否有烧焦、漏液、松脱、断路、接触不良，连接器插接是否牢靠等问题。这些明显的表面故障一经发现，应立即予以修复。

（2）通电观察。不通电观察结束后，应进行通电观察。给RH-311L型应急照明灯加上AC220 V电压，观察绿色指示灯、红色指示灯、黄色指示灯是否正常发光。若绿色指示灯和红色指示灯正常发光，则应按下试验按键，观察LED应急照明是否正常，以便进一步观察故障部位。但是，若在接通电源时就出现熔丝熔断、打火、冒烟、焦味等现象，则应立即断开电源，等查明故障原因并进行适当处理后才能重新进行通电观察。

（3）故障检测与诊断。根据对故障现象的观察及应急照明灯工作原理的分析，只能初步得出可能发生故障的部位和原因，要确定发生故障的确切部位，必须用仪表进行测量，通过测量、分析、再测量、再分析，才能找到故障元器件或者电路故障点。

（4）故障处理。根据找到的故障元器件或者电路故障点，进行元器件更换、重焊、整修等操作，使电路功能恢复正常。

（5）试机检验。电路故障修复后，需要进行通电试机检验，以确保维修后电路的各项功能全部恢复正常。

3）检修过程中的注意事项

（1）电烙铁妥善安置。在检修过程中，工作台上的电烙铁要妥善安置，防止烫伤检修人员或者烫坏应急照明灯的外壳或其他部件。

（2）拆下来的紧固件、前后盖、元器件、零部件等要妥善放置，防止无意中丢失或损坏。

（3）拆下元器件时，原来的安装位置和引出线要有明显标志，并做好记录，以确保元器件更换或重装位置正确。拆开的线头要采取安全措施，防止浮动线头和元器件相碰，造成短路或接地等故障。

（4）掉入电路板上的螺钉、螺母、导线、焊锡等，一定要及时清除，以免造成人为故障或留下隐患。

（5）在带电测量时，一定要防止测试探头与相邻的焊点或元器件相碰，以免造成新的故障。

（6）在更换元器件时，要认真检查代用件与电路的连接是否正确，特别要注意接地线的连接。

4）常见故障检修

（1）接通AC220 V电源后，绿色指示灯、红色指示灯、黄色指示灯均不亮的故障检修。对于这类故障，一般先检查直流供电电路是否正常，可以用万用表测量整流、滤波后的直流

电子产品原理分析与故障检修（第2版）

电压是否正常（正常值为 8～10 V）。若该直流电压不正常，则应进一步检查变压器 T_1 的次级输出电压是否正常（正常电压为 AC 7 V 左右）。若 T_1 的次级输出电压不正常，则应检查 T_1 的输入电压（AC220 V）是否正常。若 T_1 的输入电压正常，则说明 T_1 已损坏，需要更换。若 T_1 的输入电压不正常，则应检查电源插座和连接导线。若 T_1 的次级输出电压正常，而整流、滤波后的直流电压不正常，则应检查整流二极管、滤波电容器及输出电路是否对地短路。

若整流、滤波后的直流电压正常，则应检查 R_1 是否正常。若 R_1 正常，则应检查连接器 X_3 与连接导线、R_x、R_9、VD_{10}、VD_{11} 是否正常。

（2）接通 AC220 V 电源后，绿色指示灯、红色指示灯、黄色指示灯均亮的故障检修。绿色指示灯和红色指示灯均亮，说明降压整流与滤波电路正常，而黄色指示灯亮，有可能是 VD_9 短路、VD_7 开路或者电池充电电路开路，应检查 VD_9、VD_7、连接器 X_2、GB、熔断器 FU 等。

（3）接通 AC220 V 电源后，绿色指示灯和红色指示灯均发光正常，但不能实现应急切换的故障检修。对于这类故障，往往是应急切换控制电路出现了问题。首先用万用表测量连接器 X_4 的输出电压是否正常（正常电压为 DC3.3 V 左右）。若 X_4 的输出电压不正常，则应检查 C_2 能否正常充电，只有 C_2 正常充电后，才能使 VT_1 导通；若 C_2 不能正常充电，则应检查 R_3、C_2 是否正常，若不正常，则应更换相应元器件；若 C_2 能正常充电，则应检查 R_4、VD_5 是否正常，若不正常，则应更换相应元器件；若 R_4、VD_5 均正常，则应检查 VT_1 是否正常，若不正常，则应更换相应元器件；检查 VT_2、VD_8、R_5、R_2 是否正常，若有不正常的元器件，则应更换相应元器件。

若 X_4 的输出电压正常，则应检查连接导线、LED 显示板上的限流电阻器和 LED。

3.2.5 任务评价

在完成 LED 应急照明灯学习任务后，对学生主要从主动学习、高效工作、认真实践的态度，团队协作、互帮互学的作风，掌握 LED 应急照明灯的结构及主要功能，能分析与检修 LED 应急照明灯的电路，具备元器件的检测、更换与焊接技能，树立为国家、人民多做贡献的价值观等方面进行评价，并采用学生自评、小组互评、教师评价来综合评定每一位学生的学习成绩。LED 应急照明灯学习任务评价如表 3-4 所示。

表 3-4　LED 应急照明灯学习任务评价

评价指标	评 价 要 素	分值	学生自评（10%）	小组互评（20%）	教师评价（70%）	得分
LED 应急照明灯	能识读 RH-311L 型 LED 应急照明灯的结构，熟悉 LED 应急照明灯的主要功能及技术指标	20				
LED 应急照明灯的电路原理分析及故障检修	能分析 LED 应急照明灯的电路组成与工作原理；能分析 LED 应急照明灯各组成单元的作用及关键参数；能对故障电路进行检修并完成整机调试工作	50				
文档撰写	能撰写 LED 应急照明灯电路分析与故障检修的报告，包括摘要、正文、图表符合规范性要求	20				
职业素养	符合 7S（整理、整顿、清扫、清洁、素养、安全、节约）管理要求，具有能修则修、谨慎果断、胆大心细、认真高效的工作态度，树立为国家、人民多做贡献的价值观	10				

项目3 LED 应急照明灯电路与维修

任务 3.3 LED 应急标志灯

扫一扫看 LED 应急标志灯电路微课视频

3.3.1 任务目标

（1）掌握 LED 应急标志灯的结构及主要功能。
（2）掌握 LED 应急标志灯电路的分析方法。
（3）能对 LED 应急标志灯电路的故障进行维修。

3.3.2 任务描述

消防应急标志灯是指用图形或文字指示安全出口及其方向，楼层、避难层及其他安全场所，灭火器具存放位置及其方向，禁止入内的通道、场所及危险品存放位置的消防应急灯。LED 应急标志灯是应用 LED 来照亮应急出口标志或指示方向的灯具，内部装有应急电池组，在主电断电时立即启动应急电池组供电，一般安装在工厂、酒店、学校、商场、医院等公共场所的楼梯间、走廊、安全出口等，作为指示标志照明的灯具。

学生要学会检修 LED 应急标志灯，熟悉 LED 应急标志灯的电路组成与工作原理，掌握 LED 应急标志灯的主要功能、内部结构特点及关键参数，能用万用表检测与判断单元电路和主要元器件，并对故障元器件进行更换与维修。LED 应急标志灯电路通常由整流滤波与逆变电路、电池充放电控制电路、应急标志指示电路等组成。LED 应急标志灯的常见故障有接通 AC220 V 电源后全部指示灯均不亮的故障，这类故障可能是直流供电电路不正常引起的，也可能是全部指示灯电路均不正常引起的，可通过万用表检测电路关键点的电压和电阻来判断具体的故障部位；接通 AC220 V 电源后绿色指示灯和红色指示灯均亮，但不能实现应急切换功能的故障，这类故障可能是应急切换电路不正常引起的，只要检查相关元器件即可找到故障部位。

3.3.3 任务准备——RH-201A 型应急标志灯

1. RH-201A 型应急标志灯的结构

RH-201A 型应急标志灯是一种指示安全出口方向的 LED 应急标志灯，其内部结构如图 3-19 所示。它是由充电电池组、LED 显示板、接线端子、控制主板、状态指示板组成的。其中，充电电池组（3.6 V/300 mAh）在主电断电时可为应急标志灯提供电源；LED 显示板提供照明，显示安全出口标识和出口方向；接线端子用于 AC220 V 电源输入等；控制主板用于输入交流电源的整流、滤波、逆变控制、电池充放电控制等；状态指示板用于主电、充电、故障等状态指示。

2. RH-201A 型应急标志灯的主要功能

RH-201A 型应急标志灯的主要功能如下。

（1）主电正常时的应急标志指示功能。当主电正常供电时，由主电点亮内部 LED，即可实现"安全出口 EXIT 和出口方向箭头"指示功能。

（2）主电断电后的应急标志指示功能。当主电突然断电时，自动切换为充电电池组供电，由其点亮内部 LED，实现"安全出口 EXIT 和出口方向箭头"指示功能。当主电恢复正常供

127

电后，自动切换为充电状态及恢复主电正常时的应急标志指示功能。

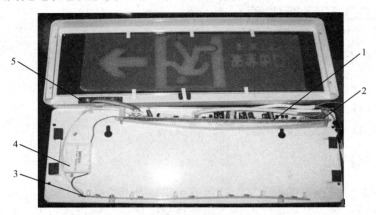

1—控制主板；2—接线端子；3—LED 显示板；4—充电电池组；5—状态指示板。

图 3-19 RH-201A 型应急标志灯的内部结构

（3）主电指示与充电控制功能。绿色指示灯显示主电状态，市电正常接入即点亮，市电断电就熄灭。红色指示灯显示正常充电状态，充电时，绿色指示灯和红色指示灯均亮；电池充满后，绿色指示灯熄灭，此时转入涓流充电。

（4）故障检测功能。如果与电池串联的熔断器的熔丝熔断或者接触不良，或电池充电电路不正常，内置的自检电路将自动点亮黄色指示灯。

（5）过放电保护功能。当电池电压放电到额定电压的 80%时，电子开关能自动切断电池的放电电路，以确保电池的长寿命。

（6）模拟主电断电的试验功能。当主电正常供电时，按住试验按键等同于切断外接电源，可用于模拟主电断电的试验。

3. RH-201A 型应急标志灯的控制电路分析

RH-201A 型应急标志灯的控制电路由整流滤波与逆变电路（开关稳压电源电路）、电池充放电控制电路和应急标志指示电路组成，如图 3-20 所示。

1）整流滤波与逆变电路

整流是将交流电转换为直流电，而逆变是将直流电转换为交流电，进行这样转换的目的是使系统能实现欠压保护和过流保护功能，即当主电电压低于 187 V 时，欠压保护电路自动切断 AC220 V 电源；当负载电流超出额定值时，过流保护电路动作，自动切断 AC220 V 电源。

整流滤波与逆变电路如图 3-21 所示。AC220 V 经 VD_1、VD_2 半波整流和 C_1、C_2 滤波后，得到相应的直流电压，分别供给欠压保护电路和逆变电路使用。当主电电压正常时，VT_1 饱和导通，VT_2 和 VT_3 截止，逆变电路工作正常，由逆变电路为充电电池 GB 充电和点亮 LED，电路进入逆变和充电状态。当主电电压低于 187 V 时，欠压保护电路的 VT_1 截止，VT_2 导通，并为 VD_2 半波整流电路提供负载电流；VT_3 饱和导通，使 VT_4 基极电压降低，进而使逆变电路停止工作，切断 AC220 V 电源。

项目3 LED应急照明灯电路与维修

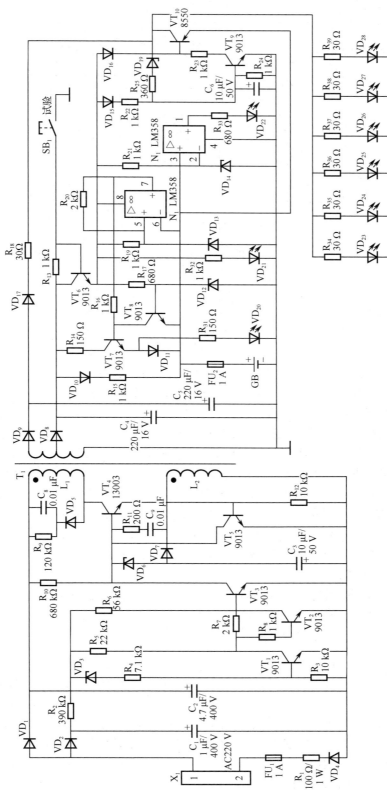

图3-20 RH-201A型应急标志灯的控制电路

电子产品原理分析与故障检修（第2版）

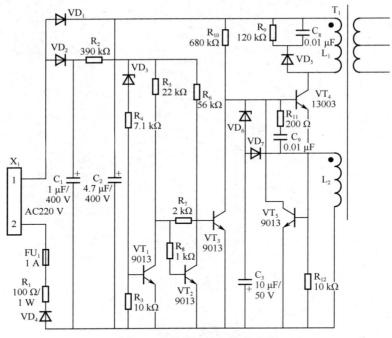

图 3-21　整流滤波与逆变电路

在主电正常供电的情况下，VT_3 截止，变压器 T_1、主振功率管 VT_4、启动电阻器 R_{10} 等组成振荡电路。R_{10} 为 VT_4 提供微小的启动电流，变压器绕组 L_2 和 R_{11}、C_9 组成的正反馈电路使 VT_4 由导通进入饱和区。随着 C_9 充电电流的不断降低，产生的正反馈使 VT_4 进入截止区。电源通过 R_{10}、R_{11}、L_2 对 C_9 充电，使 VT_4 的基极电压逐步升高，升高到一定程度时 VT_4 导通。由于 R_{11}、C_9 和 T_1 所组成的谐振使 VT_4 进入循环振荡工作状态，并在 T_1 的次级输出脉动电压。其中，R_{12} 和 VT_5 组成过流保护电路，当负载电流过大时，R_{12} 上产生的电压降使 VT_5 饱和导通，其会吸收一部分电流使 VT_4 的基极电流降低或者使 VT_4 基极电压降低而截止，实现输出过流保护功能。稳压管 VD_6 和 C_3、VD_7、L_2 组成输出稳压控制电路，当负载电压由于某种因素升高时，L_2 的感应电动势也升高，并通过 VD_7 对 C_3 充电到比较高的电压，此电压通过 L_2、C_9、R_{11} 使 VD_6 导通，并对 C_9 进行反向充电，从而使 VT_4 的基极电压降低，缩短 VT_4 的导通时间，实现输出稳压控制功能。

将图 3-21 所示的整流滤波与逆变电路在 Multisim 14 软件中绘制其仿真图，如图 3-22 所示。电路仿真结果表明，在输入 AC220 V 电压时，D1 和 C1 组成的半波整流滤波电路的电压为 299.151 V，开关稳压电源的输出电压 U1 为 DC11.109 V，输出电压 U2 为 DC8.847 V。

2）电池充放电控制电路

电池充放电控制电路由主电正常处理电路和主电突然断电处理电路组成，如图 3-23 所示。

（1）主电正常工作状态。在主电电压正常和整流滤波与逆变电路工作正常的条件下，由 VD_9 半波整流和 C_5 滤波后得到直流电压，该电压经 VD_{17}、R_{18} 加到应急标志指示电路，点亮 6 个白光 LED，照亮应急出口方向标志。由 VD_8 半波整流和 C_4 滤波后得到的直流电压分成 2 路，一路经 VD_{10} 和 R_{15} 给 GB 提供微小（涓流）充电电流；另一路经 R_{13} 使 VT_6 导通，并分成 7 路输出。第 1 路经 R_{17} 为稳压管 VD_{12} 提供稳定电流；第 2 路经 R_{32} 为绿色指示灯 VD_{21} 提供工作电流；第 3 路经 R_{19} 为稳压管 VD_{13} 提供稳定电流；第 4 路为集成运放 N_1（LM358）

项目3 LED应急照明灯电路与维修

提供工作电压；第 5 路经 R_{21} 为稳压管 VD_{14} 提供稳定电流；第 6 路经 VD_{15}、R_{22} 为 VT_9 的基极提供偏置电压；第 7 路经 VD_{16}、R_{23} 为 VT_9 的集电极提供电压，结果 VT_9 导通，VT_{10} 的基极因为处于高电位而截止。

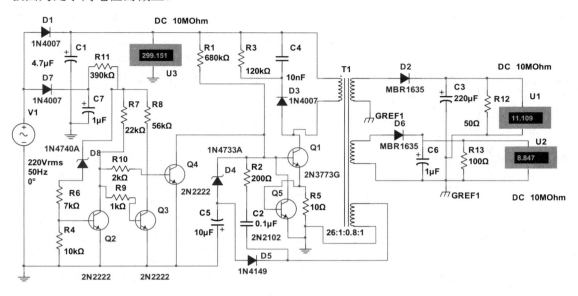

图 3-22 整流滤波与逆变电路的仿真图

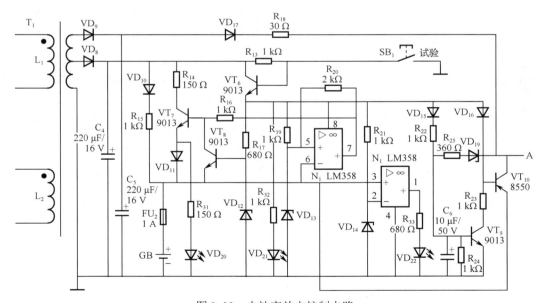

图 3-23 电池充放电控制电路

电池充电控制过程分析如下。

当经 VD_8 半波整流和 C_4 滤波后的直流电压正常时，N_1 的 5 脚电压高于 6 脚电压，其 7 脚输出高电平，该电平先经 R_{16} 使 VT_7 导通，再经 VD_{11} 为 GB 提供正常充电电流，同时经过 R_{31} 使红色指示灯 VD_{20} 点亮。当 GB 电压很低或者两端短路时，此时由于 VT_8 的基极电压比发射极电压高而导通，使 VT_7 截止。直流电压经 VD_{10} 和 R_{15} 为 GB 提供涓流充电电流。当

GB 两端开路或 FU$_2$ 熔断时，N$_1$ 的 3 脚电压比 2 脚高，其 1 脚输出高电平，经 R$_{33}$ 点亮黄色指示灯 VD$_{22}$。当充电电源对 GB 进行正常充电时，N$_1$ 的 2 脚电压比 3 脚高，其 1 脚输出低电平，VD$_{22}$ 不亮，且 N$_1$ 的 5 脚电压比 6 脚高，其 7 脚输出高电平，使 VT$_7$ 导通为 GB 提供正常充电电流，而 VT$_8$ 截止。当充电完成后，N$_1$ 的 5 脚电压比 6 脚低，其 7 脚输出低电平，使 VT$_7$ 截止，同时 VD$_{20}$ 熄灭，正常充电结束，进入由 VD$_{10}$ 和 R$_{15}$ 提供的涓流充电。

（2）应急状态。当主电由正常供电变为断电时，C$_6$ 上的充电电压使 VT$_9$ 继续保持导通状态，此时 VT$_{10}$ 的基极处于低电位而导通，进入应急状态，由 GB 向应急标志指示电路供电，点亮应急出口方向标志。随着 GB 放电，输出电压逐步降低，当输出电压小于 VD$_{19}$ 的稳定电压时，VT$_9$ 截止，同时 VT$_{10}$ 也截止，从而结束 GB 放电过程，防止 GB 过放电。

（3）测试工作状态。在主电正常工作状态下，若按住试验按键 SB$_1$，则 VT$_6$ 截止、VT$_7$ 截止，VD$_{20}$ 和 VD$_{21}$ 均熄灭，VT$_9$ 和 VT$_{10}$ 均导通，模拟主电断电的应急控制功能。

根据图 3-23 所示的电池充放电控制电路，在 Multisim 14 软件中绘制其仿真图，如图 3-24 所示。整流滤波与逆变电路在此仿真图中分别用 11 V 和 9 V 直流电源代替，应急标志指示电路用 5 Ω 电阻器和蓝光 LED 串联电路代替，按键 S1 用于模拟主电正常供电和断电情况。电路仿真结果表明，在 GB 的电压为 3.6 V 时，绿色指示灯 D21 和红色指示灯 D20 均点亮，黄色指示灯 D22 熄灭，说明 GB 处于正常充电状态。将 S1 闭合，由 11 V 电压向照明指示灯 D23 供电使之点亮。闭合 SB1，模拟主电突然断电，将 S1 断开，由 GB 经 V10 向 D23 供电使之点亮。

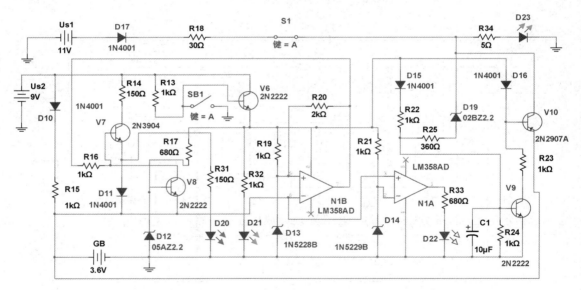

图 3-24 电池充放电控制电路的仿真图

3）应急标志指示电路

应急标志指示电路如图 3-25 所示。在图 3-25 中，考虑到电池容量为 3.6 V/300 mAh，断电后其要供电 90 min，总电流要小于 200 mA。本应急标志灯共使用 6 路白光 LED 电路，总的工作电流不超过 200 mA，即每路 LED 电路的工作电流不超过 30 mA，考虑到白光 LED 的导通电压为 3 V，故选取限流电阻器的电阻为 30 Ω，以保证应急工作时间不少于 90 min。

4. RH-201 型应急标志灯常见故障的检修

要检修 RH-201A 型应急标志灯，必须事先准备好 RH-201A 型应急标志灯的使用说明书、电路原理图、有关工具、万用表、备用元器件及材料等。检修人员在进行检修操作前，既要熟悉应急标志灯的电路组成和工作原理，又要熟悉单元电路的工作过程及其调试技能，并且严格按照科学的检修程序进行检修。

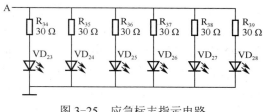

图 3-25 应急标志指示电路

1）应急标志灯不亮的故障检修

故障现象：接通 AC220 V 电源，绿色指示灯、红色指示灯、应急标志灯均不亮。

由图 3-20 可知，对于这类故障，一般先检查整流滤波与逆变电路是否正常，可以用万用表测量整流滤波后 C_1 和 C_2 上的直流电压是否正常。若直流电压不正常，则应进一步检查 AC220 V 电压、熔断器 FU_1 是否正常。若 AC220 V 电压和 FU_1 均正常，则应检查 R_1 和 VD_4 是否正常，否则应检查 VD_1、C_2、VD_2、C_1 是否正常。

若 C_1 和 C_2 上的直流电压均正常，则应检查 C_4 和 C_5 上的直流电压是否正常。若 C_4 和 C_5 上的直流电压不正常，则应先检查 VD_8、C_4、VD_9、C_5 是否正常，再检查逆变电路的 R_{10}、T_1、VT_4、VT_5、VT_1、VT_2、VT_3 及相关元器件是否正常。

若 C_4 和 C_5 上的直流电压正常，但应急标志灯不亮，则应先检查 VD_{17}、R_{18} 是否正常，再检查电池充放电控制电路到应急标志指示电路的连接是否正常，最后检查应急标志指示电路是否正常。若只是 VD_{20} 和 VD_{21} 不亮，则应先检查 VT_6 发射极的直流电压是否正常；若直流电压不正常，则应检查 VT_6、R_{13} 是否正常；若直流电压正常，则应检查 R_{31}、VD_{20}、R_{32} 和 VD_{21} 是否正常。

2）不能实现应急功能的故障检修

故障现象：接通 AC220 V 电源，应急标志灯亮，断开 AC220 V 电源，应急标志灯熄灭，不能实现应急功能。

对于这类故障，由于应急标志灯在接通外接电源时能亮，说明整流滤波与逆变电路和应急标志指示电路均正常，故障原因一般在电池充放电控制电路，或者电池本身不能充电。在接通 AC220 V 电源的情况下，先观察 VD_{20}、VD_{21}、VD_{22} 是否亮。若这 3 个灯均不亮，则应检查 C_4 上的直流电压是否正常；若 C_4 上的直流电压正常，则应检查 VT_6 是否正常。

若 VD_{20} 亮，但 VD_{21} 和 VD_{22} 不亮，则应检查 N_1、VT_7、VT_8 是否正常；若 VD_{20} 和 VD_{21} 均亮，则应检查 VT_9、VT_{10} 是否正常；若 VD_{22} 亮，则应检查 FU_2、GB 是否开路。

3.3.4 任务实施——RH-201F 型应急标志灯

1. 标准 PWM 控制器 LN5R04DA

LN5R04DA 是一个恒功率模式的 PWM 功率开关 IC 芯片，内置 800 V 高压 HVBJT，在 85～265 V 的宽电网电压范围内提供高达 5 W 的连续输出功率，独特的恒功率输出控制特性，是构建小功率感性负载应用的绝佳电源解决方案。该芯片可工作于典型的反激电路拓扑中，

构成简洁的 AC/DC 电源转换器。芯片内部的高压启动电流源只需借助启动电阻器的微弱电流触发即可完成系统启动，这在很大程度上降低了启动电阻器的功率消耗。在输出功率较小时芯片将自动降低工作频率，从而实现了很低的待机功耗驱动电路使主振功率管始终工作于临界饱和状态，提高了系统的工作效率，使系统可以轻松满足"能源之星"关于待机功耗和效率的认证要求。VCC 端电压达到 10 V 时芯片内部会启动过压限制，限制输出电压升高可防止光耦或反馈电路损坏引起的输出电压过高，利用此特性可方便地将系统设计为 PSR 的电路架构，从而进一步降低系统成本。芯片内部还提供了完善的过载与短路保护功能，可对输出过载、输出短路等异常状况进行快速保护，提高了电源的可靠性，并集成了过温度保护功能，在芯片过热的情况下降低工作频率或关闭输出。

1）LN5R04DA 的封装

LN5R04DA 采用 SOP-6 封装形式，其引脚排列及内部组成框图如图 3-26 所示。其中，V_{IN} 为高压电流源触发输入端，通过外接电阻器与高压直流电压端相连；VCC 为芯片供电端（5～9 V），当 VCC 端接入 10 V 时芯片内部会启动过压保护，限制输出电压升高，可防止光耦或反馈电路损坏引起的输出电压过高；VFB 为反馈端；GND 为接地端；HV 为高压开关输出端。

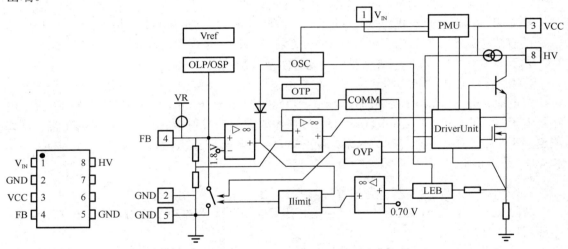

图 3-26　LN5R04DA 引脚排列及内部组成框图

2）LN5R04DA 的应用电路

使用 LN5R04DA 设计的 6 V 直流电源（额定输出功率为 5 W）较适宜作为无线电话的电源。LN5R04DA 的应用电路如图 3-27 所示。该电路额定输出电压为 6 V，通过变压器 T_2 的次级绕组 L_3 经 VD_8 和 C_6 整流滤波后供电到 VCC 端，并经过内部 VCC 端反馈环控制使输出电压稳定在一定的范围内。在输出空载时，通过 R_5 和 VD_7 使输出电压被限定在 7 V 左右。随着输出负载增加到额定负载，输出电压将被自动调整到额定电压（6 V）。其中，R_1 起过载保护作用，压敏电阻器 R_6 起防雷击保护作用，L_1、C_1、C_2 起滤波作用，R_2、R_3 为芯片提供触发电流，C_3、R_4、VD_5 为 T_1 的初级绕组提供能量释放通道，高频整流二极管 VD_6 采用低电压、高速度的肖特基二极管 1N5819，整流管 VD_8 采用快恢复整流二极管 FR107，C_4、C_5、C_6、C_7 起滤波作用。

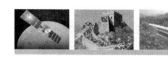

项目 3 LED 应急照明灯电路与维修

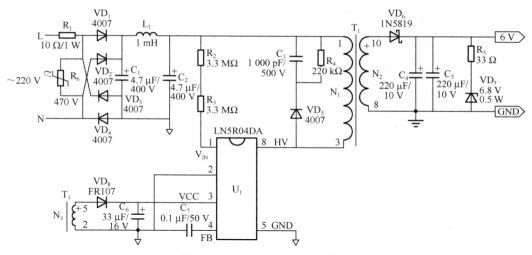

图 3-27 LN5R04DA 的应用电路

2. 消防应急灯专用芯片 XGB1688

XGB1688 是依据《消防应急照明和疏散指示系统》（GB17945—2010）要求研制开发的专用芯片，是在综合原消防应急照明灯专用芯片的基础上，结合新标准对消防应急照明灯的要求及多年消防应急照明灯生产研究经验的环境下开发设计而成的，适用于备用电池 1.2 V 以上的消防应急标志灯、消防应急照明灯、集中控制型电源。

1) XGB1688 的主要技术参数

（1）采用 DIP14 和 SOP14 封装方式。

（2）芯片工作电压为 2.2～5.5 V；工作电流小于或等于 3 mA（LED 输出关闭），工作温度为 -15 ℃～+90 ℃。

（3）采用单色指示灯时，绿色指示灯为主电显示，红色指示灯为充电显示，黄色指示灯为故障显示；采用三色指示灯时，红色指示灯为充电状态，绿色指示灯为主电状态，黄色指示灯为故障状态。当芯片的 9 脚接地时选择三色指示灯，否则选择单色指示灯。

（4）按键功能如下。

① 按键时间小于 3 s 为模拟主电断电试验。

② 持续按键时间大于 3 s 且小于 5 s，绿色指示灯以 1 Hz 的频率闪烁时松开按键，由主电状态进入手动月检（应急 120 s 回到主电状态）。

③ 持续按键时间大于 5 s 且小于 7 s，绿色指示灯以 3 Hz 的频率闪烁时松开按键，由主电状态进入手动年检（放电到终止并回到主电状态，如放电时间不足 30 min 就回主电状态，则会报警至故障排除）。

④ 在应急状态下按键时间大于 7 s，关断应急工作输出。

⑤ 在自检过程中若发现电池放电时间不足或光源故障时，应排除故障后按试验按键确认一次，才能回到主电状态。

（5）充电模式：采用定时充电和限压充电同时控制。镍镉电池以定时充电为主，限压充电为辅；锂离子电池以限压充电为主，定时充电为辅。

① 初次上电（包括上次放电终止）：充 20 h 系统会自动转入涓流充电；充电过程中电池电压达到设定的充电关断电压时也会自动转入涓流充电。

② 芯片根据不同的充电时间和放电时间来计算补充充电的时间。

③ 在主电状态下，若更换电池并按一下按键（确认操作）后，则正常充电 20 h。

④ 充电完成后（红色指示灯熄灭），转入涓流充电，同时采用限压充电（达到限定电压时自动关断充电电路），避免反复长时间充电将电池电压充得过高而损坏电池。

⑤ 在充电未完成或充电完成后，若出现应急放电现象则按照以下原则进行补充电：放电时间小于 5 min 则补充充电 5 min；放电时间大于 5 min 且小于 30 min 则补充充电 10 h；放电时间大于 30 min 则补充充电 20 h，但累计充电时间不大于 20 h。

（6）电池判断模式如下。

① 电池开路电压设定为电池额定电压的 1.7 倍左右，当电压达到设定的电池开路电压及以上时，红色指示灯熄灭，黄色指示灯以 1 Hz 的频率闪烁。

② 放电终止电压设定为电池额定电压的 83%，且不低于电池额定电压的 80%。

③ 当充电电路电压低于设定的充电电路短路电压时，停止充电，红色指示灯熄灭，黄色指示灯以 1 Hz 的频率闪烁，此时仍会转入涓流充电；当电池两端电压大于设定的充电电路短路电压时，转入正常充电模式。

④ 充电部分各状态的关键点电压如表 3-5 所示。该芯片根据 10 脚电压变化来区分电池开路、充电、满电、短路等状态，并根据电池状态来控制充电电路及进行电池故障判断。

表 3-5　充电部分各状态的关键点电压

电池电压设定 项目参数/V	充电电路开路		充电电路短路		限压充电关断		放电终止	
	回路端	芯片 10 脚	回路端	芯片 10 脚	回路端	芯片 10 脚	回路端	芯片 10 脚
1.2 V 标志灯	2.1	2.8	0.7	1.4	1.75	2.45	1	1.7
3.6 V 标志灯	5.8	3.3	2	1.3	5.2	2.9	3	1.85

2) XGB1688 引脚的功能

XGB1688 引脚排列图如图 3-28 所示。各引脚功能说明如下。

（1）1 脚为主电显示：有主电时输出低电平，自检及应急状态输出高电平。

（2）2 脚为电源正极：芯片电源正电压（正常电压为 4.2 V）。

（3）3 脚为按键控制：控制灯具的各种状态（根据按键持续时间不同，分别进入模拟主电断电、手动月检、手动年检、关闭应急工作输出 4 种工作状态）。

（4）4 脚为绿色指示灯输出：有主电时长亮，月检时该灯以 1 Hz 的频率闪烁，年检时该灯以 3 Hz 的频率闪烁。

（5）5 脚为应急驱动：应急时输出频率为 25 kHz、峰值为 4.2 V 的方波触发应急电路。

（6）6 脚为黄色指示灯输出：根据不同故障现象输出相应的信号控制（以 1 Hz 的频率闪烁为充电电路故障，以 3 Hz 的频率闪烁为光源故障，长亮为自检时放电时间不足故障）。

（7）7 脚为红色指示灯输出：充电时红色指示灯亮，充满电或充电电路故障时红色指示灯灭。

（8）8 脚为应急电流调节：通过检测光源对地电阻器上的电压，并进行 IC 内部比较计算出灯珠电流，同时根据电阻器上电压变化来调节 5 脚的输出以达到恒定光源应急功率的效果。

（9）9 脚为指示灯选择：接地时选择三色指示灯，悬空或接高电平时选择单色指示灯。

（10）10 脚为电池电压检测：电池电压的变化将引起 10 脚电压的变化，从而根据 10 脚检测到的不同电压来判断电池及充电电路的状态。

（11）11 脚为低压转换/蜂鸣器驱动：当 11 脚电压为 1.296 V（对应主电输入电压为 170 V）时转入主电状态，当 11 脚电压为 1.115 V（对应主电输入电压为 160 V）时转入应急状态。当月检、年检发生故障时，每隔 50 s 输出时长为 2 s、频率为 2 kHz 的方波驱动蜂鸣器发出报警声。

（12）12 脚为类型选择：通过 2 个分压电阻器改变该脚电压，并通过计算该脚电压和芯片电

图 3-28 XGB1688 引脚排列图

源电压的比值来判断电路类型（该脚接地时选择 1.2 V 电路，该脚接高电平时选择 3.6 V 电路）。

（13）13 脚为电源地。

（14）14 脚为充电控制：充电时输出高电平，转入涓流充电时输出频率为 25 kHz、占空比为 1/4 的矩形波，计时充电完成或限压充电结束输出低电平。

3）XGB1688 的应用电路

由消防应急照明灯专用芯片 XGB1688 可构成 RH-201F 型应急标志灯电路，如图 3-29 所示。AC220 V 电压经过 VD_1 半波整流和 C_1 滤波后加到 IC_1 的 8 脚（HV 端），半波整流滤波后的直流电压经 R_1、R_4 为 IC_1 提供触发电流，使其工作。从 IC_1 8 脚输入的电流由 5 脚输出，并经 L_1、C_3 构成回路，在 L_1 两端形成感生电动势。一方面，此电动势经 VD_4 整流和 C_1 滤波后为 IC_1 提供 5～9 V 的供电电压；另一方面，此电动势经 VD_3 整流和 C_3 滤波后提供电压 U_{CC}。

电压 U_{CC} 经 R_6 限流、VD_8 稳压、C_4 滤波得到 4.5 V 电压作为电源加到 IC_2 的 2 脚。由 R_1、R_2、R_3 构成输入电压取样电路，当加到 IC_2 11 脚的取样电压大于或等于 1.296 V（对应主电输入电压大于或等于 170 V）时，IC_2 工作在主电状态，它的 4 脚输出主电指示信号点亮绿色指示灯 VD_6，5 脚没有输出脉冲信号，由 4.5 V 电压经 R_{12} 向 VD_{11}、VD_{12} 供电，并联在 2 个 LED 两端的电阻器 R_{13} 和 R_{14}，可以保证当某一个 LED 损坏开路时另一个 LED 仍能正常照明；在限时充电和限压充电均未完成的情况下，由 14 脚输出充电控制信号，经 R_7 驱动 VT_1 工作，电压 U_{CC} 经 R_8 和 VT_1 向电池充电直至充电完成，并由 7 脚输出充电指示信号点亮红色指示灯 VD_5。当加到 IC_2 11 脚的取样电压小于或等于 1.115 V（对应主电输入电压小于或等于 160 V）时，IC_2 转入应急状态，VD_5 和 VD_6 熄灭，它的 5 脚输出频率为 25 kHz 的方波，驱动 NMOS 管 VT_4（SI2302，2.3 A/20 V）工作，和 L_2 配合产生较高脉冲电压，经 VD_{10} 整流和 C_5 滤波后产生比电池电压更高的直流电压，驱动 VT_3 工作并向 VD_{11}、VD_{12} 供电。

当由于各种原因引起电压 U_{CC} 升高至 9 V 时，这时将使稳压管 VD_9 和三极管 VT_2 导通，VT_2 导通会加大工作电流而使电压 U_{CC} 降低达到限压目的。IC_2 的 3 脚外接按键 SB_1，当按 SB_1 的持续时间不同时，可以实现各种按键控制功能。R_{15} 为 LED 工作电流取样电阻器，R_{15} 两端的取样电压加到 IC_2 的 8 脚，经过芯片内部处理后去调整 5 脚的输出脉宽，从而实现恒定光源应急功率的目的。VT_1 基极电位加到 IC_2 的 10 脚对电池电压进行测量，并根据测量电压控制芯片工作或判断工作状态（2.8 V 为充电电路开路、1.4 V 为充电电路短路、2.45 V 为限压充电关断、1.7 V 为放电终止）。当发生故障时，IC_2 的 6 脚输出故障指示信号点亮黄色指示灯 VD_7。IC_2 的 11 脚输出脉冲信号经 C_6 加到蜂鸣器 H_1，当月检、年检发生故障时，每隔 50 s 输出时长为 2 s、频率为 2 kHz 的方波驱动蜂鸣器发出报警声。

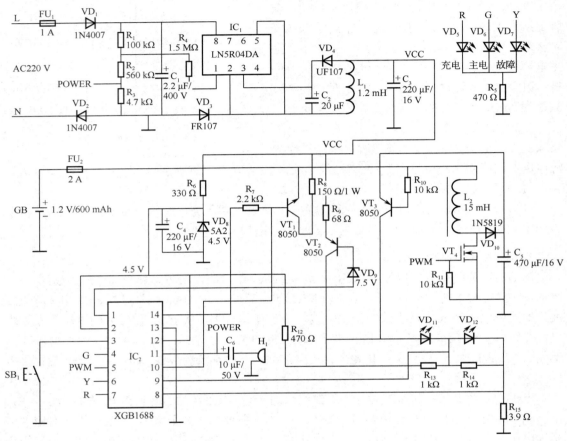

图 3-29　RH-201F 型应急标志灯电路

3.3.5　任务评价

在完成 LED 应急标志灯学习任务后，对学生主要从主动学习、高效工作、认真实践的态度，团队协作、互帮互学的作风，掌握 LED 应急标志灯的结构及主要功能，能分析与检修 LED 应急标志灯的电路，具备元器件的检测、更换与焊接技能，树立为国家、人民多做贡献的价值观等方面进行评价，并采用学生自评、小组互评、教师评价来综合评定每一位学生的学习成绩。LED 应急标志灯学习任务评价如表 3-6 所示。

表 3-6　LED 应急标志灯学习任务评价

评价指标	评价要素	分值	学生自评（10%）	小组互评（20%）	教师评价（70%）	得分
LED 应急标志灯	能识读 RH-201 型应急标志灯的结构，熟悉 LED 应急标志灯的主要功能及技术指标	20				

项目 3 LED 应急照明灯电路与维修

续表

评价指标	评价要素	分值	学生自评（10%）	小组评价（20%）	教师评价（70%）	得分
LED 应急标志灯的电路原理分析及故障检修	能分析 LED 应急标志灯的电路组成与工作原理；能分析 LED 应急标志灯各组成单元的作用及关键参数；能对故障 LED 应急标志灯电路进行检修并完成调试工作	50				
文档撰写	能撰写 LED 应急标志灯电路分析与故障检修的报告，包括摘要、正文、图表符合规范性要求	20				
职业素养	符合 7S（整理、整顿、清扫、清洁、素养、安全、节约）管理要求，具有能修则修、谨慎果断、胆大心细、认真高效的工作态度，树立为国家、人民多做贡献的价值观	10				

思考与练习题 3

1．LED 为何能发光？LED 为何能发生不同颜色的光？
2．LED 有哪些极限参数和电参数？在实际使用时哪几类参数比较重要？
3．LED 如何分类？常见 LED 器件（组装）形式有哪些？
4．白光 LED 有哪些实现方法？白光 LED 有哪些基本的构成方式？
5．照明用 W 级功率型白光 LED 的主要参数有哪些？
6．消防应急照明灯的主要作用有哪些？
7．消防应急照明灯有哪些主要类型及主要功能？
8．消防应急照明灯的主要技术指标有哪些？
9．简述 RH-311L 型应急照明灯由正常供电到应急照明的转换过程。
10．在 RH-311L 型应急照明灯的控制电路中，若与电池串联的熔断器熔丝发生熔断，则会发生什么现象？试分析原因。
11．当 RH-311L 型应急照明灯加上 AC220 V 市电后，发现所有指示灯均不亮，请写出故障的检修步骤。
12．简述 RH-201A 型应急标志灯的工作原理。
13．为 RH-201A 型应急标志灯加上 AC220 V 市电后，其绿色指示灯、黄色指示灯和应急指示灯均亮，请写出故障的原因及检修步骤。
14．为 RH-201A 型应急标志灯加上 AC220 V 市电后，所有指示灯均不亮，请写出故障的检修步骤。

项目 4

台式计算机主板电路及维修

扫一扫看本项目教学课件

台式计算机的主机、显示器等设备一般相对独立，和笔记本电脑相比，其优点就是价格实惠、散热性较好、维修方便，缺点就是笨重、耗电量大。计算机主板是计算机的核心部件之一，它影响着计算机的性能，而计算机主板会出现故障，这就需要我们找到故障原因并进行相应的维修。除主板本身的质量问题外，许多主板故障都是人为热插拔引起的。主板故障往往表现为系统启动失败、屏幕无显示、有时能启动有时又启动不了等难以直观判断的现象。一般来说，造成主板故障的因素有人为、环境和元器件质量。

计算机是集软件和硬件于一体的智能产品，要准确判断计算机故障并进行检修需要熟悉其工作原理并掌握检修方法。计算机故障一般分为系统软件故障和硬件故障。系统软件故障一般通过重装系统来解决，当 BIOS（Basic Input/Output System，基本输入输出系统）软件有故障时，一般采取刷新和更新 BIOS 软件的方法来排除。而硬件故障，首先要找到什么硬件发生了故障，然后对其进行更换即可。虽然有些故障一看现象就能知道原因，但是，大多数故障的造成原因会有很多方面，必须根据具体的故障现象进行逐步排查，先从最可能的原因开始，直到找到具体故障部位为止。例如，CPU 风扇出现故障或者安装不到位导致 CPU 温度过高，CPU 温度过高时会出现计算机频繁重启的现象，而且每次开机还未进入系统就重启了，每次重启的时间也越来越短。根据计算机故障的复杂性，一般采取的维修原则是：先调查后熟悉，先机外后机内，先机械后电气，先软件后硬件，先清洁后检修，先电源后机器，先通病后特殊，先外部后内部。在检查维修时，一般采用"一看、二听、三闻、四摸"的维修方法，就是观察故障现象、听报警声、闻是否有异味、用手触摸某些部件是否发烫等，有时还需要将这几种方法结合使用才能判断具体故障部位并进行正确处理。

项目 4　台式计算机主板电路及维修

任务 4.1　计算机主板的构成

4.1.1　任务目标

（1）了解计算机主板的类型和主要作用。
（2）熟悉计算机主板的架构和组成框图。
（3）掌握计算机主板的总线和芯片组。

4.1.2　任务描述

计算机主板是计算机中最基本最重要的部件之一，是计算机内部各种配件的载体。各种配件通过主板联系在一起，配件之间的数据传输都是通过主板来实现的。计算机的质量与主板的设计和工艺有极大的关系。主板的性能好坏将直接影响整个计算机系统的运作情况。每一种新型 CPU 的出现，都会推出与之配套的主板芯片组，否则新型 CPU 的性能就无法完全发挥出来。所以，明白主板的特性及使用情况，对购机、装机、用机、维修等都极有价值。

主板的主要作用是当主板加电时，电流会瞬间通过 CPU，南北桥芯片、内存插槽、AGP 插槽、PCI（Peripheral Component Interconnect，外部设备互连）插槽、IDE 接口，位于主板边缘的串口、并口、PS/2 接口、SATA 接口、VGA 接口、USB 接口、IEEE1394 接口、HDMI（高清晰度多媒体接口）、雷霆接口（俗称雷电接口）、DP 接口、RJ-45 网络接口等，使它们得电运行。主板会根据 BIOS 识别硬件，并进入操作系统发挥支撑系统平台工作的作用。

虽然计算机主板的档次和品牌很多，但是其组成和所用技术基本一致，除 CPU 和主板芯片组不同外，其组成结构几乎相同。学生要学会识读计算机主板，只要精通一种主板的组成结构和工作原理，就能了解其他主板的组成结构和工作原理。主板采用了开放式结构。学生只有在掌握计算机主板的特点、各组成部分工作原理的基础上，才能真正掌握其工作原理、安装使用及维修方法。

4.1.3　任务准备——计算机系统的组成

1. 计算机系统的组成

计算机系统由硬件（子）系统和软件（子）系统组成，如图 4-1（a）所示。台式计算机的硬件主要由 CPU（包括控制器和运算器）、内存（包括 ROM、RAM 和 Cache）、输入设备（包括键盘、鼠标、扫描仪等）、输出设备（包括显示器、打印机、音响等）、外存储器（包括硬盘、软盘、光盘、存储卡等）组成。软件系统是各种程序和文件，用于指挥全系统按指定的要求进行工作。软件系统一般分为系统软件和应用软件。系统软件主要负责管理、控制、维护、开发计算机的软硬件资源，为用户提供一个便利的操作界面和编制应用软件的资源环境（程序），如 Windows、UNIX、Linux 等操作系统，Java、C、C++、Python、PHP（Page Hypertext Preprocessor，页面超文本预处理器）等程序设计语言，Access、Oracle、Sybase、DB2、Informix 等数据库管理系统，诊断程序、编辑程序、调试程序、装备和连接程序等。应用软件是计算机用户在各自的业务领域内开发和使用的，用于解决各种实际问题的软件，包括各种字处理系统、各种软件包等。

电子产品原理分析与故障检修（第2版）

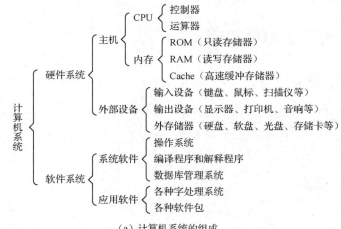

（a）计算机系统的组成

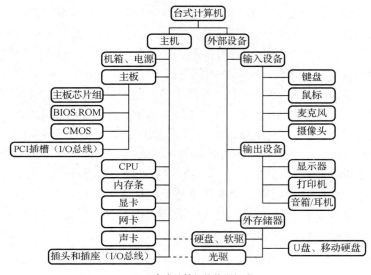

（b）台式计算机的物理组成

图 4-1　计算机系统的组成

2. 主机

主机是指计算机中除输入、输出设备以外的主要机体部分，也是用于放置主板及其他主要部件的控制箱体。主机通常包括机箱、电源、主板、CPU、内存条、硬盘、软驱（软盘驱动器）、光驱（光盘驱动器）及其他输入/输出控制器和接口，如 USB 控制器、显卡、网卡、声卡等，其内部结构如图 4-2 所示。

3. 输入设备

输入设备是将各种形式的信息转换为适于计算机处理的信息并输入计算机的设备。输入设备分为采用媒体输入的设备和交互式输入设备。采用媒体输入的设备把记录在各种媒体上的信息输入计算机，如纸带输入机、卡片输入机、扫描仪、摄像头、麦克风、光学字符阅读机、光学标记阅读机、IC 卡阅读机、磁卡阅读机、条码阅读机、磁带驱动器等。交互式输入设备采用用户和计算机相互对话的方式进行输入，从显示器的屏幕上可以看到输入的内容和计算机做出的反应，如键盘、光笔、鼠标、笔输入设备、触摸屏、跟踪球、控制杆等。

项目4 台式计算机主板电路及维修

1）扫描仪

扫描仪通过专用的扫描程序将各种图片、图纸、文字输入计算机，并在屏幕上显示出来。人们可以使用一些图形图像处理软件，对图片等资料进行各种编辑及后期加工处理。

2）摄像头

摄像头是一种视频输入设备，被广泛运用于视频会议、远程医疗及实时监控等方面。数字摄像头可以直接捕捉影像，并通过串口、并口或者 USB 接口传到计算机中存储。人们也可以通过摄像头在网络上进行有影像、有声音的交谈和沟通。

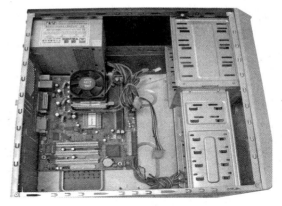

图 4-2　主机内部结构

3）麦克风

麦克风是将声音信号转换为电信号的转换器件。将麦克风插入声卡的麦克风输入插口（前置面板的红色插口）上，进行适当设置后可使用计算机录音或者将音频信号放大后驱动扬声器发音。

4）键盘

键盘是为计算机输入指令和操作计算机的主要设备之一，中文汉字、英文字母、数字符号及标点符号就是通过键盘输入计算机的。键盘的款式有很多种，人们通常使用的有 101 键、105 键和 108 键等键盘。无论键盘的款式是哪一种，它的功能和键位排列基本分为功能键区、打字键区、编辑键区、数字键盘（也称小键盘）和指示灯区。

5）鼠标

鼠标是 Windows 操作系统的基本控制输入设备，比键盘使用更容易。这是由 Windows 操作系统具有的图形特性需要用鼠标指定并在屏幕上移动点击决定的。

6）笔输入设备

笔输入设备的出现为输入汉字提供了方便，用户不需要再学习其他的输入法就可以很轻松地输入汉字。同时，它还兼有键盘、鼠标和写字笔的功能，可以替代键盘和鼠标输入文字、命令等。

4. 输出设备

输出设备是计算机硬件系统的终端设备，用于接收计算机数据的输出显示、打印、声音、控制外部设备操作等。输出设备的功能是把各种计算结果数据或信息以数字、字符、图像、声音等形式表示出来。计算机常用的输出设备有显示器、打印机、光盘刻录机、音箱/耳机。

1）显示器

显示器是一种将一定的电子文件通过特定的传输设备显示到屏幕上并反射到人眼的显

143

示工具。它通过 15 引脚 D 型（VGA）插头，接收 R（红）、G（绿）、B（蓝）信号，行同步、场同步信号来达到显示的目的。

2）打印机

使用打印机可以把计算机中做好的文档和图片打印出来。打印机可以分为针式打印机、喷墨打印机和激光打印机。激光打印机具有高质量、高速度、低噪声、易管理等特点，已占据了办公领域的绝大部分市场。与其他打印机相比，喷墨打印机中的彩色喷墨打印机是市场上打印彩色图片的主流产品。

3）光盘刻录机

光盘刻录机是一种数据写入设备，利用激光将数据写到空光盘上从而实现数据的存储。从功能上讲，光盘刻录机主要分为 CD-R 刻录机与 CD-R/W 刻录机。CD-R 刻录机能够刻录 CD-R 盘片，而 CD-R/W 刻录机除能刻录 CD-R 盘片外还能刻录 CD-R/W 盘片。CD-R 盘片只能写入一次（支持分段刻录），而 CD-R/W 盘片可多次擦写。

4）音箱/耳机

音箱是指发出声音的一套音频系统。耳机是一对转换单元，它接收媒体播放器发出的电信号，利用贴近耳朵的扬声器将其转换为可以让人听到的声音。将音箱插头插入后面板的绿色插孔中，将耳机的绿色音频插头插入前面板的绿色插头中，安装好声卡驱动软件并进行正确设置后，才可以使计算机的音箱与耳机正常工作。

5. 外存储器

外储存器是指除计算机内存及 CPU 以外的储存器，此类储存器一般断电后仍然能储存数据。常见的外存储器有硬盘、软盘、U 盘、移动硬盘、存储卡、固态硬盘、光盘。

1）硬盘

硬盘是指记录介质为硬质圆形盘片的磁表面存储设备。在计算机中，硬盘是必备的外存储器，它具有存储容量大、存取速度快等特点。

2）软盘

软盘由软驱、软盘控制器和软磁盘片组成。软盘和硬盘的存储原理和记录方式基本相同，但软盘在容量和性能上会差一些，现已逐步被淘汰。

3）U 盘

U 盘是采用 USB 接口和闪存技术结合的一种移动存储器，也称为闪盘。它具有体积小、重量轻、工作无噪声、无须外接电源、支持即插即用和热插拔等优点，已成为人们理想的便携式存储器。

4）移动硬盘

移动硬盘是以硬盘为存储介质，强调便携性的存储器。移动硬盘多采用 USB、IEEE1394 等传输速度较快的接口，可以较快的速度与系统进行数据传输。

5）存储卡

存储卡以闪存为存储介质，提供重复读写，无须外接电源。存储卡的类型很多，如 CF 卡（标准存储卡）、MMC 卡（多媒体卡）、SD 卡（安全数码卡）等。存储卡具有体积小巧、

项目 4 台式计算机主板电路及维修

携带方便、使用简单等优点，但需要配置读卡器才能读写存储卡中的信息。

6）固态硬盘

固态硬盘是用固态电子存储芯片阵列而制成的硬盘，由控制单元和存储单元（FLASH 芯片、DRAM 芯片）组成。新一代固态硬盘普遍采用 SATA-2 接口、SATA-3 接口、SAS 接口、MSATA 接口、PCI-E（PCI-Express）接口、NGFF 接口、CFast 接口和 U.2 接口。固态硬盘具有传统机械硬盘不具备的快速读写、防震抗摔性、低功耗、无噪声、工作温度范围大、轻便等特点。

7）光盘

光盘是利用光学原理读写信息的存储器。它可靠性高、寿命长、存储容量较大、价格较低、可经受触摸及灰尘干扰、不易被划破，但存取速度和数据传输率比硬盘要低得多。光盘由光盘片和光驱组成。光盘片用于储存信息，光驱用于读写光盘片信息。

4.1.4 任务实施——计算机主板的架构

1. 主板的类型

现在市场上主板品种繁多，款式和布局也有很大区别，但其组成和所用技术基本一致。主板按结构分为 ATX、Micro ATX、LPX、NLX、Flex ATX、EATX、WATX 主板等。其中，ATX 主板是市场上最常见的主板，LPX、NLX、Flex ATX 主板则是 ATX 主板的变种，多见于国外的品牌机，国内尚不多见。EATX 主板和 WATX 主板则多用于服务器、工作站主板。Micro ATX 主板又称 Mini ATX 主板，是 ATX 主板的简化版，就是常说的小板，扩展插槽较少，多用于品牌机并配备小型机箱。

ATX 主板是当前的主流主板，它主要由 CPU 插座、内存条插槽、散热器（下面是北桥芯片）、散热器（下面是南桥芯片）、SATA 接口、BIOS 芯片、IDE 接口、COM、IEEE1394 接口、PCI-E×1 接口、PCI-E×16 接口、PCI 接口、AGP 插槽、网络接口、USB 接口、声卡插槽、并行接口、键盘接口、鼠标接口等组成，如图 4-3 所示。

图 4-3 ATX 主板

2. 主板的组成框图

主板一般为矩形电路板，上面安装了组成计算机的主要电路系统，一般有 CPU，北、南桥芯片，AGP 插槽，PCI-E×16 接口，内存插槽，声卡插槽，IDE（并行）接口，SATA（串行）接口，IEEE1394 接口，网卡，USB 接口，PCI-E×1 接口，BIOS 芯片，I/O 芯片等组成，其组成框图如图 4-4 所示。

145

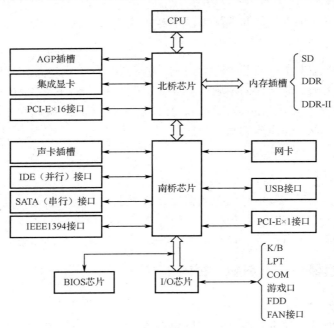

图 4-4 主板的组成框图

1）CPU

（1）CPU 的内部结构与工作原理。CPU 是计算机的主要硬件之一，其内部结构由控制单元、逻辑运算单元和存储单元（包括 CPU 片内缓存和指令寄存器组）组成。CPU 的工作原理是，控制单元在时序脉冲的作用下，将指令寄存器中所指向的指令地址（该地址在内存中）送到地址总线，而 CPU 将该地址中的指令读到指令寄存器进行译码并执行该指令。CPU 会将执行指令过程中需要用到数据的数据地址送到地址总线，而且它会把数据读到其内部的存储单元暂存起来，逻辑运算单元对数据进行处理加工（包括运算与存储）。在通常情况下，一条指令可以包含按明确顺序执行的许多操作，CPU 的工作就是执行这些指令。当 CPU 执行完一条指令后，其控制单元将该消息传送给指令读取器。指令读取器从内存中读取下一条指令并将其送给 CPU，使之执行该指令，这个过程不断重复，CPU 快速地执行一条又一条指令，从而产生用户在显示器上所看到的结果。

（2）CPU 的性能指标。CPU 的性能大致上反映出了它所配置的那台计算机的性能，而 CPU 的性能主要取决于其主频和工作效率。CPU 的主频是 CPU 内核的实际工作频率，由于各种 CPU 的内部结构不尽相同，因此并不能完全用主频来概括 CPU 的性能。一般说来，主频越高，CPU 的速度也越快。内存总线速度或者系统总线速度一般等同于 CPU 的外频。内存总线速度对整个系统性能来说很重要，由于内存的发展滞后于 CPU 的发展，为了缓解内存带来的瓶颈，所以出现了二级缓存，以协调两者之间的差异，而内存总线速度是指 CPU 与二级（L2）高速缓存和内存之间的工作频率。CPU 的主频和外频之间的关系是：CPU 的主频=外频×倍频。CPU 的外频是指系统总线的工作频率，具体是指 CPU 到芯片组之间的总线速度。倍频即主频与外频之比的倍数，主频=外频×倍频。通过硬件或软件可以设置外频和倍频的数值，从而决定 CPU 的实际工作频率。

（3）CPU 超频使用。通过人为方式将 CPU 的工作频率提高，使其在高于其额定工作频率下稳定工作，就称为 CPU 超频使用。以 Intel P4C 2.4 GHz 的 CPU 为例，它的额定工作频

项目 4 台式计算机主板电路及维修

率为 2.4 GHz，如果将工作频率提高到 2.6 GHz，系统仍然可以稳定运行，那么这次超频就成功了。CPU 超频的主要目的是提高 CPU 的工作频率。CPU 超频的方式有硬件设置和软件设置。其中，硬件设置又分为跳线和 DIP 开关设置、BIOS 设置。早期的主板多数采用了跳线和 DIP 开关设置的方式来进行超频。在这些跳线和 DIP 开关的附近，主板上往往印有一些表格，记载的就是跳线和 DIP 开关组合定义的功能。在关机状态下，用户可以按照表格中的频率进行设置，重新开机后，如果计算机正常启动并可稳定运行就说明 CPU 超频成功。现在主流主板基本上都放弃了跳线和 DIP 开关的设置方式更改 CPU 倍频或外频，而是使用更方便的 BIOS 设置。例如，升技（Abit）的 SoftMenu III 和磐正（EPOX）的 PowerBIOS 等的 CPU 超频都采用 BIOS 设置，在 CPU 参数设置中就可以进行 CPU 的倍频、外频设置。如果遇到 CPU 超频后计算机无法正常启动的状况，用户只要关机并按住 INS 或 HOME 键，重新开机，计算机会自动恢复为 CPU 默认的工作状态。最常见的超频软件包括 SoftFSB 和各主板厂商自己开发的软件。在用软件实现的超频中，用户只要按主板上采用的时钟发生器型号进行选择后，点击 GET FSB（Front Side Bus，前端总线）获得时钟发生器的控制权，就可以通过频率拉杆来进行超频设置了，选定之后保存设置就可以使 CPU 按新设置的频率开始工作，从而达到超频的目的。

2）北桥芯片

北桥芯片是主板芯片组中起主导作用的重要组成部分，也称为主桥（Host Bridge）。一般来说，芯片组的名称就是以北桥芯片的名称来命名的，如 Intel 845E 芯片组的北桥芯片是 82845E、875P 芯片组的北桥芯片是 82875P。因为已经发布的 AMD K8 核心的 CPU 将内存控制器集成在了 CPU 内部，所以北桥芯片负责与 CPU 的联系并控制内存（仅限于 Intel 除 Core 系列以外的 CPU，AMD 系列 CPU 在 K8 系列以后就在 CPU 中集成了内存控制器，因此 AMD 的北桥芯片不控制内存），AGP 数据在北桥芯片内部传输以提供对 CPU 的类型和主频、系统的 FSB 频率、内存的类型（SDRAM、DDR SDRAM 及 RDRAM）和最大容量、AGP 插槽、ECC 纠错等支持。整合型芯片组的北桥芯片还集成了图形处理器。由于 AMD K8 核心的 CPU 将内存控制器集成在了 CPU 内部，因此支持 K8 芯片组的北桥芯片变得简化多了，甚至还能采用单芯片芯片组结构。这也许将是一种大趋势，北桥芯片的功能会逐渐单一化，为了简化主板结构、提高主板的集成度，也许以后主流的芯片组很有可能变成南北桥合一的单芯片形式（事实上 SIS 早就发布了不少单芯片芯片组）。例如，NVIDIA 公司在其 NF3250、NF4 等芯片组中，去掉了南桥芯片，而在北桥芯片中加入千兆网络、串口硬盘控制等功能。

3）南桥芯片

南桥芯片是主板芯片组的重要组成部分，一般位于主板上离 CPU 插槽较远的下方，PCI 接口附近，这种布局是考虑到它所连接的 I/O 总线较多，离处理器远一点有利于布线。南桥芯片不与处理器直接相连，而是通过一定的方式与北桥芯片相连（不同厂商各种芯片组有所不同）。南桥芯片主要负责计算机接口等一些外部设备接口的控制、IDE 设备的控制及附加功能等。南桥芯片的发展方向主要是集成更多的功能。

4）I/O 芯片

在 486 以上档次的主板上都有 I/O 芯片，它负责提供串行口、并行口、PS/2 接口、USB 接口、软驱控制接口及 CPU 风扇等的管理工作与支持。在 Pentium 4 主板的开机电路中，由 I/O 芯片内部的门电路来控制电源的 14 脚或 16 脚。所以，Pentium 4 主板的开机电路控制部分一般在 I/O 芯片内部。常见的 I/O 芯片有华邦电子（WINBOND）的 W83627HF、W83627THF 系列等。例如，华邦电子最新的 W83627THF 芯片为 I865/I875 芯片组提供了良好的支持，除可支持键盘、鼠标、软盘、并行口、摇杆控制等传统功能外，还创新地加入了许多新功能。例如，W83627THF 芯片针对 Intel 公司下一代的 Prescott 内核微处理器，提供符合 VRD10.0 规格的微处理器过电压保护，以避免微处理器因为工作电压过高而烧毁。此外，W83627THF 芯片内部硬件监控功能也大幅提升，除可监控 PC 系统及其微处理器的温度、电压和风扇外，在风扇转速的控制上，还提供了线性转速控制及智能型自动控制系统，与一般的控制系统比较，此系统能使主板完全线性地控制风扇转速，并且选择让风扇以恒温或定速的状态运转。这 2 项新加入的功能，不仅能让用户更简易地控制风扇，延长风扇的使用寿命，还能将风扇运转所造成的噪声降至最低。

3. 主板总线

总线是计算机各种功能部件之间传输信息的公共通信干线，它是由导线组成的传输线束。总线按功能可分为数据总线、地址总线和控制总线，分别用来传输数据、数据地址和控制信号。主机的各个部件通过总线相连接，外部设备通过相应的接口电路与总线相连接，从而形成了计算机硬件系统。在传统主板设计中，CPU 与北桥芯片通过 FSB 连接，北桥芯片与内存通过内存总线连接，北桥芯片与显卡通过 AGP/PCI-E 总线连接，北桥芯片与南桥芯片通过桥间总线连接，南桥芯片与扩展卡通过 PCI/PCI-E 总线连接，南桥芯片与外存储器（如硬盘、光驱）通过 IDE/SATA 总线连接，南桥芯片与低速外部设备通过 LPC 总线连接等。主板总线分布如图 4-5 所示。在图 4-5 中，32A 表示 32 位地址总线，64A 表示 64 位地址总线，64D 表示 64 位数据总线，32AD 表示 32 位地址总线和 32 位数据总线，64AD 表示 64 位地址总线和 64 位数据总线。

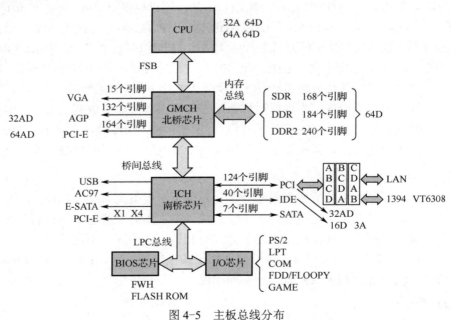

图 4-5 主板总线分布

1）FSB

FSB 是将 CPU 连接到北桥芯片的总线。选购主板和 CPU 时，要注意两者的搭配问题，

项目 4　台式计算机主板电路及维修

一般来说，FSB 是由 CPU 决定的，若主板不支持 CPU 所需要的 FSB，则系统就无法工作。FSB 是 CPU 与北桥芯片或内存控制器之间的数据通道，其频率高低直接影响 CPU 访问内存的速度。目前 PC 上所能达到的 FSB 频率有 266 MHz、333 MHz、400 MHz、533 MHz、800 MHz、1 066 MHz、1 333 MHz 等。FSB 的频率越大，表示 CPU 访问内存的速度越快，更能充分发挥 CPU 的功能。

2）内存总线

在传统设计中，CPU 与北桥芯片间通过 FSB 连接，北桥芯片内集成了内存控制器，内存直接挂载到内存控制器上，所以读取内存时，CPU 要经过 FSB 与北桥芯片沟通，这样 FSB 的带宽就会影响整个访问速度。现在，将显卡控制器和内存控制器集成到 CPU 中，CPU 可以外挂高达 1 600 MHz 的 DDR3，并能和内存直接通信，数据访问延迟只有传统设计的一半，可显著提高 CPU 的指令效能。

3）PCI/PCI-E 总线

PCI 总线是目前台式计算机与服务器普遍使用的局部并行总线标准，其 32 位地址总线和数据总线是同步复用的，工作频率为 33 MHz，主要用于连接显卡、网卡和声卡。PCI-E 总线是一种通用的串行总线标准，不仅包括显示接口，还包括 CPU、PCI、HDD、Network 等多种应用接口。同时，PCI-E 总线还有多种不同速度的接口，包括 PCI-E×1、PCI-E×2、PCI-E×4、PCI-E×8、PCI-E×16 及更高速的 PCI-E×32 接口。PCI-E×1 接口的数据传输速率可以达到 250 MB/s，接近原有 PCI 接口的 2 倍，大大提高了系统总线的数据传输能力。而其他接口，如 PCI-E×8、PCI-E×16 接口的数据传输速率为 PCI-E×1 接口的 8 倍和 16 倍。可以看出 PCI-E 总线不仅能满足系统的基础应用，还能满足 3D 显卡的高速数据传输。

4）ISA/LPC 总线

ISA（Industry Standard Architecture，工业标准体系结构）总线是为 PC/AT 制订的总线标准，为 16 位体系结构，只能支持 16 位的 I/O 设备，数据传输速率大约为 16 MB/s，现在已经被淘汰。LPC（Low Pin Count，低引脚数）总线是一个取代 ISA 总线的新的总线标准。LPC 总线通常用于将南桥芯片和低速外部设备相连，如 BIOS、串口、并口、PS/2 接口的键盘和鼠标、软盘控制器等。

4. 主板芯片组

1）南北桥型芯片组

主板芯片组是衡量主板性能的一项不可缺少的指标。到目前为止，能够生产芯片组的厂商有 Intel 公司、VIA 公司、SiS 公司、ALI 公司、AMD 公司、NVIDIA 公司等，其中以 Intel、AMD 及 NVIDIA 公司的芯片组最为常见。如果说 CPU 是整个计算机系统的"大脑"，那么芯片组将是整个计算机系统的"心脏"。由于所用的芯片组和总线不同，计算机主板芯片组有南北桥型芯片组和中心控制型芯片组。

南北桥型芯片组是历史悠久且相当流行的主板芯片组，它由北桥芯片和南桥芯片组成，其结构如图 4-6（a）所示。靠近 CPU 的为北桥芯片，主要负责控制 AGP 显卡、内存与 CPU 之间的数据交换；靠近 PCI 插槽的为南桥芯片，主要负责软驱、硬盘、键盘及附加卡的数据交换。传统的南、北桥芯片之间是通过 PCI 总线来连接的。常用的 PCI 总线的工作频率为 33.3 MHz，传输位宽为 32 位，所以理论上其最高数据传输速率仅为 133 MB/s。由于 PCI 总

线的共享性，当子系统及其他周边设备传输速率不断提高以后，主板南、北桥芯片之间偏低的数据传输速率就逐渐成为影响系统整体性能发挥的瓶颈。因此，从 Intel I810 芯片组开始，芯片组厂商都开始寻求一种能够提高南、北桥芯片数据传输速率的解决方案。

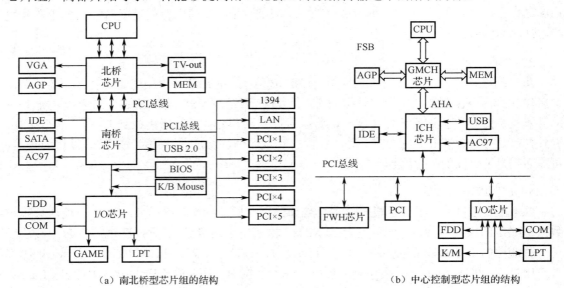

（a）南北桥型芯片组的结构　　　　　　　　（b）中心控制型芯片组的结构

图 4-6　主板芯片组的结构

2）中心控制型芯片组

Intel 公司继 440BX 之后放弃传统的南北桥型芯片组而首次推出了中心控制型芯片组 I810，这种结构的芯片组和南北桥型芯片组的最大差别是 GMCH（Graphics & Memory Controller Hub，图形/内存控制器中心）和 ICH（I/O Controller Hub，I/O 控制中心）芯片之间改用了数据传输速率为 266 MB/s（比 PCI 总线高了一倍）的新型专用高速总线 AHA（Accelerated Hub Architecture，加速集线器结构）。这种结构本质上跟南北桥型芯片组结构相差不大，主要是把传统结构中的北桥芯片换成 GMCH 芯片，把传统结构中的南桥芯片换成 ICH 芯片，把传统结构中的 BIOS 芯片换成 FWH（FirmWare Hub，固件中心）芯片，如图 4-6（b）所示。

3）常见的主板芯片组

（1）Intel 芯片组。纵观全球芯片市场，Intel 公司一直都是全球芯片的领先者。Intel 的 I815 芯片组作为 I810E 芯片组的修订版，它同样采用 AHA 技术。同时针对原有芯片组的不足，它正式支持 AGP 4X、PCI-33 内存协议及 ATA66/100 技术，还整合了 2D 和 3D 加速芯片 I752 和支持 AC97 的音频芯片。与 I810E 芯片组不同的是，I815 芯片组支持额外的 AGP 接口，可以外接显卡，这就比没有 AGP 接口的 I810 芯片组在升级性能上要好。GMCH 芯片负责与 CPU 的联系并控制内存，AGP、PCI-E 数据在北桥芯片内部传输，ICH 芯片主要负责 I/O 总线之间的通信。例如，Intel 公司的 I815EP 芯片组主要由 82815EP（GMCH）芯片和 82801BA（ICH2）芯片构成，如图 4-7 所示。目前比较常见的 Intel 北桥芯片有 Intel G31、Intel P31、Intel G35、Intel G33、Intel P43、Intel P45 等，通常搭配的南桥芯片有 Intel ICH7、Intel ICH8、Intel ICH9、Intel ICH10 等。

（2）VIA 芯片组。VIA 公司成立于 1992 年 9 月，是全球 IC 设计与个人计算机平台解决方案领导厂商。主板芯片组是 VIA 公司的主力产品线，如 Apollo Pro133 芯片组（北桥芯片为 VT82C693A、南桥芯片为 VT82C596A）、Apollo Pro133A 芯片组（北桥芯片为 VT82C694X，南桥芯片为 VT82C596B 或 VT82C686A），这 2 款芯片组可以在基本不改变原有结构的情况下把 FSB 的频率提升到

图 4-7　I815EP 芯片组

133 MHz，而且可以利用现有的设备生产 PC133 规格的 SDRAM，这样不但有效缩短开发时间，而且也为消费者们提供了一种廉价、高效的升级途径。

（3）SIS 芯片组。SiS 公司一直以致力于开发一体化主板芯片组而闻名，它的芯片组有南北桥结构与单芯片结构之分，一直占据着 PC 市场低端应用的半壁江山。例如，SIS645 是 SiS 公司的第 1 个 P4＋DDR 芯片组，由南桥芯片 SIS 645 和北桥芯片 SIS 961 组成，南、北桥芯片间采用了 MuTIOL 技术提供 533 MB/s 的数据传输速率，支持 DDR333（PC2700）或 PC133 SDRAM，这样就提供了 2.7 GB 的内存带宽，也是第 1 款支持 DDR333 的 P4 芯片组。SIS630 芯片组整合程度相当高，它将南、北桥芯片合二为一，并且整合了 3D 图形芯片 SIS300/301，是一款真正 128 位的 3D 图形加速引擎，支持许多 3D 特效。SIS730 芯片组是业界第 1 款支持 AMD Athlon/Duron 处理器的整合型芯片，其功能基本上与 SIS630 芯片组相同。

（4）AMD 芯片组。AMD 公司是处理器巨头之一，同时也在主板芯片组市场上占据绝对优势。在 K7 时代 AMD 公司曾经推出过 AMD700 系列芯片组，随后又推出支持 DDR 内存的 AMD760 芯片组（北桥芯片为 AMD760，南桥芯片为 VIA686B）、AMD690G（代号 RS690）整合型芯片组、AMD 790GX 芯片组（北桥芯片为 790GX，南桥芯片为 SB750）、AMD980G 芯片组（北桥芯片为 AMD980G，南桥芯片为 SB950）等。目前比较常见的 AMD 北桥芯片有 AMD770、AMD780G、AMD785G、AMD790X、AMD790G、AMD790GX 等；通常搭配的南桥芯片有 AMDSB700、AMDSB710、AMDSB750 等。

4.1.5　任务评价

在完成计算机主板的构成学习任务后，对学生主要从主动学习、高效工作、认真实践的态度，团队协作、互帮互学的作风，掌握计算机系统的组成与各组成部分的作用，能分析主板框图与工作原理，掌握 ATX 主板的布局、组成框图、系统总线和芯片组的主要作用，树立为国家、人民多做贡献的价值观等方面进行评价，并采用学生自评、小组互评、教师评价来综合评定每一位学生的学习成绩。计算机主板的构成学习任务评价表如表 4-1 所示。

表 4-1　计算机主板的构成学习任务评价表

评价指标	评价要素	分值	学生自评（10%）	小组互评（20%）	教师评价（70%）	得分
计算机系统的组成	能分析计算机系统的组成和各组成部分的作用，能选择及使用输入、输出设备、外存储器	20				

电子产品原理分析与故障检修（第2版）

续表

评价指标	评价要素	分值	学生自评（10%）	小组互评（20%）	教师评价（70%）	得分
ATX主板的布局、组成框图、系统总线和芯片组	能分析ATX主板的布局、组成框图和主要芯片的作用；能分析主板组成框图和各种总线的作用与工作过程；掌握主板芯片组的特点及分类方法	50				
文档撰写	能撰写ATX主板的构成及使用报告，包括摘要、正文、图表符合规范性要求	20				
职业素养	符合7S（整理、整顿、清扫、清洁、素养、安全、节约）管理要求，具有认真、仔细、规范操作、高效工作的态度，树立为国家、人民多做贡献的价值观	10				

任务4.2　主板插槽与计算机接口

4.2.1　任务目标

（1）了解计算机接口类型和主要作用。
（2）掌握计算机主板插槽的类型及使用方法。
（3）掌握计算机接口的类型、特点及使用方法。

4.2.2　任务描述

CPU与外部设备、存储器的连接和数据交换都需要通过接口来实现，前者称为计算机接口，而后者称为存储器接口。存储器通常在CPU的同步控制下工作，存储器接口采用总线方式连接，总线的内容包括时序、命令和信号。而外部设备种类繁多，其相应的接口也各不相同。为了添加计算机特性或提高其功能，满足用户个性化需求，主板上设计了可以安装各种功能扩展卡的插槽，主要有用于安装CPU的插槽、安装内存条的插槽和连接到系统总线上的扩展插槽。一般计算机主板大都有6～15个扩展插槽，供其外部设备的控制卡（适配器）插接使用，通过更换这些控制卡，可以对计算机的相应子系统进行局部升级，使厂家和用户在配置机型方面有更大的灵活性。

学生要学会使用计算机接口，必须掌握各类接口的组成、功能特点及使用方法。按照功能不同，计算机接口可分为显示接口、音频接口、网络接口、电源接口和数据传输接口。只有掌握计算机接口的特点，才能真正掌握计算机接口的安装与使用方法。在主板的扩展插槽或插座中，CPU只有通过CPU插槽才能与主板相连接，内存插槽是主板用来安装内存的位置。目前总线扩展插槽主要有ISA、PCI、AGP、CNR、AMR、ACR、PCI-E、Wi-Fi和VXB等插槽。目前主流总线扩展插槽有PCI插槽和PCI-E插槽。学生要学会使用主板插槽，必须掌握各种插槽的功能特点及其安装使用方法。

4.2.3　任务准备——计算机接口

1．计算机接口的定义

接口是连接CPU与外部设备之间的部件，它完成CPU与外部设备之间的数据交换，还包括辅助CPU工作的外围电路。接口是用于完成计算机主机系统（CPU和存储器）与外部

项目4 台式计算机主板电路及维修

设备之间数据交换的中转站。计算机有很多种接口。接口的外形不一样,其功能也不同。计算机接口主要有电源输入或输出接口,用于连接电源;信号输入或输出接口,用于连接多种设备,如显示器、打印机、摄像头、鼠标、键盘、扫描模组、其他外置的机械设备等。接口一般由接口电路、连接器(连接电缆)和接口软件(程序)组成。其中,接口电路主要分为计算机接口芯片和计算机接口控制卡。外部设备和CPU间的硬件连线及数据交换必须经过接口电路。

2. 计算机接口的分类方法

计算机接口有多种分类方法。计算机接口按使用的角度可分为系统接口和应用接口;按应用范围可分为专用接口和通用接口;按数据通信方式可分为串行接口和并行接口;按数据传送方式可分为查询式接口、中断式接口、DMA式接口;按使用信号的类型可分为模拟接口和数字接口。

3. 外部设备的种类及接口功能

在计算机系统中,CPU用来进行数据处理和计算,内存用来保存软件及要处理的数据。外部设备用来把要处理的数据输入计算机系统及将系统处理后的结果输出。由于外部设备种类很多,与主机在技术、性能上差别较大,且所用时钟、数据格式也不相同,所以必须通过接口将主机与外部设备相连。外部设备有软盘、硬盘、光盘、U盘及驱动器等,它们既是输入设备,又是输出设备。

1)外部设备的种类

根据工作原理不同,外部设备可以分为电子式、电磁式和机械式外部设备。因为外部设备的工作速度一般比CPU的工作速度低得多,且处理数据的种类也与CPU的不完全相同,所以CPU与外部设备进行信息交换时存在速度不匹配、时序不匹配、数据格式不匹配和数据类型不匹配的问题。因此,CPU与外部设备不能直接相连,必须通过计算机接口进行协调和转换。

2)计算机接口的主要功能

计算机接口的主要功能是提供数据格式转换的缓冲功能,解决CPU与外部设备之间的匹配问题;提供外部设备工作所需要的控制逻辑与信号(包括控制端口和外部设备之间的数据传送,如设备选择、同步时序控制、中断、DMA请求与批准),具体来说,计算机接口功能包括设置数据的寄存器和缓冲逻辑,以适应CPU与外部设备之间的速度差异;能进行数据格式的转换,以适应CPU与外部设备之间的数据格式差异;能进行电平转化、数/模或模/数转换等,以适应CPU与外部设备之间数据类型和电平的差异;能协调双方通信的时序,以解决CPU和外部设备之间的时序不匹配问题;能进行地址译码和设备选择,使CPU能从众多的外部设备中找准通信的设备;能设置中断和DMA控制逻辑,以保证在中断和DMA允许的情况下产生中断和DMA请求信号,并在接收到中断和DMA应答之后完成中断处理和DMA传输。

4. 硬盘接口

硬盘接口是硬盘与主机系统间的连接部件,其作用是在硬盘缓存和主机内存之间传输数据。不同的硬盘接口决定着硬盘与计算机之间的连接速度,在整个系统中,硬盘接口的优劣直接影响着程序运行快慢和系统性能好坏。

硬盘接口可分为IDE、SATA、SCSI、SAS、光纤通道、CE、M.2和U.2等接口。其中,

IDE 接口的硬盘多用于家用产品中，部分应用于服务器。SATA 接口的硬盘主要用于家用市场，且有 SATA 1.0、SATA 2.0、SATA 3.0 之分。SCSI 接口的硬盘则主要用于服务器市场。光纤通道接口的硬盘是为提高多硬盘存储系统的速度和灵活性才开发的，只用于高端服务器上，且价格昂贵。CE 接口是东芝公司推出的 1.8 寸硬盘接口。

固态硬盘当前的主流接口是 SATA 3.0 接口，比较有潜力并且速度更快的接口是 M.2 接口和 U.2 接口。M.2 接口能够同时支持 PCI-E 通道及 SATA，如今的 M.2 接口全面转向 PCI-E 3.0×4 通道，理论带宽达到了 32 Gbps，这也让固态硬盘性能大幅提高。

5. 显示器接口

目前显示器所涉及的接口主要有 VGA 接口、DVI（Digital Visual Interface，数字视频接口）、HDMI、USB 接口、DP 接口等。其中，VGA 接口是一种常见的接口，它是一种 RGB 模拟信号传输接口，只用于低端显示器。DVI 是 1999 年由 DDWG（数字显示工作组）推出的接口标准，可以传输高分辨率的视频信号。HDMI 是一种全数字化视频和声音传送接口，可以发送未压缩的数字音频及视频信号，可用于机顶盒、DVD 播放机、PC、电视机、数字音箱等设备。DP（DisplayPort）接口是一种高清数字显示接口，可以连接计算机和显示器，也可以连接计算机和家庭影院。

6. 键盘、鼠标接口

键盘接口是指键盘与计算机主机之间相连接的接口。目前常见的键盘接口有 PS/2 接口、USB 接口和无线键盘。鼠标接口是指鼠标与计算机主机之间相连接的接口。目前常见的鼠标接口有 PS/2 接口、USB 接口和无线鼠标。键盘和鼠标都可以使用 PS/2 接口，但是按照 PC'99 规范，键盘占用紫色接口，鼠标占用浅绿色接口。虽然从键盘接口的 PS/2 接口和鼠标接口的 PS/2 接口的引脚定义来看二者的工作原理相同，但这 2 个接口不能混插，这是由它们在计算机内部不同的信号定义所决定的。如果用户的键盘接口和鼠标接口都是 USB 接口，那么可随意插入主机中任一 USB 接口上。无线键盘、无线鼠标都是通过蓝牙适配器 USB 专用模块和计算机主机进行无线连接的。

7. 打印机接口

打印机接口是指打印机和计算机之间相连接的接口。目前常见的打印机接口有 24 针并口、USB 接口和 RJ-45 网络接口。其中，24 针并口，也叫 LPT 口，是一种老式的数据总线接口，可用在老式的针式打印机上。USB 接口是目前常用的打印机接口，现在流行的激光打印机和喷墨打印机都用这种接口。RJ-45 网络接口可以从局域网插入，打印机可以自动从局域网获取一个 IP 地址，进行网络打印，类似于 PC 连接打印机进行打印。

4.2.4 任务实施——主板插槽与接口

1. CPU 插槽

除 BGA 封装主板（BGA 属于一次性贴装，因为其焊点位于芯片腹面且为球形，外面看不到引脚）以外，所有主板都会采用插槽来安装 CPU。CPU 插槽是用于安装和固定 CPU 的专用扩展插槽，如图 4-8 所示。根据主板支持 CPU 的不同，其主要表现在 CPU 背面各电子元器件的不同布局。CPU 插槽通常由固定罩、固定杆和 CPU 插座组成。在安装 CPU 前，需要通过固定杆将固定罩打开，先将 CPU 放置在 CPU 插座上并合上固定罩，用固定杆固定 CPU，

项目 4　台式计算机主板电路及维修

然后安装 CPU 的散热器风扇。另外，CPU 插槽的型号必须与 CPU 接口类型一致，如 LGA 1151 接口的 CPU 需要放置在对应的 LGA 1151 插槽上。

 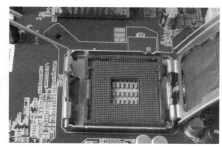

图 4-8　CPU 插槽

2. 内存插槽

内存插槽是用来安装内存条的，插槽的线数与内存条的引脚数一一对应，如图 4-9 所示。根据插槽的线数不同，内存插槽主要分为单列直插式内存组件（Single Inline Memory Module，SIMM）、双列直插式内存组件（Dual Inline Memory Modules，DIMM）和 Rambus 直插式内存组件（Rambus Inline Memory Modules，RIMM）。其中，DIMM 根据内存类型（DDR、DDR2、DDR3）不同也有所区别。选用内存条时应注意，各类内存条之间不能通用互换。

SIMM 是一种两侧金手指都提供相同信号的内存结构，其中 8 位和 16 位 SIMM 使用有 30 个引脚的接口，32 位 SIMM 则使用有 72 个引脚的接口。DIMM 的金手指两端各自独立传输 DIMM 信号。SDRAM DIMM 为有 168 个引脚的 DIMM 结构，金手指上有 2 个卡口；DDR DIMM 为有 184 个引脚的 DIMM 结构，金手指上只有 1 个卡口。DDR2、DDR3 DIMM 为有 240 个引脚的 DIMM 结构，金手指上只有 1 个卡口，但是卡口的位置与 DDR DIMM 稍微有一些不同，避免误插。RIMM 是 Rambus 公司生产的内存接口，目前主要被用于一些高性能个人计算机、图形工作站、服务器和其他一些对带宽及时间延迟要求更高的设备。

3. PCI 插槽

PCI 插槽是基于 PCI 总线的扩展插槽，位于主板上 AGP 插槽的下方，ISA 插槽的上方，其颜色一般为乳白色，如图 4-10 所示。PCI 插槽的位宽为 32 位或 64 位，工作频率为 33 MHz，最大数据传输速率为 133 MB/s（32 位位宽）和 266 MB/s（64 位位宽）。它可插接显卡、声卡、网卡、内置 Modem、内置 ADSL Modem、USB 2.0 卡、IEEE1394 卡、IDE 接口卡、RAID 卡、电视卡、视频采集卡及其他种类的扩展卡。

图 4-9　内存插槽　　　　　　　　　　图 4-10　PCI 插槽

4. PCI-E 插槽

PCI-E 插槽是采用 PCI-E 接口的主力扩展插槽，如图 4-11 所示。根据总线位宽不同，PCI-E 插槽有多种规格，包括 PCI-E×1、PCI-E×2、PCI-E×4、PCI-E×8、PCI-E×16 及 PCI-E×32，能满足低速设备和高速设备的需求，其中 PCI-E×2 插槽将用于内部接口而非插槽模式，PCI-E×32 插槽由于体积问题，仅应用在某些特殊场合中。PCI-E×1 插槽主要用来安装独立网卡、独立声卡、USB 3.0/3.1 扩展卡等，用来替代原来 PCI 设备的插槽。现在部分高端主板开始提供直连 CPU 的 PCI-E×4 插槽，用于安装 PCI-E 固态硬盘。PCI-E 3.0×16 插槽能够满足任何高性能显卡的需求，主要用于显卡及 RAID 卡等，该插槽拥有优良的兼容性，可以向下兼容 PCI-E×1/PCI-E×4/PCI-E×8 插槽的设备。miniPCI-E 插槽可用于安装基于 PCI-E 总线的蓝牙模块、3G 模块、无线网卡模块、带 miniPCI-E 接口的固态硬盘等。

在实际使用时，较短的 PCI-E 卡可以插入较长的 PCI-E 插槽中，PCI-E 插槽还能够支持热插拔。用于取代 AGP 接口的 PCI-E×16 接口能够提供 5 GB/s 的数据传输速率，即便有编码上的损耗但仍能够提供约为 4 GB/s 的实际数据传输速率，远远超过 AGP 8X 的数据传输速率。PCI-E×16 插槽和 PCI-E×8 插槽的区别是带宽不同，其中 PCI-E×16 插槽的数据传输速率是 PCI-E×8 插槽的 2 倍。从插槽引脚的数量就可以知道该 PCI-E 插槽的规格，PCI-E×16 插槽的整条插槽都有引脚，而 PCI-E×8 插槽则只有半条插槽有引脚。当前，PCI-E×1 插槽和 PCI-E×16 插槽已成为 PCI-E 插槽的主流规格，同时很多芯片组厂商在南桥芯片中添加对 PCI-E×1 插槽的支持，在北桥芯片中添加对 PCI-E×16 插槽的支持。

5. AGP 插槽

AGP 插槽是在 PCI 总线基础上发展起来的，是主要针对图形显示方面进行优化的专用显卡扩展插槽。AGP 插槽经过了几年的发展，从最初的 AGP 1.0、AGP 2.0，发展到现在的 AGP 3.0，如果按倍速来区分的话，它主要经历了 AGP 1X、AGP 2X、AGP 4X、AGP PRO，最高版本为 AGP 3.0，即 AGP 8X。AGP 8X 的数据传输速率可达 2.1 GB/s，是 AGP 4X 数据传输速率的 2 倍。AGP 插槽的颜色通常为棕色，如图 4-12 所示，还有一点需要注意的是它不与 PCI、ISA 插槽处于同一水平位置，而是内进一些，这使得 PCI、ISA 卡不能插进 AGP 插槽。当然 AGP 插槽的结构也与 PCI、ISA 插槽完全不同，不可能存在插错的问题。随着显卡速度的提高，AGP 插槽已经不能满足显卡传输数据的速率，目前 AGP 显卡已经逐渐被淘汰，取代它的是 PCI-E 插槽。

图 4-11　PCI-E 插槽

图 4-12　AGP 插槽

6. ISA 插槽

ISA 插槽是基于 ISA 总线的扩展插槽，其颜色一般为黑色，比 PCI 插槽要长些，位于主

项目 4　台式计算机主板电路及维修

板的最下端，如图 4-13 所示。

ISA 插槽的工作频率为 8 MHz 左右，为 16 位插槽，最大数据传输速率为 8 MB/s，可插接显卡、声卡、网卡及多功能接口卡等。它的缺点是 CPU 资源占用高，数据传输带宽小，是已经被淘汰的插槽。目前还能在许多比较旧的主板上看到 ISA 插槽，现在新出品的主板上已经几乎看不到 ISA 插槽了，但是某些品牌计算机也有例外，估计是为了满足某些特殊用户的需求。

7. 风扇供电插槽

在台式计算机机箱中一般安装有机箱散热风扇和 CPU 散热风扇的供电插槽，如图 4-14 所示。其中，机箱散热风扇供电插槽的功能是为机箱上散热风扇提供电源的插槽，通常这个插槽在主板上会被标记为 SYS_FAN。CPU 散热风扇供电插槽的功能是为 CPU 散热风扇提供电源的插槽，有些主板在开机时如果检测不到该插槽上的风扇工作电流就不允许启动计算机，通常这个插槽在主板上会被标记为 CPU_FAN。

图 4-13　ISA 插槽

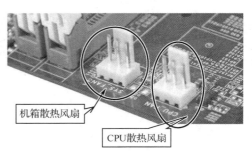

图 4-14　机箱散热风扇与 CPU 散热风扇的供电插槽

主板作为计算机的主体部分，提供着多种接口与各种部件进行连接，而且随着科技的不断发展，主板上的各种接口与规范也在不断升级、不断更新换代。ATX 主板的外部接口都是统一集成在主板后半部的，并用不同的颜色表示不同的接口，如图 4-15 所示。

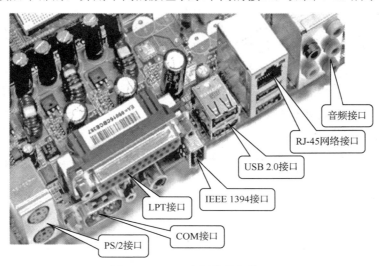

图 4-15　ATX 主板的外部接口

157

8. PS/2 接口

PS/2 接口是目前常用的鼠标与键盘接口，由有 6 个引脚的 mini-DIN 连接，在计算机端是母的，在鼠标（绿色）与键盘（紫色）端是公的，如图 4-16 所示。其中，1 脚为数据，3 脚为接地，4 脚为+5 V 电压，5 脚为时钟，2 脚和 6 脚均没有使用（悬空）。

需要注意的是，PS/2 接口不支持热插拔，在 PS/2 接口连接鼠标时不能插错（当然，也不能把键盘插入鼠标 PS/2 接口）。一般情况下，符合 PC'99 规范的主板，其鼠标的 PS/2 接口为绿色、键盘的 PS/2 接口为紫色。PS/2 通信协议是一种双向同步串行通信协议，通信两端通过 5 脚实现时钟信号同步，并通过 1 脚交换数据。

9. 音频接口

主板上有 6 个颜色不同的音频接口，用来插音箱、麦克风及其他输入/输出音频设备，如图 4-17 所示。其中，中置、低音接口用于连接 5.1 或者 7.1 多声道音箱的中置声道和低音声道；后置环绕喇叭接口用于连接 4.1 声道、5.1 声道、7.1 声道的后置环绕喇叭；侧置环绕接口用于连接 7.1 声道的侧置环绕左右声道；音频线路输入接口用于连接磁带、CD、DVD 等音频播放设备的输出端；音频输出接口用于连接耳机、功放等音频接收设备；麦克风接口用于连接麦克风。

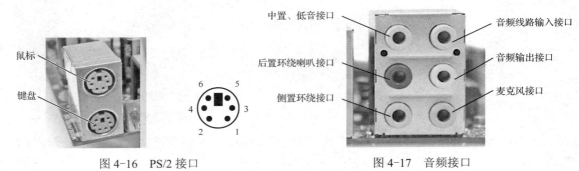

图 4-16　PS/2 接口　　　　　图 4-17　音频接口

10. 视频接口

视频接口的主要作用是将视频信号输出外部设备，或者将外部采集的视频信号收集起来。随着视频技术的不断发展，出现了各种类型的视频接口。

1）复合视频接口

复合视频接口也叫 AV 接口或者 Video 接口，它是音频、视频分离的视频接口，一般由 3 个独立的 RCA 插头（又叫莲花接口）组成，如图 4-18 所示。其中，V 接口连接混合视频信号；L 接口连接左声道音频信号；R 接口连接右声道音频信号。混合视频信号是 RGB 信号经过调制后混合的一种模拟视频信号，复合视频接口支持的最高分辨率为 340 像素×288 像素。

图 4-18　复合视频接口

2）S-Video 接口

S-Video（S-视频）接口是由分离的色度信号 F 和亮度信号 Y 所组成的连接端口，如图 4-19 所示。它将亮度和色度分离输出，避免了视频设备内信号串扰而产生的图像失真，极大地提高了图像清晰度，S 端子支持的最高分辨率为 640 像素×480 像素，称为模拟标清信号接口。

项目4　台式计算机主板电路及维修

4引脚S-Video母头　　　　4引脚S-Video公头

1：亮度信号的地线
2：色度信号的地线
3：亮度信号
4：色度信号

图 4-19　S-Video 接口

3）YPbPr/YCbCr 色差接口

色差接口是在 S-Video 接口的基础上，把色度信号 F 中的蓝色差、红色差分开发送的视频接口。它通常采用 YPbPr 和 YCbCr 标识，前者表示逐行扫描的色差输出，后者表示隔行扫描的色差输出，如图 4-20 所示。色差输出将 S-Video 接口传输的色度信号 F 分解为 Cr 和 Cb 色差信号，避免了由于 2 路色差混合译码并再次分离而带来的图像失真，也保持了色度信道的最大带宽。YPbPr/YCbCr 色差接口支持的最高分辨率为 1 280 像素×720 像素，称为模拟高清信号接口。

图 4-20　YPbPr/YCbCr 色差接口

4）VGA 接口

VGA 接口是显卡上应用广泛的接口类型，也叫 D-Sub 接口，共有 15 个引脚，分成 3 排，每排 5 个，如图 4-21 所示。VGA 接口为模拟接口，主要用到 RGB 基色信号及行同步、场同步 5 个信号。VGA 接口支持的最高分辨率为 1 920 像素×1 080 像素。

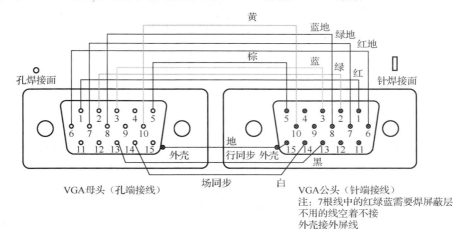

图 4-21　VGA 接口

5）BNC 接口

BNC（Bayonet Nut Connector，同轴电缆连接器）接口需在专用显示领域使用，如图 4-22 所示。实际使用时，视频显示所需要的 R、G、B、H、V 信号分别使用一根专业的 BNC 线来传输，并且插座具有良好的接触性能（自带旋紧装置），因此 BNC 接口的传输特性比 VGA 接口更好。

图 4-22　BNC 接口

6）DVI

DVI 是一种基于 TMDS（Transition Minimized Differential Signaling，转换最小化差分信

159

号）技术传输数字信号的接口标准，无须进行模拟信号与数字信号的烦琐转换，避免了信号的损失，色彩更纯净、更逼真，图像的清晰度和细节表现力都得到了大大提高，在 PC、DVD、高清晰电视（HDTV）、高清晰投影仪等设备上有广泛的应用，如图 4-23 所示。

图 4-23　DVI

7）HDMI

HDMI 是一种全数字化视频和声音传送接口。HDMI 不仅可以满足 1 080P 的分辨率，还能支持 DVD Audio 等数字音频格式，支持 8 声道 96 kHz 或立体声 192 kHz 数码音频传送。HDMI 可用于机顶盒、DVD 播放机、PC、数字音响与电视机等。HDMI 可以同时传送音频和视频信号，最高数据传输速率为 6 GB/s（2.1 版），支持的最高分辨率为 3 840 像素×2 160 像素。HDMI 的类型主要有 HDMI A、HDMI B、HDMI C、HDMI D、HDMI E，如图 4-24 所示。

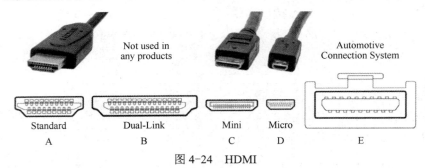

图 4-24　HDMI

（1）HDMI A 是使用最广泛的接口。在日常生活中的绝大部分影音设备都配备这个接口，如蓝光播放器、小米盒子、笔记本电脑、液晶电视、投影机等。HDMI A 应用于 HDMI 1.0 版本，总共有 19 个引脚，宽度为 4.45 mm，厚度为 13.9 mm，最大能传输 165 MHz 的 TMDS 信号，所以其能传输视频信号的最高分辨率为 1 600 像素×1 200 像素。

（2）HDMI B 是生活中比较少见的接口，它主要应用于专业应用场景。HDMI B 共有 29 个引脚，宽度为 21 mm，数据传输速率比 HDMI A 快近 2 倍，相当于 DVI Dual-Link。由于多数影音设备的工作频率均在 165 MHz 以下，而 HDMI B 的工作频率在 270 MHz 以上，因此 HDMI B 多见于专业应用场景。

（3）HDMI C 常称为 Mini HDMI，它主要为小型设备设计。HDMI C 同样有 19 个引脚，但是宽度只有 10.42 mm，厚度为 2.4 mm，它主要应用于便携式设备上，如数码相机、便携式播放机等。

（4）HDMI D 俗称 Micro HDMI。HDMI D 的尺寸进一步缩小，同样有 19 个引脚，宽度只有 6.4 mm，厚度为 2.8 mm，很像 Mini USB 接口，主要应用于小型的移动设备，如手机、平板电脑等便携设备。

（5）HDMI E 是主要应用于车载娱乐系统的音视频传输接口。由于车内环境的不稳定性，HDMI E 在设计上具备抗振性、防潮、耐高强度、温差承受范围大等特性。在物理结构上，

项目 4　台式计算机主板电路及维修

它采用机械式锁定设计，能保证接触可靠性。

8) DP 接口

DP 接口一种高清晰度音视频流的传输接口。DP 接口的外接型插头有标准型和迷你型，2 种插头的最长外接距离可以达到 15 m，如图 4-25 所示。除实现设备与设备之间的连接外，DP 接口还可用作设备内部的接口，甚至是芯片与芯片之间的数据接口。得益于它良好的性能和先进的技术，DP 接口已经逐渐成为高端显示器必不可少的接口。

（a）标准DP接口　　　　　（b）Mini DP接口

图 4-25　标准 DP 接口与 Mini DP 接口

DP 接口的设计是为取代传统的 VGA 接口、DVI 和 FPD-Link（LVDS）接口。DP 接口的兼容性不如 HDMI。HDMI、DVI 和 VGA 接口可以互转，而 DP 接口只能单向转，仅支持 DP 接口转其他接口，不支持其他接口转 DP 接口。但是，DP 接口可以兼容 USB 3.0 和 Thunderbolt 接口。比 HDMI 更先进的是，DP 接口的传输带宽为 1 Mbps，最高延迟仅为 500 μs，可直接作为语音、视频、游戏控制等低带宽数据的辅助传输通道。

9) 雷电接口

雷电接口主要用于外接显示器、投影仪等。雷电接口融合了 PCI-E 接口的数据传输技术和 DP 显示技术，可以同时对数据和视频信号进行传输。根据数据传输速率的不同，雷电接口可以分为雷电 1、雷电 2、雷电 3、雷电 4。其中，雷电 1 的最大数据传输速率为 1.25 GB/s，雷电 2 的最大数据传输速率为 2.5 GB/s，雷电 3 的最大数据传输速率为 5 GB/s。而雷电 4 和雷电 3 在数据传输速率上基本差不多，但是雷电 4 修复了雷电 3 的一些补丁，使其更加完善，如支持线材最长达 2 m（5 GB/s），支持连接 2 台 4K 显示器或 1 台 8K 显示器。

常用视频接口的图像显示效果从高到低依次为：雷电 3>DP 1.4>HDMI 2.0>USB 3.1>DVI>VGA。

雷电 1 和雷电 2 使用的接口是 Mini DP 接口，雷电 3 和雷电 4 的外观接口与 Type-C（连接介面为 USB 3.1）接口相同（功能也是互相兼容的），如图 4-26 所示。雷电 3 的数据传输速率是 USB 3.1 接口的 4 倍，可以同时支持 2 台 4K 显示器，100 W 双向充电功率，还能外接显卡。人们可以通过接口旁边的"闪电"标志或"USB 3.0 符号"来区分雷电 3 和 USB 3.1 接口。

Mini DP　　　　雷电2　　　　　USB 3.1　　　　雷电3

图 4-26　雷电与 Mini DP、USB 3.1 接口

11. LPT 接口

LPT（Line Print Terminal，打印终端）接口是一种增强的双向并行传输接口，如图 4-27 所示。大多数计算机都有 1 个或 2 个 LPT 接口，通常称为 LPT$_1$ 和 LPT$_2$，LPT$_1$ 是默认的 LPT

接口。在 USB 接口出现以前，LPT 接口是打印机、扫描仪等最常用的接口。使用 LPT 接口的设备容易安装及使用，但是速度比较慢，最大数据传输速率为 1.5 MB/s，使用 25 孔 D 形（DB-25）连接器，常用于连接打印机，但现在越来越多的打印机采用 USB 接口，LPT 接口已经逐渐被淘汰。

12. COM 接口

COM（Cluster Communication Port）接口即串行通信端口，简称串口（COM 口），如图 4-28 所示。微机上的 COM 接口通常是 9 个引脚，也有 25 个引脚的，通常用于连接鼠标（COM 接口）及通信设备（如连接外置式 MODEM 进行数据通信或一些工厂的 CNC 机接口）等。一般主板外部只有一个 COM 接口，机箱后面的 9 孔输出端（梯形）就是 COM_1 接口，COM_2 接口一般要从主板上插针引出。但目前主流的主板一般都只有一个 COM 接口，甚至没有。

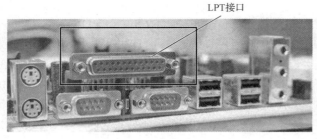

图 4-27　LPT 接口

图 4-28　COM 接口

COM 接口的接口标准规范是 RS-232，有时候也叫作 RS-232 口。RS-232 用于数字电视机和计算机设备的连接，它采用负逻辑电平，即逻辑 1 的电平规定为 -15～-3 V，逻辑 0 的电平规定为 3～15 V，最大数据传输速率为 2 400 B/s，最大通信距离为 15 m。

13. USB 接口

USB（Universal Serial Bus，通用串行总线）接口具有即插即用功能，被广泛应用于 PC 和移动设备等信息通信产品，并扩展至摄影器材、机顶盒、游戏机等其他相关领域。USB 2.0 接口分为 A 型、B 型、Mini 型和 Micro 型，每种接口都分插头和插座部分，Micro USB 接口还有比较特殊的 AB 兼容型。USB 3.1 Gen 1 就是 USB 3.0 接口，而 USB 3.1 Gen 2 才是真正的 USB 3.1 接口。USB 3.1 接口的最大数据传输速率为 1.25 GB/s（虽然 USB 3.1 接口标称的接口理论速率为 1.25 GB/s，但是其还保留了部分带宽用以支持其他功能，因此其实际的有效数据传输速率约为 0.9 GB/s）。USB 2.0 接口为 4 引脚接口，USB 3.0 接口和 USB 3.1 接口为 9 引脚接口。USB 2.0 接口提供 5 V/0.5 A 电源，USB 3.0 接口提供 5 V/0.9 A 电源，USB 3.1 接口将供电的最高允许标准提高到了 20 V/5 A。

1）A 型 USB 接口

A 型 USB 接口和如图 4-29 所示。

A 型 USB 是一种常用的 PC 接口，只有 4 根线（2 根电源，2 根信号），需要注意的是，千万不要把正负极接反了，否则会烧掉 USB 设备或者计算机主板的南桥芯片。A 型 USB 接口的引脚定义：1 脚为 VBUS（红色），2 脚为数据 D-（白色），3 脚为数据 D+（绿色），4 脚为地线（黑线）。

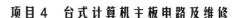

项目 4　台式计算机主板电路及维修

（a）A型USB接口（公口）　　　　　　　　　（b）A型USB接口（母口）

图 4-29　A 型 USB 接口

2）B 型 USB 接口

B 型 USB 接口和 A 型 USB 接口的外形是不一样的。计算机主机上的 USB 接口都是 A 型 USB 接口，这种接口最常见。打印机等设备上使用的 USB 接口通常是正方形的接口，该接口就是 B 型 USB 接口。B 型 USB 接口如图 4-30 所示。

3）Mini USB 接口

图 4-30　B 型 USB 接口

Mini USB 接口的尺寸比较小，广泛应用于笔记本电脑和移动设备等信息通信产品及摄影器材、机顶盒、游戏机等。Mini USB 接口分为 A 型、B 型和 AB 型。其中，B 型 Mini USB 接口采用 5 引脚封装，是目前最常见的一种接口，这种接口由于防误插性能出众，体积也比较小巧，所以得到很多的厂商青睐，现在这种接口广泛应用于读卡器、MP3、数码相机及移动硬盘上。Mini USB 接口如图 4-31 所示。

A型Mini USB接口（公口）　　B型Mini USB接口（公口）　　AB型Mini USB接口（母口）通用

图 4-31　Mini USB 接口

Mini USB 接口除 4 脚外，其他引脚功能皆与标准 USB 接口相同。4 脚为 ID，用于识别不同的电缆端点，在 A 型 Mini USB 接口上请将此引脚连接到 5 脚（接地线，作主机），在 B 型 Mini USB 接口上可将此引脚悬空（作外部设备），也可将其连接到 5 脚（接地线，作主机）。4 脚接地的 OTG 设备为 A 设备（主机），4 脚悬空的 OTG 设备则为 B 设备（外部设备）。Mini USB 接口的引脚定义：1 脚为 VBUS（红色），2 脚为数据 D-（白色），3 脚为数据 D+（绿色），4 脚为 ID（未连接），5 脚为地线（黑线）。

4）Micro USB 接口

Micro USB 接口是 USB 2.0 接口标准的一个便携版本。Micro USB 接口和 Mini USB 接口一样，也是 5 引脚封装，引脚定义也相同，如图 4-32 所示。Micro USB 接口支持 OTG 技术。OTG 技术可实现没有主机时设备与设备之间的数据传输。例如，数码相机可以直接与打印机连接并打印照片，从而拓展了 USB 技术的应用范围。

163

 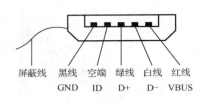

图 4-32　Micro USB 接口

Micro USB 接口连接器比标准 USB 接口和 Mini USB 接口连接器更小，节省空间，具有高达 10 000 次的插拔寿命和强度，盲插结构设计，兼容 USB 1.1 接口（低速工作模式：0.187 5 MB/s，全速工作模式：1.5 MB/s）和 USB 2.0 接口（高速工作模式：60 MB/s），同时提供数据传输和充电，特别适用于高速（USB 3.0 接口）或更高速率的数据传输，是连接小型设备（如手机、PDA、数码相机、数码摄像机和便携数字播放器等）的最佳选择，同时也能为车载提供方便，只需要 USB 车载充电器及 Micro USB 数据总线就能进行手机应急充电。

5）USB 3.0 接口和 USB 3.1 接口

USB 3.0 接口被认为是 SuperSpeed USB 接口，为那些与 PC 或音频/高频设备相连接的各种设备提供了一个标准接口。USB 3.0 接口在保持与 USB 2.0 接口兼容性的同时，还提供了以下 3 项增强功能。

① USB 3.0 接口的数据传输速率为 0.625 GB/s，而 USB 2.0 接口的数据传输速率为 60 MB/s。

② 从外观上来看，USB 2.0 接口通常是白色或黑色接口，而 USB 3.0 接口则为蓝色接口。

③ 从 USB 接口引脚上来看，USB 2.0 接口采用 4 引脚设计，而 USB 3.0 接口则采用 9 引脚设计（A 型），相比而言 USB 2.0 接口功能更强大。

USB 3.1 接口是最新的 USB 接口规范，数据传输速率提升至 1.25 GB/s，比 USB 3.0 接口提高一倍以上的有效数据吞吐率，并且完全向下兼容现有的 USB 3.0 接口软件堆栈和设备协议、0.625 GB/s 的集线器与设备、USB 2.0 接口。USB 3.1 接口的连接介面有 Type-A（Standard-A）、Type-B（Micro-B）及 Type-C，兼容 USB 2.0 接口，如图 4-33 所示。使用时应注意，选择 USB 3.1 接口，U 盘和主板必须同时是 USB 3.1 接口才能满足高速性能。

14. IDE/EIDE 接口

IDE（Integrated Drive Electronics，电子集成驱动器）接口是指把"硬盘控制器"与"盘体"集成在一起的硬盘驱动器接口，每个接口可以支持一个主设备和一个从设备，每个接口均使用 40 引脚的连接器，采用 16 位数据并行传送方式，每个设备的最大容量为 504 MB，支持的数据传输速率只有 3.3 MB/s，如图 4-34 所示。EIDE 接口是 Pentium 及以上主板必备的标准接口，不仅将硬盘的最大数据传输率提高到 16.6 MB/s，同时引进 LBA 地址转换方式，突破了固有的容量限制，可以支持容量高达 8.1 GB 的硬盘。IDE/EIDE 接口还有另一个名称叫作 ATAI（Advanced Technology Attachment Interface，先进技术总线附属接口）。

15. SATA/e-SATA 接口

SATA（Serial ATA）接口为串行 ATA 接口，主要用作主板和大量存储设备（如硬盘及光驱）之间的数据传输，如图 4-35（a）所示。SATA 1.0 接口定义的数据传输速率可达 150 MB/s，这比目前最新的并行 ATA 接口（ATA/133）所能达到的最大数据传输速率还大，而 SATA 2.0 接口的数据传输速率将达到 300 MB/s。最终 SATA 接口将实现 600 MB/s 的数据传输速率。

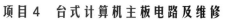

项目 4　台式计算机主板电路及维修

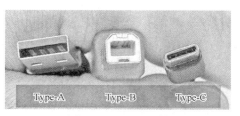

图 4-33　USB3.1 接口

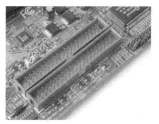

图 4-34　IDE 接口

e-SATA（External-Serial ATA）接口是一种扩展的 SATA 接口，在形状方面 e-SATA 是平的，而 SATA 接口是 L 形的，两者不能通用，如图 4-35 所示。与 SATA 接口只能局限于计算机内部 SATA 硬盘的连接不同，e-SATA 接口通过 e-SATA 技术让外部计算机接口使用 SATA2 硬盘。例如，如果设备拥有 e-SATA 接口，用户可以轻松地将 SATA2 硬盘插到 e-SATA 接口，而不用打开机箱更换 SATA2 硬盘。在信号线方面，SATA 接口和 e-SATA 接口均采用 7 引脚数据总线，其中，有 4 根数据总线（发送和接收各需 2 根数据总线）和 3 根接地线。在机箱内使用的 SATA 线缆和接口没有任何保护和锁定装置，在插拔 50 次左右时其容易因接触不良而出现问题。

（a）SATA 接口

（b）e-SATA 接口

图 4-35　SATA/e-SATA 接口

16．SCSI

SCSI（Small Computer System Interface，小型计算机系统接口）如图 4-36 所示。SCSI 是与 IDE 接口完全不同的接口，IDE 接口是普通 PC 的标准接口，而 SCSI 并不是专门为硬盘设计的接口，它是一种广泛应用于小型机上的高速数据传输接口。SCSI 具有应用范围广、多任务、带宽大、CPU 占用率低及热插拔等优点，但较高的价格使得它很难如 IDE 接口般普及，因此 SCSI 主要应用于中、高端服务器和高档工作站中。

图 4-36　SCSI

17．IEEE1394 接口

IEEE1394 接口作为一个工业标准的高速串行总线，其数据传输速率一般为 800 MB/s～1.6 GB/s（最大），使用塑料光纤时其数据传输速率可以提高到 3.2 GB/s，支持外部设备热插拔，其传输距离可以达到 30 m，所以十分适合视频影像的传输。近年来，随着 IEEE1394 PCI 功能板成本下降及对大容量数据传输速率要求的增加，IEEE1394 接口正快速在市场上普及开来。作为一种数据传输的开放式技术标准，IEEE1394 接口被应用在众多的设备，包括数码摄像机、高速外接硬盘、打印机和扫描仪等多种设备。

IEEE1394 接口有 IEEE1394A 接口和 IEEE1394B 接口，共有 3 种标准的接口形式：9 引脚、6 引脚与 4 引脚（小型）接口，如图 4-37 所示。其中，IEEE1394A 接口插头形状有 6 引脚和 4 引脚，数据传输速率为 50 MB/s（FireWire 400）。4 引脚 IEEE1394A 接口中有 2 根发送数据总线和 2 根接收数据总线，6 引脚 IEEE1394A 接口中有 2 根发送数据总线、2 根接收数据总线及 2 根电源线。2 根电源线之间的电压一般为 8～40 V，最大电流为 1.5 A。IEEE1394B 接口插头形状为 9 引脚，其中有 4 根数据总线、2 根电源正极线、3 根接地线，数据传输速率为 100 MB/s（FireWire 800），它与 IEEE1394A 接口向下兼容。如果用户要添加外置硬盘，6 引脚/9 引脚的 IEEE1394 接口就非常必要，因为外置硬盘运行时需要供电。

图 4-37　IEEE1394 接口

18. M.2 接口

M.2 接口是为超极本量身定做的新一代接口规范，用以取代原来的 mSATA 接口，如图 4-38 所示。与 mSATA 接口相比，M.2 接口主要在速度和体积方面有优势。由于 M.2 接口的数据传输速率大，最大数据传输速率大约为 4 GB/s，并且占用空间小，厚度还非常薄，计算机主板可用它来连接比较高端的固态硬盘产品。M.2 接口的固态硬盘具有体积小巧、性能出色，主要用于超极本、笔记本电脑等便携设备中。

19. U.2 接口

U.2 接口是由固态硬盘形态工作组织推出的接口规范，如图 4-39 所示。U.2 接口不仅能支持 SATA-E 规范，还能兼容 SAS、SATA 等规范。因此大家可以把它当作 4 通道版本的 SATA-E 接口，它的理论数据传输速率已经达到 4 GB/s，与 M.2 接口毫无差别。U.2 接口比 M.2 接口速度更快，2.5 英寸的长度规格能更好地与 SATA 3.0 接口固态硬盘尺寸兼容，适合主流笔记本电脑、台式计算机等。

图 4-38　M.2 接口　　　　　　　　图 4-39　U.2 接口

20. RJ-45 网络接口

RJ-45 网络接口是常用以太网接口，支持 1.25 MB/s 和 12.5 MB/s 自适应的网络连接速度，网卡及集线器上接口的外观为 8 引脚母插座，PC 端的网线为 8 引脚公插头，如图 4-40 所示。

网络传输线分为直通线、交叉线和全反线。直通线用于异种网络设备之间的连接，如计算机与交换机。交叉线用于同种网络

图 4-40　RJ-45 网络接口

项目 4 台式计算机主板电路及维修

设备之间的连接,如计算机与计算机。全反线用于超级终端与网络设备控制物理接口之间的连接。

4.2.5 任务评价

在完成主板插槽与计算机接口学习任务后,对学生主要从主动学习、高效工作、认真实践的态度,团队协作、互帮互学的作风,掌握主板上插槽的种类及各种插槽的作用,能识读各种计算机接口,掌握各种计算机接口的特点与使用方法,树立为国家、人民多做贡献的价值观等方面进行评价,并采用学生自评、小组互评、教师评价来综合评定每一位学生的学习成绩。主板插槽与计算机接口学习任务评价表如表 4-2 所示。

表 4-2 主板插槽与计算机接口学习任务评价表

评价指标	评价要素	分值	学生自评（10%）	小组互评（20%）	教师评价（70%）	得分
计算机接口	了解计算机接口的定义与分类方法；熟悉计算机接口的组成与主要功能；掌握硬盘、显示器、键盘、鼠标、打印机所使用的接口,并能将它们和计算机相连接	20				
主板插槽与计算机接口	能分析主板上各种插槽的布局、功能特点及使用方法；能识读各种计算机接口的外形；熟悉各种计算机接口的功能特点及使用方法；掌握计算机接口的连接方法	50				
文档撰写	能撰写主板插槽与计算机接口的特点及使用报告,包括摘要、正文、图表符合规范要求	20				
职业素养	符合 7S（整理、整顿、清扫、清洁、素养、安全、节约）管理要求,具有认真、仔细、规范操作、高效工作的态度,为国家、人民多做贡献的价值观	10				

任务 4.3 计算机电源及机箱前面板的信号连接

4.3.1 任务目标

（1）了解计算机电源的类型和主要作用。
（2）掌握 ATX 电源的工作原理及使用方法。
（3）掌握台式机箱前面板信号的连接方法。

4.3.2 任务描述

机箱前面板是台式计算机主机机箱正前面的一块面板,是机箱的一个重要组成部件。机箱前面板上通常配有开机键（POWER）、复位（重启）开关、USB 接口等。机箱前面板上一般有 3 个指示灯,表示 Power、HD、Tubro 状态,即表示电源接通、硬盘上有数据传送、加速模式。机箱前面板上还配有前置音箱接口、前置 USB 接口、前置 IEEE1394 接口等。

学生要学会使用与维修计算机电源,必须熟悉计算机电源的类型、特点及使用方法。计算机电源是一个无工频变压器的 4 路开关稳压电源,它的工作原理是:输入 AC220 V 市电后,先经过低通滤波器滤波及桥式整流器整流,使之转换为 300 V 直流峰值高压,该直流峰值高

压被送到 PWM 器、变换型振荡器（功率转换线路），转换为 300 V 的矩形波或正弦波，该矩形波或正弦波经过高频变压及整流滤波即可输出 5 V、12 V、-12 V、3.3 V、-5 V 的直流电压，供给系统使用。计算机电源在使用过程中难免会发生熔断器熔丝熔断、开关键线损坏、300 V 滤波电容器损坏、输出电压偏低、输出功率不足等故障。学生要对故障计算机电源进行维修，必须掌握计算机电源的电路组成与工作原理，同时掌握各种元器件的检测及更换方法，并能对检修后的电源进行带负载调试。在打开机箱检修计算机主板或组装机箱时，必须注意机箱前面板与主板之间的信号线连接关系。

4.3.3 任务准备——计算机电源的类型及特点

1. 计算机电源的作用

计算机核心部件的工作电压一般较低（小于或等于 12 V），而计算机的工作频率却非常高，因此其对电源的要求比较高。计算机电源是一种安装在主机箱内的封闭式独立部件，它的作用是将 220 V 交流电转换为 5 V、-5 V、12 V、-12 V、3.3 V、-3.3 V 等不同数值、稳定可靠的直流电压，供给主机箱内的系统板、各种适配器、扩展卡、硬盘驱动器、光驱等系统部件，键盘、鼠标使用。

计算机电源一直都遵循着电源标准来发展，并且它也一直在更新，主要有 PC/XT 电源、AT 电源、ATX 电源、BTX 电源、EPS、WTX 电源、SFX 电源、CFX 电源、LFX 电源。

2. PC/XT 电源

1983 年，IBM 最先推出 PC/XT 电源时提出了 PC/XT 电源标准。PC/XT 电源能提供 5 V、12 V 主电压组和-5 V、-12 V 负电压组，其中负电压组所能提供的功率比较有限，只占电源供应器总输出功率的一小部分。这种原始的电源供应器能提供 63.5 W 的电功率，其中 5 V 电压的功率占绝大部分。

3. AT 电源

1984 年，IBM 发布 PC/AT 电源时提出了 AT（Advanced Technology）电源标准，从 286 到 586 计算机均由 AT 电源统一供电。AT 电源标准的外形尺寸为 150 mm×140 mm×86 mm，输出功率一般为 150~220 W，共有 4 路输出（±5 V、±12 V），另外还向主板提供一个电源工作正常的 P.G 信号。电源输出线为 2 个 6 引脚插座和多个 4 引脚插头，2 个 6 引脚插座给主板供电，同时采用机械开关切断交流电网的方式关机。随着 ATX 电源的普及，AT 电源渐渐淡出市场。

4. ATX 电源

ATX（Advanced Technology eXtended）电源标准是 Intel 公司于 1995 年提出的，在接电源线的一端其外形尺寸为宽度 150 mm、长度 140 mm、高度 86 mm，而且长度可以变化，但高度和宽度不变。ATX 电源标准从最初的 ATX 1.0 开始，经历了 ATX 1.1、ATX 2.0、ATX 2.01、ATX 2.02、ATX 2.03 和 ATX 12 V 等标准。目前国内市场上流行的是 ATX 2.03 和 ATX 12 V，其中 ATX 12 V 又可分为 ATX 12 V 1.2、ATX 12 V 1.3、ATX 12 V 2.0 等多个标准。

随着 CPU 工作频率的不断提高，为了降低 CPU 的功耗以减少发热量，需要降低芯片的工作电压。所以，电源必须能提供 3.3 V 输出电压。ATX 电源与 AT 电源最显著的区别是，增加了 3.3 V 和 5 VB 2 路输出和 1 个 PS-ON 信号，使电源输出电压达到 6 路，分别是 5 V、

−5 V、12 V、−12 V、3.3 V 及 5 V SB。其中，5 V SB 也叫辅助 5 V，只要插上 220 V 交流电它就有电压输出。在待机及受控启动状态下，5 V SB 端的输出电压均为 5 V 高电平。PS-ON 信号为主机启闭电源或网络计算机远程唤醒电源的控制信号，低电平时电源启动，高电平时电源关闭。不同型号的 ATX 电源，待机电压各不相同。利用 5 V SB 和 PS-ON 信号，就可以实现软件开关机器、键盘开机、网络唤醒等功能。有些 ATX 电源在输出插座的下面加了一个开关，可切断交流电源输入，彻底关闭计算机的全部电源。

Micro ATX 是 Intel 公司在 ATX 电源之后推出的电源标准，主要目的是降低成本。其与 ATX 电源标准的显著变化是外形尺寸和功率变小了。ATX 电源标准的外形尺寸为 150 mm×140 mm×86 mm，而 Micro ATX 电源标准的外形尺寸为 125 mm×100 mm×63.51 mm。ATX 电源标准的功率为 220 W 左右，而 Micro ATX 的功率为 90～145 W。

5. BTX 电源

BTX（Balanced Technology eXtended）电源是遵从 BTX 电源标准设计的计算机电源。BTX 电源兼容了 ATX 技术，其工作原理与内部结构基本与 ATX 电源相同，输出标准与目前的 ATX 12 V 2.0 电源标准一样采用了 24 引脚插头。BTX 电源在原 ATX 电源的基础之上衍生出了 ATX 12 V、CFX 12 V、LFX 12 V 几种电源规格。其中，ATX 12 V 电源可以直接用于标准 BTX 机箱。CFX 12 V 适用于系统容量为 10～15 L 的机箱。这种电源与以前的电源虽然在技术上没有变化，但为了适应外形尺寸的要求，采用了不规则的外形，定义了 220 W、240 W、275 W 规格，其中 275 W 的电源采用相互独立的 2 路 12 V 输出。而 LFX 12 V 则适用于系统容量为 6～9 L 的机箱，目前它有 180 W 和 200 W 2 种规格。

6. EPS

EPS 和不间断电源是完全不同的概念。随着数字化时代的发展，出现了为新生的工作组和服务器机箱供电的服务器端嵌入 EPS 标准。ATX 2.03 电源标准规定的主板电源有 20 引脚，CPU 电源为 4 引脚。而 EPS 的特点是主板电源为 24 引脚，CPU 电源为 8 引脚。所以现在经常看到的主板电源为（20+4）引脚，CPU 电源为（4+4）引脚，其实它是 ATX 电源的扩展。

7. WTX 电源

WTX 电源（Workstations TX）为工作站电源，介于服务器和家用机之间，也可以理解为 ATX 电源的加强版本，属于 IA（Intel Architecture）服务器电源的架构之一。WTX 电源标准是随着 PentiumIII Xeon（Slot2）的出现而提出的，其外形尺寸比 ATX 电源标准大，供电能力也比 ATX 电源标准强，常用于服务器和大型计算机电源。

8. SFX、CFX、LFX 电源

SFX、CFX、LFX 电源同 WTX 电源一样，都可以说是 ATX 电源的扩展，在外形尺寸和功率上都有各自的规范，都同 BTX 电源一样兼容 ATX 系列主板。这些电源都是为了适应现在小型机箱没有独立显卡、体积小的特点而规定的标准，以方便个人组装计算机时选购不同的机箱配件。CFX 电源适用于系统容量为 10～15 L 的机箱；而 LFX 电源则适用于系统容量为 6～9 L 的机箱。SFX 电源是 Mini 台式机箱常用的电源。SFX 电源标准的外形尺寸为 125 mm×100 mm×63.5 mm，是小机箱电源。

4.3.4 任务实施——ATX 电源及机箱前面板的信号连接

1. AT 电源的连接接口

AT 电源只能输出±5 V 和±12 V 电压。例如，AT-200 电源的性能指标为输入为 110/220 V（5 A/2.5 A）、60 Hz/50 Hz，输出为 5 V（20 A）、12 V（8 A）、-5 V（0.5 A）、-12 V（0.5 A）。AT 电源的接口由 2 组接口（P8 和 P9）组成，两组接口都是 6 引脚的电源插口，如图 4-41 所示。AT 电源 P8 接口与 P9 接口引脚功能说明如表 4-3 所示。

图 4-41　AT 电源的接口

表 4-3　AT 电源 P8 接口与 P9 接口引脚功能说明

接口	P8						P9					
引脚号	1	2	3	4	5	6	1	2	3	4	5	6
符号	PG	+5 V	+12 V	-12 V	GND	GND	GND	GND	-5 V	+5 V	+5 V	+5 V
颜色	灰	红	黄	蓝	黑	黑	黑	黑	白	红	红	红
功能说明	电源正常	5 V 电压	+12 V 电压	-12 V 电压	地线	地线	地线	地线	-5 V 电压	5 V 电压	5 V 电压	5 V 电压

2. ATX 电源的连接接口

ATX 电源是当前计算机的主流电源，且有多个版本，不同的版本有不同的技术指标。例如，ATX-200FD 电源，其输入为 220 V、50 Hz、3 A，其输出为 5 V（18 A）、12 V（14 A）、3.3 V（14 A）、-12 V（0.5 A）、5 V SB（2 A）及 P.G 信号。

ATX 12 V 2.31 电源的接口如图 4-42 所示。其中，P1 接口（20+4P）为主板供电，4+4P 接口和 8P 接口为 CPU 供电，大 4P 接口分别为 IDE 硬盘/光驱供电，SATA 接口为 SATA 的设备供电，6+2P 接口为显卡供电。

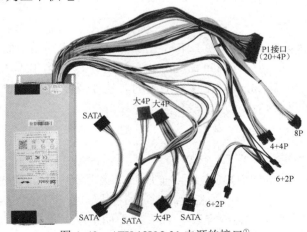

图 4-42　ATX 12V 2.31 电源的接口[①]

---

① 20+4P 是指 20 个引脚和 4 个引脚组合，可以分开使用，也可以组合使用；4+4P 是指 4 个引脚和 4 个引脚组合，可以分开使用，也可以组合使用；6+2P 是指 6 个引脚和 2 个引脚组合，可以分开使用，也可以组合使用。

3. ATX 电源 P1 接口引脚的功能

尽管不同版本的 ATX 电源有不同的接口数量，但是，各个接口的引脚功能是根据导线颜色来规定的，如红色导线表示 5 V、橙色导线表示 3.3 V、黄色导线表示 12 V、灰色导线表示 5 V SB、蓝色导线表示-12 V、黑色导线表示地线、灰色导线表示 P.G 信号、绿色导线表示 PS-ON 信号。给主板供电的 20 引脚电源接口和 24 引脚电源接口的引脚功能说明如表 4-4 和表 4-5 所示。

表 4-4　给主板供电的 20 引脚电源接口的引脚功能说明

引脚号	1	2	3	4	5	6	7	8	9	10
功能说明	3.3 V	3.3 V	GND	5 V	GND	5 V	GND	P.G	5 V SB	12 V
颜色	橙色	橙色	黑色	红色	黑色	红色	黑色	灰色	紫色	黄色
引脚号	11	12	13	14	15	16	17	18	19	20
功能说明	3.3 V	-12 V	GND	PS-ON	GND	GND	GND	NC	5 V	5 V
颜色	橙色	蓝色	黑色	绿色	黑色	黑色	黑色	没有	红色	红色

表 4-5　给主板供电的 24 引脚电源接口的引脚功能说明

脚号	1	2	3	4	5	6	7	8	9	10	11	12
功能说明	3.3 V	3.3 V	GND	5 V	GND	5 V	GND	P.G	5 V SB	12 V	12 V	3.3 V
颜色	橙色	橙色	黑色	红色	黑色	红色	黑色	灰色	紫色	黄色	黄色	橙色
脚号	13	14	15	16	17	18	19	20	21	22	23	24
功能说明	3.3 V	-12 V	GND	PS-ON	GND	GND	GND	NC	5 V	5 V	5 V	GND
颜色	橙色	蓝色	黑色	绿色	黑色	黑色	黑色	没有	红色	红色	红色	黑色

20 引脚电源接口是 ATX 2.03 电源的标准，而 24 引脚电源是在 20 引脚电源基础上发展的新一代电源标准，是 ATX 12 V 2.0 电源标准。从表 4-4 和表 4-5 可知，24 引脚电源接口和 20 引脚电源接口的引脚布置考虑了兼容性，即 20 引脚电源接口插头可以在 24 引脚电源插座上使用，安装时要注意防脱钩方向与电源插座钩槽方向一致，注意观察电源插座的编号，电源插头的 1 与 11 应插入主板插座的 1 与 13。同时，一定要先定位再插入，不然容易损坏电源插座。

ATX 电源的信号连接导线使用黄、红、橙、紫、蓝、白、灰、绿、黑色 9 种，具体导线颜色规定及信号电平如下。

（1）黄色：12 V（标准范围：11.4～12.6 V）。

（2）蓝色：-12 V（标准范围：-10.8～-13.2 V）。

（3）红色：5 V（标准范围：4.75～5.25 V）。

（4）白色：-5 V（标准范围：-4.5～-5.5 V）。

（5）橙色：3.3 V（标准范围：3.14～3.45 V）。

（6）绿色：PS-ON（电源开关控制）信号线（小于 1 V 时开启电源，大于 4.5 V 时关闭电源）。

（7）灰色：P.G（电源正常状态）信号线（0 V 时电源不正常，5 V 时电源正常）。

4. ATX 电源的特殊导线

（1）5 V SB 待机电压（紫色导线）：只要接通交流 220 V 电源，不管计算机主机是否运行，5 V SB 电压始终正常供电。

（2）PS-ON 信号线（绿色导线）：当 16 脚悬空为高电平时，ATX 电源关闭；当 16 脚接地为低电平时，ATX 电源开机运行。

（3）P.G 信号线（灰色导线）：当 ATX 电源开机运行并且 5 V 电压稳定后，8 脚会输出一个 5 V 电压的信号（电源正常），一般是在开机后延迟 100～500 ms 输出。

5. ATX 电源的工作原理

ATX 电源的 EMI（ElectroMagnetic Interference，电磁干扰）是 3C 认证中的一个重要检测项目。优质电源会采用完整的二级滤波电路，其主要作用就是滤除电网中的高频杂波和干扰信号，同时还要避免电源中产生的电磁辐射泄漏，以减少电源本身对外界的干扰。ATX 电源的组成框图如图 4-43 所示。ATX 电源的工作原理是：AC220 V 电压先经过第 1、2 级 EMI 滤波后变成较纯净的 50 Hz 交流电压，再经全桥整流及滤波后输出 300 V 直流电压；300 V 直流电压同时加到主电源主振功率管、待机电源主振功率管、待机电源变压器。

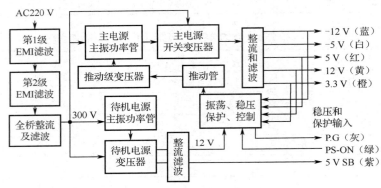

图 4-43 ATX 电源的组成框图

ATX 电源一般不设市电开关，接通 AC220 V 电压，待机电源正常工作，输出 12 V 主电源控制芯片工作电压和 5 V SB 待机电压。其中，5 V SB 待机电压供给 ATX 主板内部一部分在关机状态下要保持工作的芯片，如网络通信接口、电源监控单元、系统时钟等部分芯片。由于此时主板没有发送电源开关信号，即 PS-ON 信号为 5 V 高电平，主电源处于截止状态，因此主电源开关变压器上没有电压输出，主电源的 5 组电压（±12 V、±5 V、+3.3 V）均没有电压输出。

当主板输出启动电源信号，即 PS-ON 信号为 0 V 低电平时，主电源控制芯片输出脉冲，使主电源电路开始工作。因此，我们不仅可以手动按下主机箱上的触发按钮使 PS-ON 信号为低电平启动电源，还可以通过程序或键盘等其他方式使 PS-ON 信号为低电平启动电源，从而使 ATX 电源具有远程控制功能。

6. ATX 电源的常见故障及原因

1）ATX 电源引起的计算机故障

电源必须为需要供电的设备不间断地提供稳定、连续的电流，这样设备才能正常工作。如果 ATX 电源输出功率不足，计算机主机就有可能不能正常工作。例如：内存不能刷新，造成数据丢失（导致软件错误）；CPU 可能死锁，或计算机随机地重启；硬盘可能不转或不能正常处理控制信号。计算机中很难发现的问题之一就是电源不足，现象可能是主板"不能用"，

项目 4　台式计算机主板电路及维修

导致软件系统经常崩溃,这些现象可能由主板、CPU 或内存异常表现出来,甚至有时看起来好像是硬盘、光盘、软盘等问题。有经验的维修人员,在遇到主板、内存、CPU、功能板、硬盘等部件工作异常或损坏时,通常会先测量电源电压。正常的电源电压是计算机正常工作的基本保证,而且很多故障都是由电源电压不正常引起的。例如,一台计算机出现找不到硬盘的故障,维修人员通过对比试验,确信硬盘是正常的,其起初判断为主板上的 IDE 接口损坏,于是找来多功能卡,将其插在主板的空闲 ISA 插槽,连接硬盘试验,仍然找不到硬盘,而维修人员通过测量电源电压发现 12 V 电压只有 10 V 左右,在这样低的供电电压下,硬盘达不到额定转速,当然不能工作,更换一台 ATX 电源后,故障排除。

2)ATX 电源的常见故障现象

ATX 电源的常见故障主要有以下 5 方面。

(1)计算机无法开机,ATX 电源无电压输出。

(2)计算机不断自动重启。

(3)计算机开机启动时死机。

(4)计算机启动 3 s 后自动关机。

(5)ATX 电源输出电压偏低。

3)ATX 电源故障的产生原因

ATX 电源故障的产生原因主要有以下 8 方面。

(1)ATX 电源内部元器件损坏引起输出电压偏低。

(2)ATX 电源内部硬件老化引起输出功率不足,带负载后输出电压下降过大。

(3)ATX 电源完全烧坏,使内部各处电压均为 0 V。

(4)ATX 电源熔断器熔断,使输出电压均为 0 V。

(5)主电源或辅助电源主振功率管损坏,使主电源输出电压为 0 V 或者辅助电源输出电压为 0 V。

(6)300 V 滤波电容器损坏,使 DC300 V 偏低甚至为零,带不动负载。

(7)主板开关电路损坏,对计算机执行开关机操作不可靠甚至不能执行开关机操作。

(8)机箱电源开关线损坏,对计算机执行开关机操作其没有任何反应。

4)ATX 电源好坏的判断

在断电情况下,将 ATX 电源插头从主板上拔下来,接通电源后,当用镊子短接 ATX 电源插头的绿色导线和黑色导线时,如果电源风扇转了说明电源是好的;如果电源风扇不转,先在断电情况下,将硬盘、光驱等所有设备的电源插头都拔下来(避免负载短路故障所引起的电源不工作),然后接通电源,当用镊子短接 ATX 电源插头的绿色导线和黑色导线时,若电源风扇转了,则说明电源是好的,若电源风扇不转,则说明电源坏了,需要更换或检修电源。

7. 主板与机箱前面板的连接插头

连接插头是主板用来连接机箱前面板上的开机键、电源指示灯、复位开关、硬盘指示灯及机箱内蜂鸣器排线的,如图 4-44 所示。

ATX 电源主板的机箱上有一个总电源开关插头,它和复位开关的插头一样,是一个 2 引脚插头,按下时短路,松开时开路,按一下,计算机总电源就被接通了,再按一下计算机总电源就被关闭了。对于复位开关,每按一次,系统重启一次。电源指示灯一般为 2 或 3 引脚

173

插头，使用 1、3 脚，1 脚通常为绿色（电源正极），对应主板上标有"PLED+"，注意正负极不要接反，否则，电源指示灯不会亮。当计算机开机后，电源指示灯就一直亮着，指示电源已经打开。硬盘指示灯是 2 引脚插头，连接时红线对应 1 脚位置（电源正极）。当计算机在读写硬盘时，机箱上的硬盘指示灯会点亮闪动，表示硬盘正在工作。

注意：在硬盘指示灯亮着时不要关机，以免损坏硬盘。

当计算机安装有光驱时，可以用来读取光盘信息。光驱面板上的按键可以用来弹出光盘。光驱面板上有指示灯，当读光盘信息时，指示灯亮。

注意：不要在光驱指示灯亮时强行弹出光盘。

蜂鸣器通常采用 4 引脚插头，但实际上只使用 1、4 脚，1 脚通常为红色（电源正极），4 脚为电源负极，必须正确安装，以确保蜂鸣器发声。开机键的连线不分正负极；复位开关的连线也不分正负极；电源指示灯的连线一般是一绿一白，绿色导线是正极；硬盘指示灯的连线一般是一红一白，红色导线是正极；蜂鸣器的连线，一般是一红一黑，红色导线是正极。主板与机箱前面板的信号连接图如图 4-45 所示。

图 4-44 连接插头

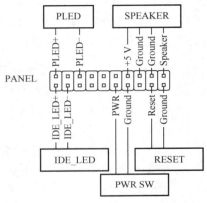

图 4-45 主板与机箱前面板的信号连接图

8. 前置音频的接线方法

为了方便用户，大部分机箱上都设有前置音频接口，分为音箱接口和耳机接口。在一些中高端的机箱中，这些接口的插头被集中在一起，用户只要找准主板上的前置音频引脚，按照正确的方向将其插入即可。由于前置音频接口采用了防呆式的设计，因此其反方向无法插入。机箱上的前置音频插头主要有 AAFP、CD 和 SPDIF_OUT，如图 4-46 所示。其中，AAFP 是符合 AC97 规范（传统计算机音频输入输出及处理方案）的前置音频的 9 引脚插头，CD 是用于连接光驱数字音频的 4 引脚插头，SPDIF_OUT 是用于连接同轴数字音频的 3 引脚插头，可以传输 LPCM 流，Dolby Digital、DTS 类环绕声压缩音频信号。

图 4-46 机箱上的前置音频插头

项目 4　台式计算机主板电路及维修

常用计算机音频信号的输入与输出通过 AAFP 进行，它有符合高保真（HD）和 AC97 规范的音频连接方式，如图 4-47 所示。符合 HD 规范的音频连接对引脚做了新的定义，对部分引脚赋予新的功能。符合 HD 与 AC97 规范的音频连接的引脚定义对比如表 4-6 所示。

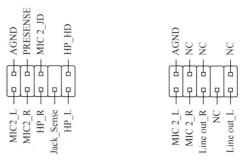

（a）符合HD规范的音频连接　　（b）符合AC97规范的音频连接

图 4-47　AAFP 的连接示意图

表 4-6　符合 HD 与 AC97 规范的音频连接的引脚定义对比

引脚号	规范	符号	引脚定义
1	HD	MIC2_L	麦克风左声道
	AC97	MIC2_L	麦克风左声道
2	HD	AGND	模拟信号地线
	AC97	AGND	模拟信号地线
3	HD	MIC2_R	麦克风右声道
	AC97	MIC2_R	麦克风右声道
4	HD	PRESENSE#	当 HD 音频接入时，该信号降为 0，通知 BIOS 有 HD 音频连到前置音频接口
	AC97	NC	不连接
5	HD	HP_R	耳机右声道输出
	AC97	Line out_R	线路（或耳机）输出右声道
6	HD	MIC2_JD	麦克风插座感应信号线（有麦克风插入时，该信号为高电平）
	AC97	NC	不连接
7	HD	Jack_Sense	线路插座感应信号线（有线路插座插入时，该信号为高电平）
	AC97	NC	不连接
8	HD		防呆（无脚）
	AC97		防呆（无脚）
9	HD	HP_L	耳机右声道输出
	AC97	Line out_L	线路（或耳机）输出左声道
10	HD	HP_HD	耳机插座感应信号线（有耳机插入时，该信号为高电平）
	AC97	NC	不连接

4.3.5　任务评价

在完成计算机电源及机箱前面板的信号连接学习任务后，对学生主要从主动学习、高效工作、认真实践的态度，团队协作、互帮互学的作风，能识读主板与机箱前面板信号连接插头的作用及连接方法，熟悉计算机电源的类型及特点，掌握 ATX 电源的电路组成、工作原理及常见故障的检修方法，树立为国家、人民多做贡献的价值观等方面进行评价，并采用学生自评、小组互评、教师评价来综合评定每一位学生的学习成绩。计算机电源及机箱前面板的信号连接学习任务评价表如表4-7所示。

表4-7　计算机电源及机箱前面板的信号连接学习任务评价表

评价指标	评价要素	分值	学生自评（10%）	小组互评（20%）	教师评价（70%）	得分
主板与机箱前面板的信号连接	了解主板与机箱前面板信号连接插头的类型及作用；掌握主板与前面板信号连接方法及常见故障的判断与维修方法	20				
ATX电源的电路组成、工作原理及维修	了解计算机电源的类型及特点；能根据主机工作需要选用合适的电源；能识读ATX电源的电路组成，并能分析其工作原理；掌握ATX电源常见故障的判断与维修方法	50				
文档撰写	能撰写ATX电源的工作原理及故障检修报告，包括摘要、正文、图表符合规范要求	20				
职业素养	符合7S（整理、整顿、清扫、清洁、素养、安全、节约）管理要求，具有认真、仔细、规范操作、高效工作的态度，树立为国家、人民多做贡献的价值观	10				

任务4.4　主板电路

4.4.1　任务目标

（1）了解主板电路的布局和主要元器件的作用。
（2）掌握主板电路的组成、各单元电路的作用及工作原理。
（3）熟悉主板电路的关键参数及测量方法。
（4）掌握主板电路常见故障的判断与维修方法。

4.4.2　任务描述

主板电路是指安装在机箱内主板上的电路部分及与主板相连接的辅助电路，它的主要作用是：将不同电压的用电器连接在一起，使它们相互传递数据，接收外来数据，将内部处理的数据集中传给外界，并提供相应的电源等。在主板电路中，CPU负责处理指令、执行操作、控制时间和处理数据等工作，功耗较大、温度很高，而CPU一般只能稳定工作在70℃～80℃，因此CPU必须主动散热才能稳定工作，除散热（吹风）风扇外还需有散热器。芯片组决定主板使用的CPU类型、主板的系统总线频率、内存类型、容量和性能等。显卡插槽规格是由芯片组中的北桥芯片决定的，而扩展插槽的类型和数量、扩展接口的类型和数量等是由芯片组中的南桥芯片决定的。还有些芯片组由于纳入了3D加速显示（集成显示芯片）、声音解码等功能，它还决定计算机系统的显示性能和音频播放性能。其中，北桥芯片主要负责管理主板中高速运行的设备，消耗能量较大，需要安装散热器。南桥芯片主要负责管理主板中低速运行的设备，由于低速运行的设备在计算机主板中所占比重不是很大，所以南桥芯片不需要安装散热器。

如果主板出现了故障，计算机往往就不能正常工作了。随着主板的集成度越来越高，维

项目 4　台式计算机主板电路及维修

修主板的难度也越来越大,往往需要借助专门的数字检测设备才能维修。掌握全面的主板维修技术是迅速排查主板故障的基础。学生要对故障主板电路进行维修,必须熟悉主板电路的组成、各单元电路的功能及故障维修方法。计算机主板由较多的集成电路、组件构成,并且计算机中硬件、软件的运行都需要以主板为基础,因此其结构较为复杂,加之工作环境的影响、硬件老化或非正常关机等,主板经常由于各种原因而产生各种类型的故障,给计算机使用者带来诸多不便。因此,维修人员能够在最短的时间内修复计算机的功能显得尤为重要。在计算机主板维修中要通过查找线路的方法去检查和分析电路信号在相关线路之间的连接关系,从中找出故障部位。要正确、快速地查找主板的线路,必须掌握查找的注意事项和查找技巧,否则就无法做好维修工作。

4.4.3　任务准备——主板电路的识读方法

1. 识读主板电路图的基本方法

识读电路图并能分析其工作原理是维修电子设备的关键。要识读主板电路必须能识读主板电路图及元器件与电路图形符号的对应关系。识读电路图的目的是分析电路图的功能,并判断该电路图中的信号处理方式。学生要想识读主板电路图,首先,要掌握主板上常用元器件的基础知识,就是认识这些元器件,如二极管、三极管、场效应晶体管、电阻器、电容器、电感器、芯片等,尤其是贴片封装的元器件,了解这些元器件的外观、作用和工作原理、常用型号及其在电路图中的图形符号。其次,要理解主板的工作原理,主要从熟悉电路功能方框图和信号流程图方面理解,在此基础上了解各组成部分的相互连接导线(各个功能单元的电源供电线和信号连接导线)。再次,需要逐步熟悉各部分功能方框图的具体电路,主要元器件在电路中的功能与作用,逐一掌握计算机主板中 CPU、南桥芯片、北桥芯片、I/O 芯片的功能与作用。最后,利用信号流程图把功能方框图系统地连接在一起,就可以理解整个电路的工作原理了。学会识读电路图只是维修设备中最基本的常识,真正要利用电路图来检测关键点的电压或数据及修复主板,需要学生努力学习、长期实践、积累经验。

2. 识读主板电路图的步骤

识读主板电路图就是要弄清楚主板电路由哪几部分组成,以及各电路之间的联系和性能。分析电路的主要目的就是了解信号的处理方法,以处理信号流向为主线,顺着信号主要通路将整个电路图划分成若干单元电路,并对这些电路进行分析。具体步骤如下。

(1) 了解用途:了解整个电路的功能与作用,以及各单元电路的作用。
(2) 找出通路:找出各单元电路中信号的通路,一般电路的信号流向是从左到右的。
(3) 分析功能:根据已经掌握的知识分析各单元电路的工作原理和功能。
(4) 通观整体:先画出各单元电路的功能方框图,然后根据它们之间的关系进行连接,画出整体框图。从整体框图中可以看出各单元电路的联系及其之间是如何协调工作的。

3. 主板电路的组成框图

主板发展较快,型号规格较多,电路差别较大,但是基本工作原理是相似的。以 IPM31 主板为例,它主要由 CPU、北桥芯片、南桥芯片、I/O 芯片、BIOS 芯片、内存插槽、PCI 插槽、PCI-E×16 插槽、PCI-E×1 插槽、ATX 接口、硬盘接口、软驱接口、并行口、串行口、SATA 接口、RJ-45 网络接口等组成。IPM31 主板实物图如图 4-48 所示。

电子产品原理分析与故障检修（第 2 版）

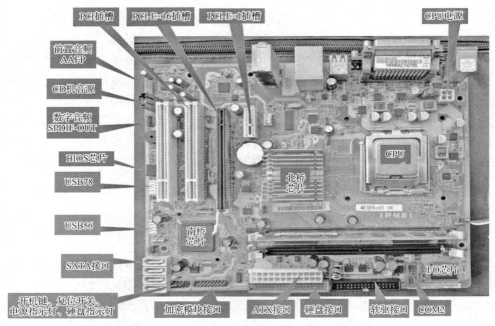

图 4-48　IPM31 主板实物图

CPU 由于功耗较大，除在其上需要安装散热器外，还需要在散热器上方安装散热风扇，如图 4-49 所示。在安装或拆卸 CPU 时，首先在主板上找到 CPU 及其支撑机构的位置。在拆掉散热器的情况下，稍微向外/向上用力拉开 CPU 插座上的锁杆，使其与插座呈 90°，以便让 CPU 能够插入处理器插座（或从插座取出）。将 CPU 上引脚有缺针的部位对准插座上的缺口，沿着正确方向插入插座中，并按下锁杆。在 CPU 芯片中心位置均匀涂上足够的散热膏（硅脂），注意不要涂得太多，只要均匀涂上薄薄一层即可。先将散热器妥善定位在支撑机构上。然后将散热风扇安装在散热器的顶部——向下压风扇直到它的 4 个卡子楔入支撑机构对应的孔中，并将 2 个压杆压下以固定风扇，需要注意的是每个压杆都只能沿一个方向压下。最后将 CPU 散热风扇的电源线接到主板 CPU 散热风扇的 3 脚电源插头上。

图 4-49　CPU 上的散热器及散热风扇

北桥芯片散热器的拆卸，如果是华硕主板会有 2 根钢丝扣在北桥芯片旁边的 4 个扣槽上，只要将钢丝扣下压，压出扣槽即可取出散热器。需要注意的是，散热器下面有些硅胶，会有些黏合，拿下散热器时左右旋转拿下，不要直接搬开。如果散热器使用螺丝固定，只要将螺丝卸下，并在主板背面按压螺丝，即可拆下散热器。对于塑料插销式固定的散热器，只要找到插销口，同样在背面将其挤出之后就可以拆下散热器。其他芯片或插槽可以使用对应风量的热风枪来拆装。

4.4.4　任务实施——主板电路的工作原理及维修

按单元电路的作用来划分，主板电路可以分为时钟电路、复位电路、BIOS 电路与 CMOS

电路、主板开机电路、主板供电电路和主板接口电路，下面来分别介绍这些电路的组成与工作原理。

1. 时钟电路

1）时钟电路的作用

计算机要进行正确的数据传输及正常工作，没有时钟信号是不行的，时钟信号在电路中的主要作用就是同步。因为数据在传输过程中对时序有着严格的要求，只有这样才能保证数据在传输过程中不出差错。时钟信号首先设定了一个基准，该基准可以用来确定其他信号的宽度，另外时钟信号能够保证收发数据双方的同步。对于 CPU 而言，时钟信号作为基准，CPU 内部的所有信号处理都要以它为标尺，这样它就确定 CPU 执行指令的速度。

时钟电路向 CPU、芯片组和各级总线（CPU 总线、AGP 总线、PCI 总线、PCI-E 总线、ISA 总线等）及各个接口电路提供各种工作时钟。通过这些工作时钟，CPU 可控制各个电路及部件，协调完成各项工作。

2）时钟电路的组成

时钟电路由 14.318 MHz 晶振、2 个谐振电容器（56 pF）、9LPRS552AGLF 时钟芯片、限流排阻等组成，如图 4-50 所示。主板电路由多个部分组成，每个部分完成不同的功能。而且由于各部分存在独立的传输协议，因此它们正常工作的时钟频率也有所不同，如 CPU 的时钟频率可达上百兆赫兹，I/O 芯片的时钟频率为 24 MHz，USB 的时钟频率为 48 MHz，这么多组频率要求，不可能对其单独设计时钟电路，所以主板上都采用专用的频率发生器芯片来控制产生各种频率。频率发生器芯片的型号非常繁多，且性能也各有差异，但是基本原理是相似的。

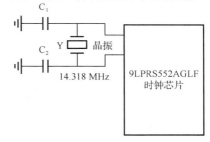

图 4-50 主板的时钟电路

3）时钟电路的工作原理

时钟芯片主要起放大和缩小频率的作用，其内部由一个振荡器和多个分频器组成。当计算机开机时，ATX 电源的 3.3 V 电压经过片状电感器（在时钟芯片附近）进入时钟芯片；同时 CPU 供电正常后的 P.G 信号（来自 CPU 电源管理芯片）通过时钟芯片旁边电阻较大的电阻器（10 kΩ、4.7 kΩ）加到时钟芯片 PG 端（P.G 信号要高于 1.5 V）。当 3.3 V 供电与 P.G 信号都正常后，时钟芯片才能正常工作，它和晶振一起产生频率为 14.318 MHz 的振荡信号。此时时钟芯片内部的分频器开始工作，它将 14.318 MHz 振荡信号按照需要进行频率放大和缩小后，输送给主板的各个电路及部件。其中，输送给 AGP 总线的时钟频率为 66 MHz，输送给 PCI 总线的时钟频率为 33 MHz，输送给 PCI-E 总线的时钟频率为 100 MHz，输送给 ISA 总线的时钟频率为 8 MHz，输送给 CPU 的时钟频率为 14.318 MHz 和外频，输送给北桥芯片的时钟频率为 14.318 MHz 和外频，输送给南桥芯片的时钟频率为 14.318 MHz、24 MHz、33 MHz 和 48 MHz，输送给 I/O 芯片的时钟频率为 48 MHz 和 24 MHz，输送给音频芯片的时钟频率为 24.576 MHz 和 14.318 MHz，输送给 BIOS 芯片的时钟频率为 33 MHz，输送给网络芯片的时钟频率为 33 MHz 和 66 MHz 等。主板的主要时钟分布如图 4-51 所示，内存总线时钟频率由北桥芯片供给，部分主板电路设计有独立的内存时钟发生器，如图 4-51 中的虚线所示。时钟频率的提高会使所

电子产品原理分析与故障检修（第2版）

有数据传输的速率加快，并且提高了 CPU 处理数据的速度，这就是为什么超频使用可以提高机器的运行速度。

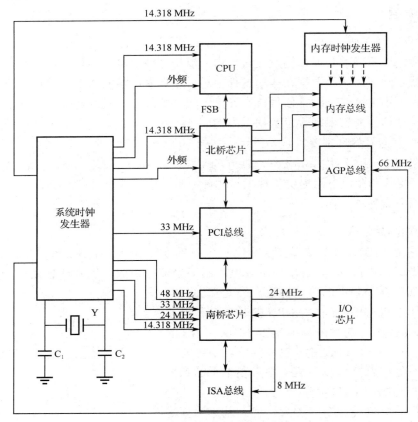

图 4-51 主板的主要时钟分布

4）台式计算机时钟电路的故障检修思路

当时钟电路正常工作时，用示波器测量晶振的任一引脚均有频率为 14.318 MHz 的振荡信号，用万用表直流电压挡测量晶振的任一引脚对地均有 1.1～1.6 V 电压，且晶振两端之间有 0.1～0.5 V 电压差，否则可以判定时钟电路不正常。若通电后晶振各引脚均有幅值大于 2 V 的振荡信号（用示波器观察），则说明晶振工作正常。若开机数码卡上的 OSC 灯不亮（表示没有时钟信号），先查晶振引脚上的电压和振荡信号。若晶振引脚上有正常电压和振荡信号，则说明总频线路正常，分频器损坏；若晶振引脚上无电压、无振荡信号，在时钟芯片电源电压正常的情况下，则说明时钟芯片损坏；若晶振引脚上有电压、无振荡信号，则说明晶振损坏。在检修时钟电路时，一般先检查时钟芯片的工作电压（3.3 V，有的时钟芯片工作电压为 2.5 V）是否正常，再检查晶振和谐振电容器是否正常，最后检查时钟芯片是否正常。

5）台式计算机时钟电路的故障现象及维修方法

时钟电路发生故障的类型主要有全部无时钟、部分无时钟和时钟信号幅值（最高点电压）偏低。台式计算机时钟电路的故障现象是：①计算机开机后黑屏，CPU 不工作；②部分没有时钟信号的元器件不能正常运行；③计算机死机、重启、装不上操作系统等不稳定故障。使用诊断卡只能检测 PCI 插槽或 ISA 插槽有无时钟信号，不能检测主板其他部分的工作时钟是否正常。故障检测最好的方法是使用示波器测量各个插槽的时钟输入引脚或者时钟芯片的各个时钟输出引脚，看其频率和幅值是否符合要求。目前 CPU 的外频已经达到 200 MHz 甚至更高，所以要测量 CPU 的外频，要求示波器的带宽应在 200 MHz 以上。在无示波器的情况下，可以使用万用表测量时钟信号的幅值。PCI、AGP 插槽的时钟信号幅值应该在 1.65 V 以上，CPU 的时钟信号幅值应在 0.4 V 以上。时钟电路故障可以简单地分为时钟芯片故障和时钟芯片外围电路故障。对于全部无时钟的故障，主要原因有时钟芯片外围无供电输入、谐振回路不工作、时钟芯片损坏，前 2 种属于时钟芯片外围电路故障。对于部分无时钟或时钟信号幅值偏低的故障，主要原因有与时钟输出引脚相连的电阻器断路或对地短路、时钟芯片内部部分电路损坏。时钟电路故障的检测流程图如图 4-52 所示。

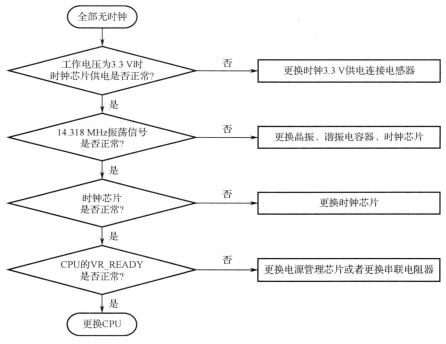

图 4-52　时钟电路故障的检测流程图

6）主板晶振好坏的判别

主板使用的晶振主要有时钟晶振、实时晶振、声卡晶振、网卡晶振。其中，时钟晶振与时钟芯片相连，正常工作时其任一引脚可产生频率为 14.318 MHz 的振荡信号，且其对地电压为 1.1～1.6 V。实时晶振与南桥芯片相连，正常工作时其任一引脚可产生频率为 32.768 kHz 的振荡信号，且其对地电压为 0.4 V 左右，当这种晶振损坏后，会出现系统时间不准故障，严重损坏后，也可能出现不开机故障。声卡晶振与声卡芯片相连，正常工作时其任一引脚可产生频率为 24.576 MHz 的振荡信号，且其对地电压为 1.1～2.2 V，当这种晶振损坏后，会出现声音变质或者无声音故障。网卡晶振与网卡芯片相连，正常工作时其任一引脚可产生频率为 25 MHz 的振荡信号，且其对地电压为 1.1～2.2 V，当这种晶振损坏后，会出现网卡不工作的故障。

判别晶振好坏的方法有在线判别法和离线判别法。使用在线判别法时，首先用万用表测量晶振两端的对地电阻（红表笔接地，黑表笔分别测 2 个引脚），读数是 100～800 Ω，则表

明晶振正常；若读数不是 100～800 Ω，则可初步认为晶振已损坏。其次给电路板加电，并用万用表测量晶振两端的对地电压，正常情况下两端电压不一样，会有一个电压差（0.1～0.5 V）；若无电压差，则表明晶振已损坏。最可靠的判别方法是用频率计或示波器测量其工作频率，正常情况下，其工作频率应在标识范围内（振幅大于 2 V）。在受到测量条件限制的情况下，也可以用一个好的晶振更换原先的晶振，看其能否正常工作。若更换后能正常工作，则表明原晶振已损坏。

在使用离线判别法时，用万用表 R×10 kΩ 挡测量晶振两端的电阻，若为无穷大，则表明晶振无短路或漏电；将试电笔插入市电插孔中，用手指捏住晶振的任一引脚，将另一引脚碰触试电笔顶端的金属部分，若试电笔氖泡发红，则表明晶振是好的；若氖泡不亮，则表明晶振已损坏。还可以将一节 1.5 V 的电池接在晶振两端，把晶振放到耳边仔细地听，若能听到"哒哒"的声音，则表明它起振了，晶振就是好的。

2. 复位电路

1）复位电路的作用

电源、时钟、复位是主板能正常工作的 3 大要素。复位电路的作用是把各个电路与部件恢复到初始化状态（全部数据清零）。主板在电源和时钟信号均正常以后，复位系统才发出复位信号使主板各个电路与部件进入初始化状态，计算机才能正常工作。复位系统的启动手段有：上电自动复位（在给计算机通电时马上进行复位操作）；在必要时可以由手动操作复位；根据程序或者电路运行需要自动进行复位（执行复位指令）。手动操作复位可分为冷启动（按 RESET 键）和热启动（同时按 CTRL+ALT+DEL 组合键）2 种复位方式。

2）复位电路的组成

复位电路由复位键、ATX 电源、CPU 的电源管理芯片和南桥芯片等组成。南桥芯片及复位操作插头如图 4-53 所示。复位电路如图 4-54 所示。对于 8×× 系列芯片组的主板，IDE 的复位信号来自南桥芯片，PCI 总线的复位信号、AGP 总线的复位信号和北桥芯片的复位信号是相通的，均由南桥芯片提供，常态时为高电平，复位时为低电平；I/O 芯片的复位信号也是由南桥芯片直接提供的。不同主板的 CPU 复位信号都由北桥芯片提供。在 8×× 系列芯片组的主板中，固件中心和时钟发生器也有复位信号，且复位信号由南桥芯片直接提供，常态时为 3.3 V，复位时为 0 V。

 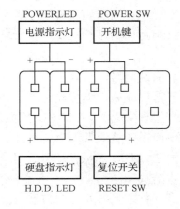

图 4-53　南桥芯片及复位操作插头

项目4 台式计算机主板电路及维修

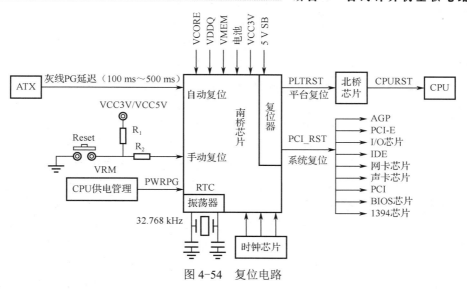

图 4-54 复位电路

3）南桥芯片输出复位信号的工作条件

由图 4-54 可知，系统复位信号是由南桥芯片内部的复位器产生的，该信号通过电路放大后驱动各个部件，使各个部件复位。在南桥芯片向北桥芯片输出复位信号后，北桥芯片产生 CPU 的复位信号。南桥芯片输出复位信号的工作条件如下。

（1）全板供电（内存供电，南、北桥芯片供电，CPU 供电）均正常。其中，南桥芯片供电有 5 V、3.3 V 主供电，1.8 V 的 HUB LINK 供电，0.9 V 的 HUB LINK 参考电压，1.7 V 或 1.3 V 的核心电压。

（2）全板时钟信号均正常。时钟芯片提供给主板所有电路和部件的工作时钟均正常。

（3）CPU 电源管理芯片（VRM）发出 VRM PWRPG 信号（CPU 供电好信号）。

（4）ATX 电源输出的 P.G 信号（灰色导线）正常。

4）复位电路的工作原理

上电自动复位是指由 ATX 电源输出的 P.G 信号作为复位指令送到南桥芯片；手动操作复位是指由机箱前面板上复位开关被按下后再松开产生的上升沿脉冲信号作为复位指令送到南桥芯片。在主板全板供电和时钟信号均正常的情况下，南桥芯片根据所接收的复位指令，使内部的复位器开始工作，输出 PCIRST#信号（"#" 表示上升沿有效）以复位 PCI 总线。PCI 总线输出 IDERST#信号以复位 IDE，输出 PLTRST#信号以复位 I/O 芯片、BIOS 芯片、网卡芯片、北桥芯片和其他部件。当北桥芯片被复位后就会输出 CPURST#信号以复位 CPU。当 CPU 复位完成以后，整个主板的供电、时钟、复位都正常，主板硬启动完成，接下来主板开始执行软启动，也就是自检。

5）复位电路的故障检修

当计算机正常工作时，主板诊断卡复位灯会在开机瞬间闪一下，或者反复按压复位开关时会不停闪烁。主板诊断卡复位灯常亮或者不亮都表示复位信号不正常，按照先供电、后时钟、再复位的原则进行检修。复位电路的故障一般分为全板无复位信号和 CPU 无复位信号。

（1）全板无复位信号的检修。

当全板无复位信号时，系统不能正常初始化，其表现是能开机无显示，PCI 插槽复位测

试点电压为 0 V，主板诊断卡复位灯不亮。具体检修步骤如下。

① 检查复位开关的一端是否有 3.3 V 左右的高电平，若没有高电平，则检查红色导线或橙色导线到复位开关之间的电路。

② 短接复位开关时测量是否有低电平触发南桥芯片，若没有，则检查复位开关到南桥芯片之间的电路。若所有复位测试点在短接复位开关之后，都没有发生电压跳变，则表明南桥芯片没有工作，应检查主板供电及时钟是否正常。

③ 检查内存供电，南、北桥芯片供电，CPU 供电是否正常（正常供电电压：内存供电 DDR 为 2.5 V、DDR2 为 1.8 V、DDR3 为 1.5 V；南、北桥芯片供电电压为 3.3 V、2.5 V、1.8 V、1.5 V、1.2 V、1.05 V；CPU 供电电压一般为 0.8～1.75 V），若测到某个电路的供电电压不正常，则按照此电路检修流程进行维修。

④ 测 PCI B16 和 CPU 的时钟信号是否正常。正常时，PCI B16 时钟信号的电压一般为 1.6 V 左右，CPU 时钟信号的电压一般为 0.3～0.7 V。若无电压，则检查时钟芯片工作条件，如供电、P.G 信号和 14.318 MHz 晶振是否起振。条件正常而无电压则应更换时钟芯片。

⑤ 检查 ATX 电源的 P.G 信号和 CPU 电源管理芯片的 VRMPWRGD 信号是否正常。正常时，P.G 信号为 5 V，VRMPWRGD 信号为 3.3 V，可以在南桥芯片的 PWROK 端和 VRMPWRGD 端测到相应的电压。

⑥ 若主板供电与时钟均正常，则表明南桥芯片损坏，应更换南桥芯片。

（2）CPU 无复位信号的检修。

CPU 无复位信号是指 CPU 复位测试点电压低于正常值（正常值 478 芯片一般为 1.2 V 或等于 VCORE，755 芯片一般为 1.2 V，754/939 芯片一般为 1.5～2.5 V，AM2 芯片一般为 1.8 V），而其他复位信号均正常，故障点在北桥芯片及相关电路。以技嘉 G41 主板为例，南桥芯片输出的 PLTRST#信号，经过一个电阻器（330 kΩ）和滤波电容器（33 pF）与北桥芯片的 PFMRST 端相连，使北桥芯片复位；北桥芯片复位后由其 FSB_CPURSTB 端输出的 CPURST#信号经电容器（22 pF）滤波后送到 CPU，使 CPU 复位。

CPU 无复位信号的具体检修步骤如下。

① 测量 CPU 复位测试点的对地电阻（正常值大于 50 Ω）。若电阻为 0 Ω，则可能是接地电容器击穿或者北桥芯片损坏，应更换相应元器件；若电阻为无穷大，则可能是北桥芯片空焊、电阻器开路、PCB 连线开路，进行相应处理即可。

② 检查北桥芯片的工作电压是否正常（核心电压为 1.75 V、2.5 V、1.5 V、1.2 V）。若工作电压不正常，则应检查北桥芯片的外围元器件。

③ 检查北桥芯片的工作频率是否正常（正常为 14.318 MHz 和外频）。若工作频率不正常，则应检查时钟芯片相应引脚及其与北桥芯片之间的连接导线。

④ 检查北桥芯片是否接收到 PWROK 信号（北桥芯片的 PWROK 端一般与南桥芯片的 PWROK 端相连）。若北桥芯片接收到的 PWROK 信号不正常，则应检查北桥芯片相应引脚及其与南桥芯片之间的连接导线。

⑤ 检查北桥芯片是否接收到正常的复位信号（PLTRST#信号）。若北桥芯片没有接收到正常的复位信号，则应检查南桥芯片输出复位信号端至北桥芯片 PFMRST 端之间的连接导线。

⑥ 检查北桥芯片输出 CPURST#信号端到 CPU 插座之间的连接导线。重点检查 CPU 插座有无空焊、PCB 连接是否断线。

3. BIOS 电路与 CMOS 电路

1）BIOS 芯片的基本概念

BIOS 芯片通常固化在 ROM 中，所以其又称为 ROM-BIOS。它直接对计算机系统中的外部设备进行设备级、硬件级的控制，是连接应用软件和硬件设备之间的枢纽，是一种固化了硬件设置和控制程序的 ROM 芯片。计算机技术的发展过程中出现了各种各样的新技术，许多技术的软件部分是借助 BIOS 芯片管理来实现的。例如，PnP（Plug and Play，即插即用）技术就是在 BIOS 芯片中加上 PnP 模块实现的。

2）BIOS 芯片的分类

常见 BIOS 芯片一般贴有"BIOS"标签，有 DIP、PLCC、TSOP 等封装形式。早期 BIOS 芯片多为可重写 EPROM 芯片，上面的标签起着保护芯片内容的作用，因为紫外线照射会使 EPROM 内容丢失，所以不能随便撕下。现在的 BIOS 芯片多采用 Flash ROM（快闪可擦可编程只读存储器），通过刷新程序，可以对 Flash ROM 进行重写，方便实现 BIOS 芯片升级。目前市面上较流行的主板 BIOS 芯片主要有 Award BIOS、AMI BIOS、Phoenix BIOS 类型。Award BIOS 是由 Award 公司开发的 BIOS 产品，其使用最为广泛。AMI BIOS 是 AMI 公司出品的 BIOS 软件，开发于 20 世纪 80 年代中期，它对各种软、硬件的适应性较好，能保证系统性能的稳定；Phoenix BIOS 是 Phoenix 公司的产品，多用于高档原装品牌机和笔记本电脑上，其画面简洁，便于操作。现在 Phoenix 公司已和 Award 公司合并，推出了具备两者标示的 Phoenix-Award BIOS 产品。

3）BIOS 芯片的作用

BIOS 芯片上的系统程序包括自诊断程序、CMOS 设置程序、系统自举装载程序、主要 I/O 设备的驱动程序和中断服务程序。当计算机供电、时钟振荡和复位正常工作之后，CPU 通过 FSB、北桥芯片、PCI 总线、南桥芯片、ISA 总线发出第 1 条寻址指令，寻到地址 0ffff:0000H（这个地址在 BIOS 芯片中），它先执行位于 BIOS 芯片的第 1 条指令，然后执行该芯片中的其他指令，其功能就是对计算机进行自检。自检完成后，BIOS 芯片会先更新扩展系统配置数据，再根据用户指定的启动顺序启动操作系统。

4）BIOS 芯片

目前计算机主板使用较多的 BIOS 芯片采用 SPI Nor Flash（串行非易失闪存技术）存储器芯片。例如，SPI 25X 系列 BIOS 芯片，采用 DIP-8 或 SOP-8 封装，容量有 1 MB、2 MB、4 MB、8 MB、16 MB，只能采用专业的编程器才能对其进行读写，SPI 25X 编程器可以读写 SPI 25 系列 BIOS 芯片。下面以 MX25L1605D 芯片为例来介绍串行闪存的引脚功能。MX25L1605D 芯片采用 DIP-8 或 SOP-8W 宽体封装，如图 4-55 所示。MX25L16051 芯片容量为 16 Mb=2 MB，性能兼容 Winbond W25X16、W25Q16、GD25Q16、Cfeon F16、EN25T16 等。

MX25L1605D 芯片引脚定义：1 脚（$\overline{CS}$）为片选信号，低电平选中芯片；2 脚（DOUT）为信号输出；3 脚（$\overline{WP}$）为写保护，为低电平时禁止 BIOS 写入，高电平时允许写入（刷写 BIOS）；4 脚（GND）为接地；5 脚（DIN）为信号输入；6 脚（CLK）为时钟信号；7 脚（$\overline{HOLD}$）为锁定信号，为低电平时会暂停通信；8 脚（VCC）为电源（3.3 V SB 电压）。

  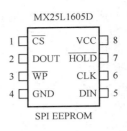

图 4-55 SMX25L1605D 芯片

5）BIOS 电路的常见故障及处理

在主板供电、时钟、复位均正常条件下，BIOS 电路的常见故障是开机无显示。如果用主板诊断卡检查，诊断卡一般显示"41"或"14"。例如，开机后计算机一切正常，但屏幕显示"F600ROM(Resume=F1 Key)"，按 F1 键后正常工作，但用一段时间后就死机无显示，此现象表明 BIOS 电路有故障，这种故障现象为故障初期计算机能正常使用，但在使用计算机过程中这种故障发生的频率会越来越高，最终致使主机不能工作，屏幕全黑，无任何显示。

BIOS 电路故障维修方法如下。

① 检测 BIOS 芯片的供电是否正常，测量 8 脚的电压。若电压不正常（正常电压为 3.3 V SB），则应检测主板电源插座到 BIOS 芯片 8 脚之间的电路及元器件。

② 若供电正常，则用示波器测量 BIOS 芯片 1 脚是否有片选信号（正常为跳变信号）。若没有片选信号，则表明 CPU 没有选中 BIOS 芯片，故障应该出现在 CPU 和 FSB，检查 CPU 和 FSB 的电路，并排除故障。

③ 若有片选信号，则检测 BIOS 芯片的 7 脚是否输出高电平信号。若不输出高电平信号，则应重点检测与此引脚相连的电路（如上拉电阻）。

④ 若输出高电平信号，则可能是 BIOS 程序损坏或 BIOS 芯片损坏，可以先刷新 BIOS 程序，若故障没有排除，则更换 BIOS 芯片。

注意：在刷新 BIOS 程序时，要使用高于原版本型号的 BIOS 程序，不能使用比原版本低的程序。

6）BIOS 芯片与 COMS 芯片的区别

BIOS 芯片是一个固化有基本输入输出系统程序的 ROM 芯片。而 CMOS 芯片是保存计算机硬件配置信息的 RAM 芯片。用户可以通过 BIOS 程序（计算机开机时进入 BIOS）对计算机的参数进行一些基本设置，如系统日期、启动顺序、硬盘参数、密码设置等，这些参数就存放在 CMOS 芯片中，而纽扣电池是为 CMOS 芯片供电的，如果电池没电了，这些设置就会恢复初始状态，而计算机就会出现各种问题。

7）COMS 电路的组成

CMOS 电路主要由 3.3 V SB 供电、3 V 纽扣电池 BAT_1 供电、双二极管 VD_1、CMOS 跳线、南桥芯片、电阻器、电容器、32.768 kHz 晶振 Y_1 等组成，如图 4-56 所示。其中，CMOS 芯片位于南桥芯片中，实时时钟（Real Time Circuit，RTC）电路提供一个 32.768 kHz 的精准频率，供给 CMOS 及 PC 的时间产生电路使用。

项目 4　台式计算机主板电路及维修

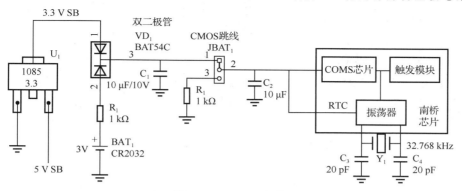

图 4-56　CMOS 电路

8）COMS 电路的工作原理

当主机加上 220 V 交流电压后，ATX 电源输出 5 V SB 电压，该电压经三端稳压器 1085 稳压后输出 3.3 V SB 电压，此时 VD_1 导通。3.3 V SB 电压经 CMOS 跳线，对南桥芯片中的 CMOS 芯片和振荡器供电，同时 RTC 向南桥芯片内的 CMOS 芯片提供时钟信号，CMOS 芯片处于工作状态。当主机开机后，CMOS 电路会根据 CPU 请求向 CPU 发送 CMOS 芯片中的硬件配置信息和 BIOS 开机自检程序。当主机断开交流电源后，由纽扣电池经 VD_1 向 CMOS 电路供电，以保持 CMOS 芯片中的数据信息在电源断开时不丢失。

9）COMS 电路的故障检修

CMOS 芯片保存系统配置信息，如果 CMOS 电路不正常，将会引起主板无法触发（电源良好、待机电压正常，但不能开机）、CMOS 设置不能保存、系统时间不正确、计算机启动后提示 CMOS 芯片出错信息、不认识硬件、死机蓝屏、每次开机均需要按 F1 键进入 BIOS 设置并退出才能进入操作系统等。此处将对部分故障进行说明。

（1）主板无法触发故障。

故障现象：电源良好，待机电压正常，按复位开关无反应，按开机键无反应，主板不能开机。

故障分析：电池没电、CMOS 跳线位置不对、按键损坏或连线断开、32.768 kHz 晶振或谐振电容器损坏、三端稳压器损坏、南桥芯片损坏均会引起主板无法触发故障。

检查步骤如下。

① 检查电池电压是否正常（正常：电池电压大于或等于 2.5 V）。

② 检查 CMOS 跳线位置是否正确（正确：在 NORMAL 位置）。对于没有位置说明的主板，需要通过万用表测量引脚对地电阻来确定跳线位置。检查按键是否损坏或者连线是否断开，若按键损坏，则需更换；若连线断开，则进行连接或更换处理。

③ 检查 CMOS 跳线中间引脚上是否有正常电压（若电池良好，则中间引脚电压大于或等于 2 V）。

④ 检查稳压器输出电压是否正常。

⑤ 检查 32.768 kHz 晶振是否起振（正常起振时，晶振引脚有振荡波形，各引脚电压大于或等于 0.5 V）。

⑥ 若主板仍然无法触发，则表明南桥芯片已经损坏，需要更换南桥芯片。

（2）计算机启动后提示 CMOS 芯片出错信息故障。

故障现象：计算机启动后，出现"CMOS checksum error–Defaults loaded（检查到 CMOS 数据错误，要载入默认设置）"提示。

故障分析：出现"CMOS checksum error–Defaults loaded"提示，表明主板保存的 CMOS 芯片信息出现了问题，需要重置。CMOS 芯片执行检查时发现错误，因为 BIOS 中设置与真实硬件数据不符引起的。多数情况下是由于电池电压降低，导致 CMOS 芯片无法保存信息，这样系统就会提示重置 CMOS 芯片。

检查步骤如下。

① 重启计算机，当显示启动画面时，按 Del 键进入 BIOS，选择"LOAD BIOS DEFAULTS"选项，按 Enter 键，系统提示"Load BIOS Defaults(Y/N)?"（要载入默认设置吗?），先按 Y 键，再按 Enter 键，BIOS 将恢复成出厂设置。

② 当经过上述操作后故障仍然存在时，需要检查纽扣电池的电压。一般情况下都是主板上的纽扣电池没电了，换一个电池，开机进入 CMOS 芯片先按 F10 键再按 Y 键保存后退出即可。在更换纽扣电池时，用户需要先关闭计算机，拔掉电源插头，然后用一字型螺钉旋具将纽扣电池卸下，最后装入新的纽扣电池将其紧固即可。

③ 若更换电池后故障仍然存在，则应检查主板供电回路中的二极管是否断路，滤波电容器是否漏电，如果这 2 个元器件出现问题，更换相同型号的二极管或电容器即可。

④ 如果经过上述处理故障还是没有解决，那么表明 CMOS 芯片有问题，需要更换南桥芯片。

4. 主板开机电路

1）开机电路的作用

开机电路的作用是通过操作开机键实现计算机的开机和关机。在计算机关机时按开机键，控制 ATX 电源为主板输出 3.3 V、5 V、±12 V 电压，使主板开始工作。在计算机运行中按开机键，使计算机关闭除 5 V SB 之外的所有电源输出，以关闭计算机。

2）开机电路的工作条件

提供 5 V SB 待机电压、32.768 kHz 时钟信号和复位信号是开机电路开始工作的必备条件。其中，5 V SB 待机电压由 ATX 电源的 9 脚（紫色导线）提供，32.768 kHz 时钟信号由南桥芯片的 RTC 电路提供，复位信号由开机键、南桥芯片内部的触发模块提供。

3）开机电路的组成与工作原理

不同的主板有不同的开机电路，主要有南桥芯片+I/O 芯片、南桥芯片+门电路和南桥芯片独立构成 3 种开机电路类型。下面以"南桥芯片+I/O 芯片"构成的开机电路为例来介绍开机电路的组成。

开机电路主要由 ATX 电源插座、三端稳压电路、触发电路（南桥芯片+I/O 芯片）、开机键（通过导线连接）、电阻器等组成。主板开机电路如图 4-57 所示，其工作原理图如图 4-58 所示。

开机电路的工作原理。按开机键 SB，将为 U_3（I/O 芯片，83627）68 脚提供一个上升沿的触发脉冲，经其处理后其 67 脚输出一个上升沿脉冲（PSOUT），并加到南桥芯片内部的触发模块，使触发模块的状态发生翻转。PSOUT 经过 U_3 最终向 ATX 电源 14 脚（20 引脚电源

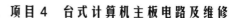

插座）或 16 脚（24 引脚电源插座）输出低电平开机信号，触发 ATX 电源工作，使电源各引脚输出相应的电压，为计算机各个设备供电。再按一次开机键，ATX 电源将进入待机状态。

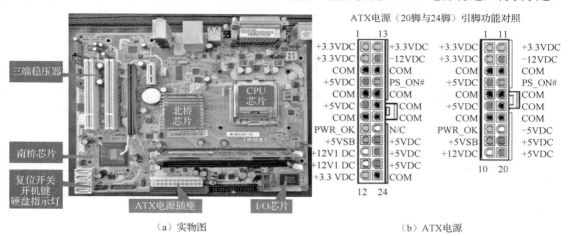

图 4-57　主板开机电路

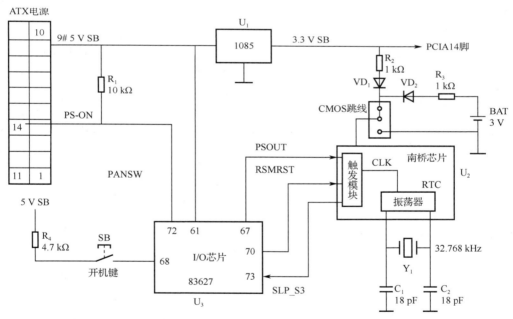

图 4-58　主板开机电路的工作原理图

I/O 芯片和南桥芯片的开机触发过程如下。

（1）当计算机加电且 I/O 芯片的 61 脚和 67 脚电压（5 V SB 和 3.3 V SB 电压）均正常，I/O 芯片 70 脚向南桥芯片输出高电平，通知南桥芯片 5 V SB 和 3.3 V SB 待机电压正常。若输出低电平，则南桥芯片认为待机电压不正常，不能正常开机。

（2）按开机键，I/O 芯片的 68 脚有一个低电平到高电平的上升沿跳变电压，启动 I/O 芯片工作。

（3）上电后（插入 ATX 电源），I/O 芯片的 67 脚有 3.3 V SB 电压。当 I/O 芯片 68 脚接收到启动工作指令后，将在其 67 脚上输出一个 3.3 V→0 V→3.3 V 的脉冲信号。

（4）当南桥芯片检测到从 I/O 芯片 67 脚输出的 3.3 V→0 V→3.3 V 脉冲信号，南桥芯片触发模块被启动，南桥芯片会持续输出 3.3 V（SLS3-P 信号）高电平并加到 I/O 芯片的 73 脚。

（5）I/O 芯片检测到其 73 脚接收到 SLS3-P 信号后，经过内部电路处理后其 72 脚输出一个低电平并加到 ATX 电源的 14 脚（绿色导线），使其由高电平变为低电平，启动 ATX 电源正常运行。

（6）再按一次开机键，南桥芯片内部的触发模块会翻转一次，输出低电平并加到 I/O 芯片的 73 脚，I/O 芯片的 72 脚会输出高电平，进而使 ATX 电源进入待机状态（只剩 5 V SB 工作）。

4）开机芯片的分类

（1）I/O 芯片：高进低出（高电平输入触发，低电平输出控制电源）的有 83627、83637 系列 I/O 芯片（68 脚输入触发信号，72 脚输出控制信号）。低进低出（低电平输入，低电平输出）的有 8712、8702、8728、83977 系列 I/O 芯片。

（2）南桥芯片：低进高出的有 VIA 系列南桥芯片、INTEL 系列南桥芯片、专用的复位芯片（如华硕、微星等）。低进低出的有 SIS 系列南桥芯片。

5）开机电路的常见故障现象及检修

（1）主板无法加电故障。

故障现象：按开机键，发现电源风扇转几圈就停、电源指示灯亮一下就灭或者电源发出响声等均表明主板有短路故障。用万用表测量主板上各路电压均为 0 V，即给主板强行加电而加不上电。

故障分析：若不可以给主板加电，则表明主板有严重的短路故障。可能的短路有 ATX 电源输出的红色导线短路、黄色导线短路、紫色导线短路或者 CPU 的主供电端短路，引起 ATX 电源内部保护。

检查步骤如下。

① 首先通过测量 ATX 电源插座的各供电导线的对地电阻，来判断短路部位。正常时，橙色导线的对地电阻为 100～300 Ω；红色导线的对地电阻为 75～380 Ω；黄、紫、灰、绿色导线的对地电阻为 300～600 Ω。ATX 电源对黄色导线（12 V）和红色导线（5 V）进行短路保护。

② 将 5 V 电压的红色导线对地短路，重点测量使用 5 V 电压的元器件，它们是南桥芯片、I/O 芯片、BIOS 芯片、声卡芯片、串口芯片、并口芯片、门电路芯片、电源管理芯片、滤波电容器、场效应管等，沿着与 5 V 电压相连的电路找到故障元器件，并对其进行更换。

③ 将 12 V 电压的黄色导线对地短路，重点测量与该导线相连的场效应管、滤波电容器、电源管理芯片、串口芯片等，沿着与该导线相连电路找到故障元器件，并对其进行更换。

④ 将 3.3 V 电压的橙色导线对地短路，重点测量与该导线相连的南桥芯片、I/O 芯片、北桥芯片、BIOS 芯片、时钟芯片、声卡芯片、网卡芯片、1394 芯片、滤波电容器等，找到故障元器件，并对其进行更换。

⑤ 将 5 V SB 电压的紫色导线对地短路，重点测量与该导线相连的南桥芯片、I/O 芯片、北桥芯片、网卡芯片、门电路芯片、滤波电容器、稳压管等，找到故障元器件，并对其进行更换。

⑥ 将 CPU 主供电对地短路，重点测量与 CPU 主供电（CPU 核心电压）相连的场效应

项目 4　台式计算机主板电路及维修

管、电源管理芯片和滤波电容器等，沿着与 5 V 电压相连电路找到故障元器件，并对其进行更换。对于 P4 的主板，CPU 主供电对地短路故障也有可能是北桥芯片短路引起的。用户需要对其进行甄别。

（2）主板无法开机（不触发）故障。

故障现象：按开机键，发现电源风扇一直不动、电源指示灯从未亮过、主机不开机、计算机没反应。

故障分析：主板无法开机的故障原因有：①ATX 电源损坏造成无法开机；②开机键接触不良造成无法开机；③主板开机电路故障造成无法开机；④主板其他地方有短路造成电源保护而无法开机。

检查步骤如下。

① 首先要排除电源插头的供电因素，然后判断 ATX 电源好坏。将 ATX 电源插头和主板连接好，按下主机电源开机键，如果主板不能通电，那么把电源连接主板的电源插头拔出来。

② 用镊子把电源的绿色导线和黑色导线短路（强行开机），发现电源风扇运转，电源指示灯点亮，表明电源能正常启动，电源是好的；而通过主板控制却不能触发开机，因此故障在主板开机电路。

③ 判断计算机开机键的好坏。将 ATX 电源线和主板连接好，把主板上的开关引脚、复位引脚等拔起，用镊子短路开关针触发开机键，看看能不能开机，若能开机，而通过主机箱的开机键却不能开机，则说明主机箱的开机键坏了，把主机箱开机键拆除清洗或更换。

④ 若短接开关引脚还不能开机，则说明主板真的不能触发开机，把主板从机箱上拆除来检修。检测电源 9 脚输出的 5 V SB 电压是否正常。可以用万用表测量，如果此电压小于 4.5 V 就表明该导线有问题，会造成主板开机电路无法工作，应检修 5 V SB 供电电路或者更换 ATX 电源。

⑤ 若 5 V SB 电压正常但不能触发开机，则应检查主板开机电路。查看主板 CMOS 跳线位置是否正确，若跳线位置不正确，则将其调至南桥供电位置。测量给南桥供电的三端稳压器输出电压是否为 3.3 V，若电压不是 3.3 V，则很可能是三端稳压器损坏，需要更换。测量开关引脚上的电压是否为高电平（3.3～5 V），若没有电压或是低电平，则应检查 ATX 电源插座 9 脚到开机键之间的电路。判断实时晶振和谐振电容器是否工作正常，测量晶振各个引脚电压（正常起振时，晶振引脚有振荡波形，各脚电压大于或等于 0.5 V），若没有电压和振荡波形，则有可能是晶振或者谐振电容器损坏，先更换谐振电容器再更换晶振。若 RTC 振荡正常而不能开机，则测量开机键到 I/O 芯片及南桥芯片相关连线在操作开机键时是否有高低电平变化，若没有高低电平变化，则 I/O 芯片或南桥芯片损坏，先更换 I/O 芯片再更换南桥芯片。

（3）计算机开机后过几秒钟就自动关机。

故障现象：按开机键，计算机正常开机后，过几秒钟就自动关机。

故障分析：计算机能正常开机，说明主板开机电路是可以触发的，它向 ATX 电源 14 脚（20 引脚电源插座）或 16 脚（24 引脚电源插座）输出低电平开机信号，触发 ATX 电源工作。过几秒钟后自动关机，可能是电源故障、散热不良、显卡的显存芯片存在虚焊、BIOS 设置了自动断电保护功能、主板开机电路无故又被触发一次等。

检查步骤如下。

① 电源出现故障，由于滤波电容器漏电，三极管性能不良，调制脉宽 IC 性能不良，主

191

驱动变压器出现性能下降而引起的突然断电，导致主机停止运转，这种故障通过更换新的电源即可清除。

② CPU 的散热风扇灰尘太多导致 CPU 温度过高引起自动关机，这种故障通过清理 CPU 的散热风扇和散热片的灰尘，新加散热膏即可清除。若是散热风扇坏了，则需更换一台新的风扇。

③ 显卡的显存芯片存在虚焊，造成加电后和主板 PCB 接触不良，就会自动关机或者重启，这种故障通过为显存芯片补焊或者更换新的显卡即可清除。

④ BIOS 设置了自动断电保护功能，当计算机超负荷运行或者遇到其他有损 CPU 或者系统的情况时，系统就会自动断电，这种故障通过取消 BIOS 设置中的自动断电保护功能即可清除。

⑤ 主板开机电路无故又被触发一次，一般是门电路损坏或 I/O 芯片损坏造成的，这种故障通过更换相同型号的门电路或 I/O 芯片即可清除。如果门电路和 I/O 芯片都没有损坏，也有可能是电路中某个电容器损坏，需要检查主板开机电路的所有电容器，并对损坏电容器进行逐一更换。

（4）计算机通电后自动开机，开机后无法关机故障。

故障现象：计算机接通电源就自动开机，按开机键也无法关机。

故障分析：计算机开机条件是向 ATX 电源 14 脚（20 引脚电源插座）或 16 脚（24 引脚电源插座）输出低电平开机信号，触发 ATX 电源工作。自动开机说明 ATX 电源的绿色导线一直处于低电平状态，所以 ATX 电源一直保持工作状态，从而导致计算机无法关机。

检查步骤如下。

① 引发计算机接通电源后自动开机无法关机故障的原因主要有电源故障，与电源绿色导线的开机控制相关的晶体管、二极管、实时晶振与谐振电容器、南桥芯片、I/O 芯片、门电路损坏等。先判断电源是否故障，若电源有故障，则更换电源。检查与电源绿色导线开机控制相关的晶体管、二极管、I/O 芯片、门电路、实时晶振与谐振电容器、南桥芯片，并对故障元器件进行更换，直至故障排除。

② 引发计算机接通电源自动开机的原因可能为电源管理设置问题。在计算机 BIOS 设置中有一项电源管理设置，叫作意外断电、来电自动开机，找到这个选项，将其改成按开机键开机就行了。具体操作：开机按 DEL 键进入 BIOS 设置，在"INTEGRATED PHRIPHERALS SETUP"中有"PWRON After PWR-Fail"的设置选项管理功能，其选项有"ON（开机）"、"OFF（关机）"和"Former-Sts（恢复到断电前状态）"，选择"OFF"选项，这样接通电源或停电后突然来电时，计算机就不会自动开机了。如果上述方法不奏效，可以继续尝试下面的修改：将 BIOS 中"POWER MANAGENT SETUP"的"Restore ac power loss"设置为"Disabled"；将 BIOS 中"POWER MANAGENT SETUP"的"PM Control by APM"设置为"Yes"。如果还是不行，可通过拔出纽扣电池恢复 BIOS 出厂设置。

③ 计算机不能关机也可能是由软件原因引起的，如果系统安装程序太乱、病毒驻留内存、杀毒软件冲突、各种盗版软件之间的冲突等也会引起不能关机故障，解决的方法就是重装操作系统。

5. 主板供电电路

1）主板供电的要求

主板上的元器件和总线除可以直接利用 ATX 电源所提供的 5 V SB（5 V 待机）、3.3 V、

5 V、±12 V 电压外，还需要一些其他数值的电压，这些电压需要通过主板上的供电电路来转换。主板供电电路主要有 CPU 供电、内存供电、北桥供电、南桥供电和显卡供电电路。主板供电分布示意图如图 4-59 所示。

图 4-59　主板供电分布示意图

主板工作电压主要有 3.3 V、5 V、±12 V、5 V SB、3.3 V SB、1.5 V SB、1.5 V、2.5 V、5 V DUAL（5 V 和 5 V SB 共同供电，相互间用场效应管隔离）、3.3 V DUAL、2.5 V DUAL、2.5 V DAC、1.8 V DUAL、VCORE（CPU 核心电压）、VTT_DDR（内存总线上拉电压）、VTT_CPU（前端总线上拉电压）等。主板供电要求及器件之间共享供电情况，主要包括 CPU 供电（1.2 V、1.5 V、1.75 V、2.5 V、3.3 V）、显卡供电（1.5 V、1.75 V、2.5 V、3.3 V、5 V、12 V）、内存供电（0.9 V、1.25 V、1.5 V、1.75 V、1.8 V、2.5 V、3.3 V）、时钟芯片供电（2.5 V、3.3 V）、声卡芯片供电（3.3 V、5 V、12 V）、串口供电（5 V、-12 V、12 V）、BIOS 芯片供电（3.3 V、5 V）、I/O 芯片供电（3.3 V、5 V）、USB 供电（5 V）、PCI 扩展接口供电（3.3 V、5 V、-12 V、12 V），如图 4-60 所示。

2）ATX 电源提供的电源连接器

ATX 电源提供的电源连接器主要有外部设备电源连接器、软驱电源连接器、12 V 电源连接器、SATA 电源连接器和主板电源连接器，如图 4-61 所示。其中，外部设备电源连接器主要为带 ATA 接口的设备（如带 ATA 接口的硬盘、光驱等）供电，软驱电源连接器主要为驱盘驱动器供电，12 V 电源连接器主要为 CPU 供电电路提供电源，SATA 电源连接器主要为带 SATA 接口的设备（如带 SATA 接口的硬盘）供电，主板电源连接器主要为主板供电。在主板电源连接器中，PS_ON#为 ATX 电源送电控制信号（低电平有效），当计算机处于关机状态时主板电路将此引脚上拉至 5 V SB。当用户按开机键后，南桥芯片和 I/O 芯片等将此引脚下拉至低电平，

通知 ATX 电源送电。PWR_OK 为 ATX 电源准备好信号（高电平有效），当电源送出的 3.3 V 和 5 V 电压达到标称值的 95%时，此引脚输出高电平；当电源送出的 3.3 V 和 5 V 电压下降到标称值的 95%以下时，此引脚输出低电平。电源输出的 PWR_OK 信号可用于通知主板 ATX 电源已经准备好了，但是更多情况不用此信号来通知主板动作，而是使用专门的 ASIC 芯片（如 W83627EHF、AS016 等）来侦测 3.3 V 和 5 V 电压，当这 2 个电压均符合要求时，由 ASIC 芯片发出 PWR_OK 信号通知主板动作。

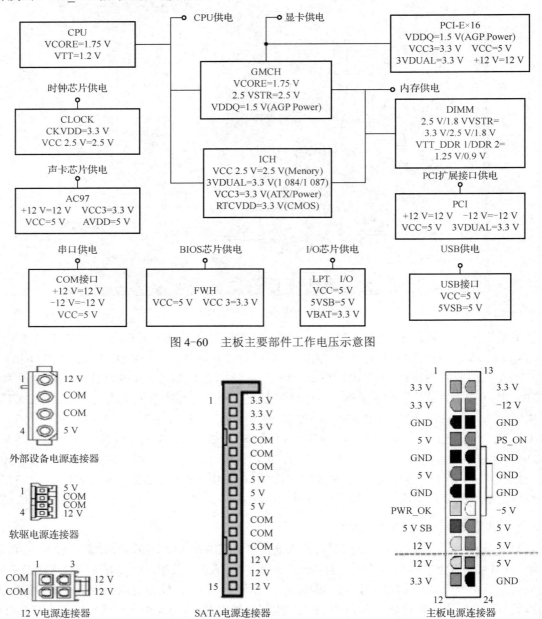

图 4-60　主板主要部件工作电压示意图

图 4-61　ATX 电源提供的电源连接器及信号分配

3）INTEL 芯片组主板上电时序

（1）装入电池后 CPU 首先输出 RTCRST#信号（3V_BAT 的复位信号）给南桥芯片，使

RTC 电路复位。如果纽扣电池没电或 CMOS 跳线设在清零位置，RTC 电路的电源端为低电平（检测点：CMOS 跳线的 1 脚），使 CMOS 电路处于复位状态，即保存的 CMOS 芯片消息丢失。

（2）实时晶振提供 32.768 KHz 频率给南桥芯片。

（3）接通 AC220 V 输入电源后，正常输出 5 V SB 并转换出 3 V SB，I/O 检查 5 V SB 是否正常，若正常则输出 RSMRST#信号（高电平），通知南桥芯片待机电压正常，并唤醒南桥芯片。若 RSMRST#信号为低电平，则南桥芯片认为待机电压不正常，南桥芯片 ACPI 控制器始终处于复位状态，当然就无法上电了。

（4）南桥芯片输出 SUSCLK（32 kHz）信号。SUSCLK 信号是 RTC 电路产生供其他芯片刷新使用的休眠时钟。

（5）按下开机键后，输出 PWRBTN#信号给 I/O 芯片。

（6）I/O 芯片接收到 PWRBTN#信号后，输出 I/O_PWRBTN#信号给南桥芯片。

（7）南桥芯片输出 SLP_S4#信号和 SLP_S3#信号给 I/O 芯片。

（8）I/O 芯片输出 PS-ON 信号（持续低电平）给 ATX 电源。

（9）当 ATX 电源接收到由高电平变为低电平的 PS-ON 信号后，即输出 12 V、-12 V、5 V、-5 V、3.3 V、P.G 信号等电压。

（10）当 ATX 电源输出主电电压后，即主电电压通过主板供电电路转换为其他工作电压：VTT_CPU、1.5 V、2.5V_DAC、5 V DUAL、3 V DUAL、1.8 V DUAL 等。

（11）当 VTT_CPU 一路供给 CPU 后，另一路会经过电路转换输出 VTT_PWRGD 信号（高电平），并输送给 CPU、电源管理芯片和时钟芯片。

（12）当 CPU 接收到 VTT_PWRGD 信号后，其将输出固定电压识别指令（$VID_0 \sim VID_4$）给电源管理芯片。

（13）电源管理芯片在供电正常和接收到 VTT_PWRGD 信号及 CPU 输送的固定电压识别指令后，产生 VCORE。

（14）当 VCORE 正常后，电源管理芯片输出 VRMPWRGD 信号给南桥芯片，通知南桥芯片此时 CPU 电压已经正常。

（15）时钟芯片接收到 VTT_PWRGD 信号，且其 3.3 V 电压和 14.318 MHz 的时钟信号都正常后发出各组频率。

（16）ATX 电源的灰色导线延时输出 ATXPWRGD 信号，该信号经过电路转换输送给南桥芯片，或者 I/O 延时输出 PWR_OK 信号给南桥芯片。

（17）南桥芯片输出 CPUPWRGD 信号给 CPU，通知 CPU 电压已经正常。

（18）南桥芯片电压、时钟都正常，且接收到 VRMPWRGD、PWR_OK 信号后，输出 PLTRST#信号及 PCIRST#信号给各个部件。

（19）北桥芯片收到南桥芯片输出的 PLTRST#信号，且其电压、时钟都正常，大约 1 ms 后输出 CPURST#信号给 CPU，通知 CPU 可以开始执行第 1 个指令动作。

4）CPU 供电及电路组成框图

（1）CPU 供电类型。随着 CPU 制造工艺的提高，其集成度也在不断提高，其核心工作电压要求逐步下降。目前 CPU 核心电压通常为 0.8～1.6 V，从而达到大幅降低功耗和发热量的目的。但是，随着 CPU 的主频和运算速度的不断提高，CPU 的功耗也在逐渐升高。例如，

电子产品原理分析与故障检修（第 2 版）

最新的 P4EE 芯片（频率为 3.4 GHz，核心电压为 1.2～1.4 V）功耗已经达到 110 W，最大工作电流为 90 A 左右，不可能由 ATX 电源的 12 V/5 V 电压为其直接供电，所以需要一定的供电电路来进行高直流电压到低直流电压的转换。该转换电路就是 CPU 的供电电路。根据 CPU 功耗的不同，分别有单相、两相、三相、四相、六相等供电电路。

（2）测量 CPU 核心电压的注意事项。主板维修一般不涉及 CPU 核心电压影响开机的情况，所以一般不需要测量 CPU 的核心电压。除非怀疑故障是 CPU 引起的，必须使用 CPU 假负载工具用万用表来测量 CPU 核心电压。要测量 CPU 核心电压，不能直接用真 CPU 去测量，而是要用 CPU 假负载（芯片公司提供与真 CPU 相对应的假负载）测量，否则很容易烧坏 CPU。

（3）电路组成框图。由于 CPU 工作在高频、低电压、大电流状态，它的功耗非常大，因此，CPU 供电电路使用开关稳压电源方案，它由电源管理芯片（如 RT9618、RT8841、APW7120、TL494 等）、场效应管、电感器和电解电容器等元器件组成，其组成框图如图 4-62 所示。其中，电源管理芯片主要负责识别 CPU 供电幅值，产生相应的矩形波，控制场效应管轮流导通，经电感器和电解电容器滤波后，得到稳定的直流电压（核心电压）供给 CPU 使用。

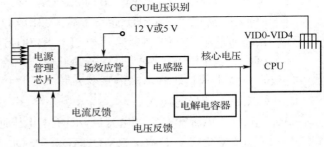

图 4-62 CPU 供电电路的组成框图

5）CPU 单相供电电路

（1）CPU 单相供电电路的组成。CPU 单相供电电路主要由电源管理芯片、12 V 电源滤波电感器 L_1、2 个轮流导通的场效应管 VT_1 和 VT_2、滤波电感器 L_2 和滤波电容器 C_1、限流电阻器等组成，如图 4-63 所示。由于场效应管工作在开关状态，导通时的内阻和截止时的漏电流都较小，所以自身耗电量很小，避免了线性电源串接在电路中会消耗大量能量的问题。

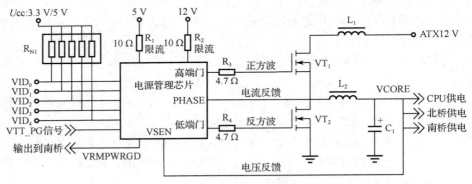

图 4-63 CPU 单相供电电路图

（2）CPU 单相供电电路的工作原理。开机后，12 V、5 V、3.3 V 等电压进入主板，其中，12 V 或 5 V 电压直接给电源管理芯片供电，同时 12 V 电压经过 L_1 滤波后为 VT_1 的漏极供电。这时 CPU 的 5 个电压识别引脚就会输出一组固定电压识别指令（VID_0～VID_4），并加到电源管理芯片的电压识别引脚上。输出电压（核心电压）反馈到电源管理芯片的 VSEN 端，作为稳压控制的依据。当内存供电电压正常稳定后，经过调压方式的供电电路输出 VTT_GMCH 北桥上拉电压，此电压经过转换，给电源管理芯片输出一个 VTT_PG 信号（北桥上拉电压的

项目 4 台式计算机主板电路及维修

电源好信号，一般为 1.25 V)，通知电源管理芯片可以正常工作。电源管理芯片在供电、VTT_PG 信号和固定电压识别指令的作用下，其内部电路开始工作，从而输出 2 路互为反相的脉宽方波。该方波分别通过 R_3 和 R_4 后，去控制 VT_1 与 VT_2 的轮流导通与截止，如图 4-64 所示。

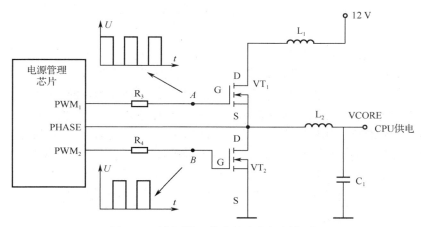

图 4-64 电源管理芯片输出的控制信号

（3）场效应管控制脉冲及输出电压波形。当电源管理芯片的高端门向 VT_1 的栅极输出高电平，此时 VT_1 导通，同时，电源管理芯片的低端门向场效应管 VT_2 的栅极输出低电平，VT_2 截止。此时，12 V 电压通过 VT_1 调整，由电感电容滤波后向 CPU 供电，同时 L_2 中电流逐步升高而处于储能状态；当电源管理芯片换成向 VT_1 的栅极输出低电平、向 VT_2 的栅极输出高电平时，VT_1 截止、VT_2 导通，L_2 的储能（左负、右正的电动势）给 C_1 充电。当下一周期到来时，重复上面的动作，这样周而复始，CPU 就会得到恒定的核心电压（同时核心电压也为北桥芯片和南桥芯片供电），相关信号波形如图 4-65 所示。当 VT_1 截止后，L_2 会瞬间产生反电动势，此时 VT_2 的导通主要是把 L_2 上产生的反电动势释放掉。这样 VT_1 就不会被 L_2 上的反电动势反向击穿，从而达到保护 VT_1 的目的。

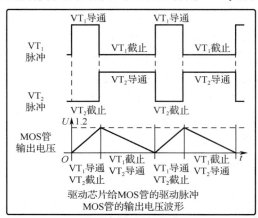
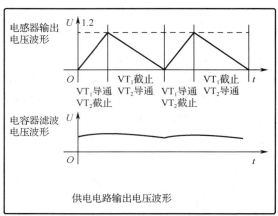

图 4-65 场管输出及经过电感电容滤波后的电压波形

（4）电压反馈与稳压控制。当经过 L_2 和 C_1 滤波后输出核心电压，又经另一路直接反馈

电子产品原理分析与故障检修（第2版）

到电源管理芯片的 VSEN 端，该端经过内部比较器对比后，对电源管理芯片 PWM$_1$ 与 PWM$_2$ 端的输出信号进行调整，从而使 CPU 得到一个稳定的电压。若 L$_2$ 输出电压偏高，则到达电源管理芯片 VSEN 端的电压也偏高。当电源管理芯片检测到 VSEN 端的电压偏高后，其会在内部对 PWM$_1$ 端与 PWM$_2$ 端输出信号的脉宽进行调整，让 CPU 得到一个稳定的电压。若核心电压过高，则电源管理芯片内部会使 PWM$_1$ 端与 PWM$_2$ 端停止输出，从而使得 VT$_1$ 与 VT$_2$ 停止工作，达到过压保护的目的。

（5）电流检测与过流保护。VT$_1$ 的输出电压除加到 L$_2$ 外，又经另一路流到电源管理芯片的过流检测脚（PHASE 端），以检测场效应管工作电流的大小。若输出电流比芯片内部设定的额定电流大，则电源管理芯片经过内部调整后，将使 VT$_1$ 的导通能力降低，直到电流调整到与额定电流相符时，才输出给 CPU。若场效应管工作电流过大，此脚会通知电源管理芯片停止输出，使 PWM$_1$ 端与 PWM$_2$ 端输出低电平，从而使 VT$_1$ 与 VT$_2$ 停止工作，达到过流保护的目的。

（6）向南桥芯片输出电源好信号。当电源管理芯片各单元电路都正常工作后，电源管理芯片会输出 VRMPWRGD 信号通知南桥芯片，让南桥芯片准备工作。此信号输出说明 CPU 供电电路正常工作，南桥芯片得知此电路正常后，内部的各个模块才能正常工作，并进行下一步工作。

（7）电源管理芯片的工作条件如下。

① 供电正常。有些电源管理芯片采用 12 V 和 5 V 双电源供电，有些电源管理芯片采用 12 V 或 5 V 单电源供电。

② 电源管理芯片必须识别到固定电压识别指令送来的识别信号，才能调整内部的基准电压。经过芯片内部运算及比较器转换后，形成内部基准电压。

③ 电源管理芯片工作还需要一个 VTT_PG 信号，此信号主要控制芯片内部的 SS（SOFT-START，软启动）电路开始工作，才能电源管理芯片输出控制方波。

④ 电源管理芯片的 FB 端得到反馈电压，该电压与内部基准电压比较后调整输出电压的高低。

当以上条件都满足并且得到所需要的工作电压后，电源管理芯片才会正常工作。

6）CPU 三相供电电路

（1）多相供电的优点。采用 PWM 实现 DC-DC 降压变换，具有调节范围大、效率高的优点，但单相供电电路一般只能提供 25～30 A 的持续电流，而现在主流 CPU 的工作电流均在 70 A 以上，因此单相供电电路已无法满足该要求，多相供电电路应运而生，如三相供电电路的最大工作电流可达 3×25 A。多相供电由于分流作用使得每路 MOS 管的工作电流降低，从而降低电路的温升，使主板运行更加稳定。同时，多相供电可以使输出电压的纹波进一步降低，能为 CPU 提供更加稳定的电压、更加强劲的电流。

（2）三相供电电路。图 4-66 所示为 CPU 三相供电电路图，它主要由电源管理芯片 RT8841、场效应管驱动器 RT9618、6 个场效应管、滤波电感器、电容器、限流电阻器等组成，其工作原理与单相供电电路相似，6 个场效应管轮流导通，每个场效应管的导通时间是单相供电电路的 1/3，其输出电流是单相供电电路的 3 倍，LOAD（负载）是指 CPU、南、北桥芯片等核心电压的供电负载。RT8841A 是一种 4/3/2/1 相同步 Buck 控制器，整合了 2 组 MOS 管驱动器，适用于 VR11 CPU 供电应用。它采用差分电感 DCR 电流检测技术完成相间电流平衡和主动电压定位，还具有工作频率可调、软启动可调、Power Good 电源指示、外部

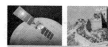

项目 4　台式计算机主板电路及维修

误差放大器补偿、过压保护、过流保护和使能/关机等特性，可满足多种不同应用的需要，其封装为 WQFN-40L 6x6，引脚功能说明如表 4-8 所示。

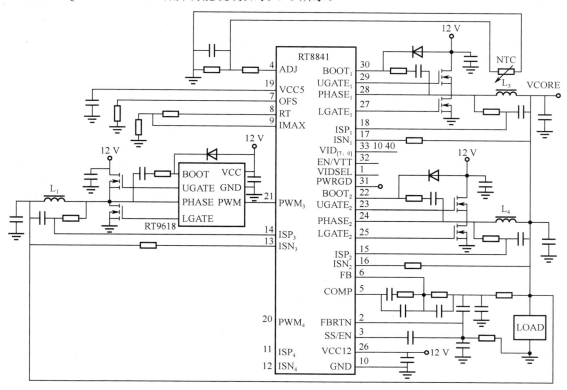

图 4-66　CPU 三相供电电路图

表 4-8　RT8841 引脚功能说明

引脚号	端号名称	引脚功能
1	VIDSEL	VID DAC 选择端
2	FBRTN	输出电压遥测负极
3	SS/EN	通过一个调节软启动时间的电容器接地；当该引脚接地时，禁止控制器工作
4	ADJ	该引脚通过一个设置载重线的电阻器接地
5	COMP	误差放大器的输出端和 PWM 比较器的输入端
6	FB	误差放大器的反相输入端
7	OFS	该引脚通过一个用于设置无载偏移电压的电阻器接地
8	RT	该引脚通过一个用于调节频率的电阻器接地
9	IMAX	过流保护比较器的负极输入端（过流保护比较器的正极输入端是 ADJ）
10	GND	地线
11、14、15、18	ISP_4、ISP_3、ISP_2、ISP_1	第 4、第 3、第 2、第 1 通道电流传感器的正极
12、13、16、17	ISN_4、ISN_3、ISN_2、ISN_1	第 4、第 3、第 2、第 1 通道电流传感器的负极
19	VCC5	低压差线性稳压 5 V 电压输出端
20、21	PWM_4、PWM_3	第 4 通道、第 3 通道的 PWM 脉冲输出端
22、30	$BOOT_2$、$BOOT_1$	第 2 通道、第 1 通道自举电源端
23、29	$UGATE_2$、$UGATE_1$	第 2 通道、第 1 通道上管门极驱动端

续表

引脚号	端号名称	引脚功能
24、28	PHASE$_2$、PHASE$_1$	第 2 通道、第 1 通道的开关节点（场管工作电流检测端）
25、27	LGATE$_2$、LGATE$_1$	第 2 通道、第 1 通道下管门极驱动端
26	VCC12	芯片 12 V 电源输入端
31	PWRGD	电源准备好信号输出端
32	EN/VTT	上拉电压 VTT 检测输入端
33～40	VID$_7$～VID$_0$	数模转换器（DAC）的电压识别输入端
41（裸焊盘）	GND	裸焊盘应该与 PCB 焊接并接地

（3）场效应管驱动器。RT9618/A 是一种专门设计用于驱动 2 个在同步整流降压转换器的 N 型沟道 MOSFET，其应用电路如图 4-67 所示。它将来自 RT8841 的 PWM 控制脉冲转化为相位相反的 2 组脉冲信号，分别去驱动 VT$_1$ 和 VT$_2$ 使它们轮流导通，将 12 V 电压转化为可以控制的脉动电压，并经电感器和电容器滤波后形成 CPU 的核心电压。RT9618/A 采用 SOP-8 封装，引脚功能说明如表 4-9 所示。

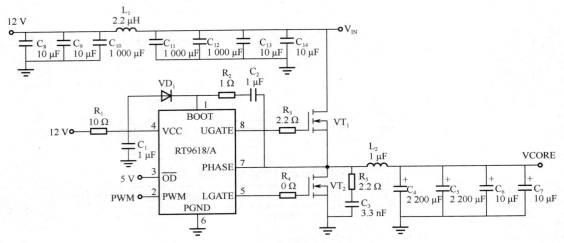

图 4-67 RT9618/A 的应用电路

表 4-9 RT9618/A 引脚功能说明

引脚号	端号名称	引脚功能
1	BOOT	浮动自举电源的上门极驱动引脚
2	PWM	输入控制驱动器的 PWM 信号
3	$\overline{OD}$	输出禁止。当该引脚为低电平时，UGATE 和 LGATE 均被拉低，正常操作被禁止
4	VCC	12 V 电源
5	LGATE	下门极驱动输出。与下位 N 型沟道场效应管的栅极相连
6	PGND	接地线
7	PHASE	过流检测。与上位场效应管的源极和下位场效应管的漏极相连
8	UGATE	上门极驱动输出。与上位 N 型沟道场效应管的栅极相连

单相供电、二相供电和三相供电输出电压波形对比如图 4-68 所示。从图 4-68 可以看出，

以单相供电输出为参考，在一个周期内只输出 1 个脉冲，但二相供电输出 2 个脉冲，三相供电输出 3 个脉冲，故三相供电比单相供电可以提供更好的输出电压波形。

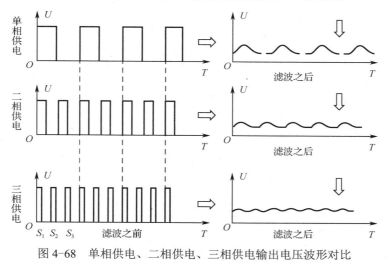

图 4-68 单相供电、二相供电、三相供电输出电压波形对比

7）南北桥供电电路

南北桥型芯片组一般需要 5 V SB、3.3 V SB、5 V、3.3 V、2.5 V、1.8 V、1.5 V、1.2 V、1.05 V 等电压。除用 ATX 电源直接供电、共用 CPU 核心电压、共用内存供电外，一般在南北桥型芯片组旁边会设计专门的供电电路为其供电。目前市场上的南北桥供电，一般都使用运算放大器+场效应管、电源管理芯片+场效应管、稳压器降压等供电方式。图 4-69 就是一个使用运算放大器+场效应管的南北桥供电电路，它向南北桥型芯片组提供 1.5 V 电压，可以提供的最大电流为 40 A（由 PHD45N03LTA 最大漏极电流 40 A 所决定）。其工作原理是：3.3 V SB 经 R_1 和 R_2 分压后向运算放大器的 5 脚提供 1.5 V 基准电压，运算放大器起电压比较器的作用，它将 5 脚输入的基准电压和 6 脚输入的输出电压进行比较。如果运算放大器的 5 脚电压高于 6 脚电压，则输出高电平，否则输出低电平，以控制场效应管的导通或者截止。场效应管的不断导通与截止，将 3.3 V 电压转换为脉冲电压输出，再经 C_3 滤波后形成稳定的 1.5 V 电压，为南北桥型芯片组供电。其中，C_1 为 12 V 电源退耦电容器，C_2 为电压负反馈电容器，起到减少高频干扰信号的作用。场效应管的栅、源极间电阻很大，这样只要有少量的静电就能使它的栅、源极之间等效电容器两端产生很高的电压，如果不及时把这些少量的静电泄放掉，两端的高压就有可能使场效应管产生误动作，甚至有可能击穿其栅、源极。所以在栅极与源极之间加一个电阻器 R_3 就能把上述静电泄放掉，起到保护场效应管的作用。

图 4-70 所示为南北桥 1.5 V 供电电路仿真图。从仿真图可以看出，当负载电阻为 0.15 Ω 时，运算放大器 3 脚输入的基准电压为 1.531 V，经过稳压控制后的输出电压为 1.499 V，负载电流为 10 A（场效应管 2N7269 的最大漏极电流为 26 A），能满足南北桥 1.5 V 供电要求。

图 4-71 所示为电源管理芯片+场效应管的南北桥供电电路图，其工作原理和单相 CPU 供电电路相同，它向南北桥型芯片组提供 1.5 V 电压。

8）显卡声卡供电电路

EH11A 是低压差贴片式线性稳压器，其功能和 AZ1117T-ADJ 相同（可互换），输出端和调整端之间的电压为 1.25 V，最大输出电流为 1 A。图 4-72 所示为三端稳压器降压型 PCI 插

槽显卡供电电路,它将 12 V 输入电压经 EH11A 稳压调节后向 PCI 插槽的显卡提供 5 V 电压。其输出电压计算公式为 $U_{out}=1.25\times(1+R_2/R_1)+I_{ADJ}\times R_2$（V），由于 I_{ADJ} 较小（50 μA 左右），远小于流过 R_1 的电流（6 mA 左右），因此可忽略。

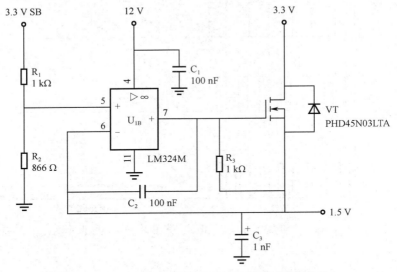

图 4-69　运算放大器+场效应管的南北桥供电电路

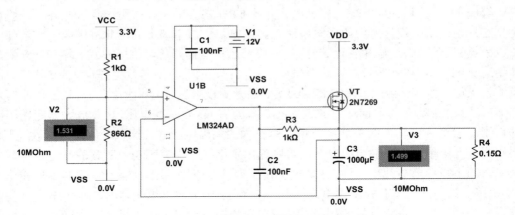

图 4-70　南北桥 1.5 V 供电电路仿真图

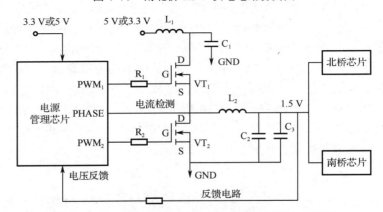

图 4-71　电源管理芯片+场效应管的南北桥供电电路图

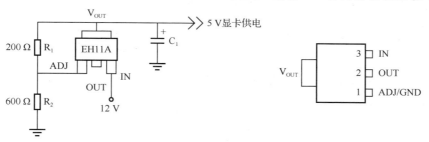

图 4-72 三端稳压器降压型 PCI 插槽显卡供电电路

9）内存供电电路

目前常用内存有 SDRAM、DDR 及 RAMBUS（RAMBUS 公司推出的新一代内存）等。其中，第一代内存 SDRAM 的工作电压为 3.3 V，可由 ATX 电源直接供电；第二代内存 DDR（或 DDR1）的工作电压为 2.5 V，总线上拉电压为 1.25 V；第三代内存 DDR2 的工作电压为 1.8 V，总线上拉电压为 0.9 V；第四代内存 DDR3 是目前最普遍的内存，工作电压为 1.5 V，总线上拉电压为 0.75 V，容量最大可达 8 GB，频率为 1 066 MHz～2 400 MHz；新五代内存 DDR4 频率可达 4 266 MHz，容量可达 128 GB，工作电压为 1.2 V，总线上拉电压为 0.75 V；第六代内存 DDR5（RAMBUS）的工作电压为 1.1 V，总线上拉电压为 0.75 V。一般内存供电部分通常被设计在内存插槽的附近。

（1）开关稳压电源方式内存供电电路。

由于内存工作电流较大，一般采用开关稳压电源方式来提供内存工作电压。图 4-73 所示为 DDR2 内存供电原理图，其工作原理是：在电源管理芯片的控制下，VT_1 和 VT_2 轮流导通，将 5 V 电压转换为脉动电压输出，经 L_2、C_2 与 C_3 的滤波后，得到稳定的 1.8 V 电压，供给内存和北桥芯片使用。同时，为了减少信号终端的串扰，DDR 内存的数据和地址总线需要通过终结电阻器连接到由 RT9173 提供的上拉电位（VTT），图 4-73 中所提供的 VTT 0.9 V 即上拉电位。

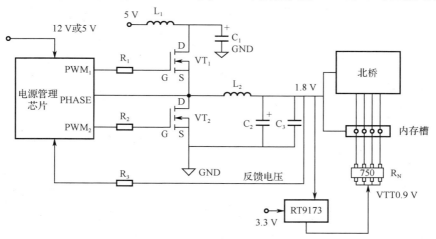

图 4-73 DDR2 内存供电原理图

图 4-74 所示为 DDR2 内存 1.8 V/15 A 供电电路实例。在电源管理芯片（APW7120）控制下，VT_1 和 VT_2 轮流导通，输出方波电压信号，经 L_2、C_6 与 C_7 滤波后，输出 1.8 V/15 A，供给北桥芯片和内存使用。当南桥芯片输出高电平使 VT_3 导通时，电源管理芯片将停止工作，使输出电压为 0 V。

电子产品原理分析与故障检修（第2版）

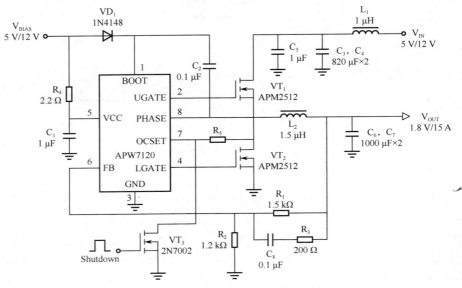

图 4-74　DDR2 内存 1.8 V/15 A 供电电路实例

（2）稳压器降压提供的内存上拉电压。

稳压器 AT9173A 能够把 1.8 V 或 2.5 V 电压转换为 0.9 V 或 1.25 V 上拉电压。图 4-75 所示为由稳压器 AT9173A 提供 1.25 V 上拉电压的电路。在图 4-75 中，2.5 V 电压经过 R_1 和 R_2 分压后向 AT9173A 提供 1.25 V 基准电压，经过 AT9173A 稳压控制后，向内存提供 1.25 V 上拉电压，且其输出电压与基准电压之间的偏差不超过 20 mV。

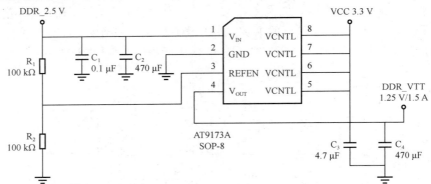

图 4-75　由稳压器 AT9173 提供 1.25 V 上拉电压的电路

6. 主板接口电路

计算机之间、计算机与外部设备之间、计算机内部部件之间一般通过接口电路来连接，其主要作用是用于完成计算机主机系统与外部设备之间的数据交换。常用计算机接口有：PS/2 接口（用于连接鼠标、键盘）、VGA 接口（用于连接显示器、投影仪等）、DVI（用于连接显示器、投影仪、数字电视机等）、HDMI（用于连接高清电视、投影仪、DVD 机等）、IEEE1394 接口（用于连接带 IEEE1394 插座的设备）、USB 接口（用于连接带 USB 插座的设备）、RJ-45 网络接口（用于连接网络）、音频接口（用于连接音频线路输出设备、耳机或功放、麦克风）、RS-232C 串行口（用于串行通信）、LPT 并行口（用于连接打印机、扫描仪等）、IDE 接口（用于连接带 IDE 接口的硬盘/光驱）、SATA 接口（用于连接带 SATA 接口的硬盘）、SCSI（用于

项目 4　台式计算机主板电路及维修

连接带 SCSI 的硬盘）、蓝牙接口（用于连接手机/蓝牙耳机等）、Wi-Fi 接口（用于连接无线局域网）。常用主板接口布置及外形如图 4-76 所示。

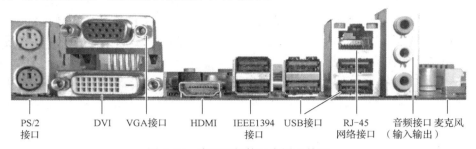

图 4-76　常用主板接口布置及外形

1）PS/2 接口电路

PS/2 接口电路主要由 5 V DUAL 电压（采用 VCC 5 V 和 5 V SB 双电压供电。当主板插上 ATX 电源未通电时，由 5 V SB 电压来供电，当主板通电以后，由 VCC 5 V 电压来供电）、熔断器 FU_1、控制器 PSKBM、排阻 RN3 和滤波电容器等组成，如图 4-77 所示。其工作原理是：5 V DUAL 电压经 FU_1 加到 RN3 和 PSKBM 控制芯片。键盘数据 KDATA、键盘时钟 KCLK、5 V、GND 组成键盘 PS/2 接口，它接收键盘操作指令，并通过 PSKBM 形成按键所对应的编码及通过 SPI 接口电路输送到计算机的键盘缓冲器中，由 MPU 进行识别处理。鼠标数据 MDATA、鼠标时钟 MCLK、5 V、GND 组成鼠标 PS/2 接口，它接收鼠标位置移动数据并通过 SPI 接口电路输送给 MPU 识别处理。PSKBM 在 W83627 或者南桥芯片中。关于 5 V DUAL 电压，在主板未触发前，5 V SB 经过一个 MOS 管控制后向 5 V DUAL 供电；当主板正常触发后，由于 5 V DUAL 负载加重，5 V SB 无法承受，此时由 VCC 5 V 经过另一个 MOS 管控制后向 5 V DUAL 供电。

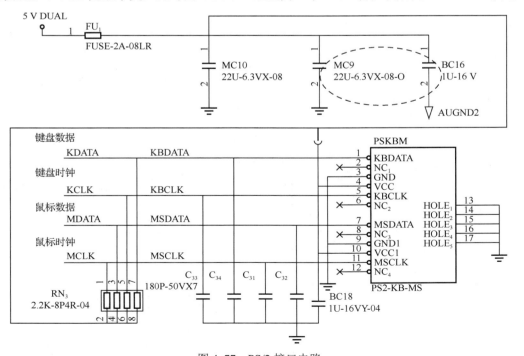

图 4-77　PS/2 接口电路

2）USB 接口电路

USB 接口电路主要由 5 V DUAL 供电、熔断器、滤波电容器、USB 控制器、排阻（202 为 2 kΩ）、USB 接口插座等组成。标准 USB 2.0 接口电路如图 4-78 所示。标准 USB 2.0 接口电路共有 4 条信号线，红色信号线为 5 V，黑色信号线为接地线，绿色信号线为数据总线正端 D+，白色信号线为数据总线负端 D-。主板上电、时钟、复位电路均正常工作后，USB 控制器（在 W83627 或者南桥芯片内部）会不停地检查 USB 接口连接的数据总线 D+ 和 D- 之间的电压。若电压发生变化，则说明有 USB 设备接入，计算机就进行设备识别、调用驱动程序等处理。

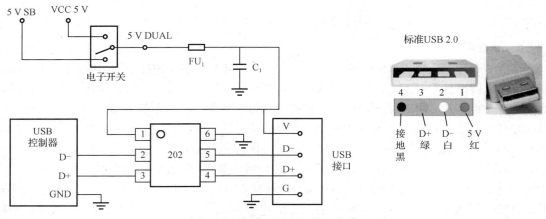

图 4-78　标准 USB 2.0 接口电路

3）VGA 接口电路

VGA 由主板北桥芯片直接控制，它的线路走向及信号不是很复杂。VGA 接口电路主要由 VGA 插座、北桥芯片、滤波电容器、电阻器等组成，如图 4-79 所示。北桥芯片输出的 R 信号、G 信号、B 信号先经过 75 Ω 电阻器转换为模拟电压，再经过 2 个反并联二极管进行双向限幅后加到 VGA 插座；由北桥芯片输出的行同步信号和场同步信号分别经过 47 Ω 电阻器后加到 VGA 插座。R、G、B、行同步、场同步信号经过 VGA 插座送到显示器使之显示视频信息。

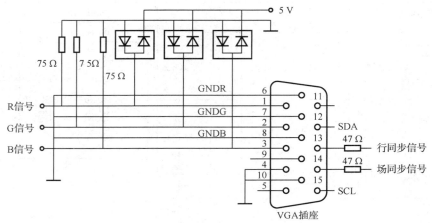

图 4-79　VGA 接口电路

4）HDMI 电路

HDMI A 型连接器的接口电路主要由 ESD（静电保护元器件）和连接器组成，如图 4-80 所示。ESD 也叫瞬态电压抑制二极管阵列、ESD 保护芯片，它是一种高效型的静电保护元器件。在各类通信接口中，经常需要用到 ESD 为其保驾护航，如 USB 2.0 接口选用 DW05DRF-B-AT-E 和 DW05-4R-AT-S、USB 3.0 接口选用 DW05-4R2P-AT-S 和 DW3.3-4R2P-S、HDMI 2.0 接口选用 DW05-4R2P-AT-S 和 DW05-4R2PZ-S 等。

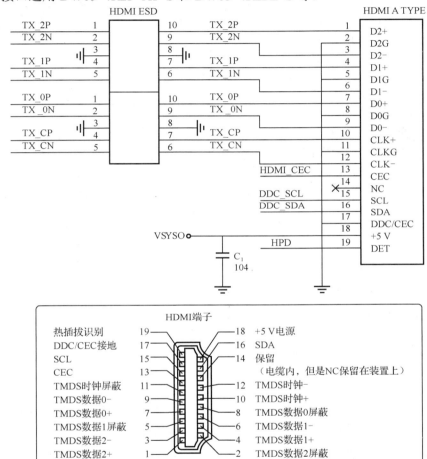

图 4-80　HDMI A 型连接器的接口电路

在图 4-80 中，HDMI 采用 TMDS 传输通道，包含 3 路 TMDS 数据通道和 1 路 TMDS 时钟通道，每个通道都有正、负信号，用于差分传输。音频、视频和控制信号都在 3 个 TMDS 数据信道中相互交错传输，分别对应数据岛周期、视频周期、控制周期。TMDS 时钟即视频像素速率传输时钟，在 TMDS 时钟通道中传输，它被接收端当作 3 个 TMDS 数据通道的参考频率，用于对 3 个 TMDS 数据的复原。

4.4.5　任务评价

在完成主板电路学习任务后，对学生主要从主动学习、高效工作、认真实践的态度，团队协作、互帮互学的作风，能识读主板电路，熟悉主板上典型元器件的作用，掌握主板电路的组成、工作原理及常见故障的检修方法，树立为国家、人民多做贡献的价值观等方面进行评价，并采用学生自评、小组互评、教师评价来综合评定每一位学生的学习成绩。主板电路学习任务评价表如表 4-10 所示。

表 4-10　主板电路学习任务评价表

评价指标	评价要素	分值	学生自评（10%）	小组互评（20%）	教师评价（70%）	得分
主板电路的识读	熟悉 CPU，南、北桥芯片、时钟芯片，CMOS 芯片，I/O 芯片的作用，掌握主板电路识读方法	10				
主板电路的原理及检修	了解主板上各种单元电路的布局和功能；掌握时钟电路、复位电路、CMOS 电路、开机电路、供电电路、接口电路的组成、工作原理及常见故障的检修方法	60				
文档撰写	能撰写主板电路的工作原理及故障检修报告，包括摘要、正文、图表符合规范要求	20				
职业素养	符合 7S（整理、整顿、清扫、清洁、素养、安全、节约）管理要求，具有认真、仔细、规范操作、高效工作的态度，树立为国家、人民多做贡献的价值观	10				

任务 4.5　LCD

4.5.1　任务目标

（1）了解液晶应用知识。
（2）熟悉液晶的特性与显像原理。
（3）掌握 LCD 的分类及工作原理。
（4）掌握液晶显示的驱动原理。

4.5.2　任务描述

液晶是一种在一定温度范围内呈现既不同于固态、液态，又不同于气态的特殊物质状态（液晶态），它是一种有机化合物。当温度超出一定范围，液晶就不再呈现液晶态。如果温度低于规定下限值，液晶就会出现结晶现象；如果温度高于规定上限值，液晶就会变成液体。LCD 所标注的存储温度是指液晶呈现液晶态的温度范围。一般来讲 LCD 的使用温度为 0 ℃～50 ℃，储存温度为-20 ℃～70 ℃；宽温级别的工作温度为-30 ℃～80 ℃，存储温度为-35 ℃～85 ℃；军用品级的工作温度为-40 ℃～85 ℃，存储温度为-50 ℃～90 ℃。超过这个范围，LCD 不能正常工作。液晶的一个重要特性是它的电光特性。如果给液晶施加一个电场，就会改变它的分子排列，从而影响通过其的光线变化，这种光线的变化通过偏光片的作用可以表现为明暗的变化。人们通过对电场的控制最终控制了光线的变化，从而达到显示图像的目的。LCD 就是利用液晶的电光特性而制成的显示器。LCD 由于具有分辨率高、易彩色化、画面稳定、环保节能、体积超薄、寿命长等优点而得到了广泛应用。

学生要学会检修 LCD 的电路故障，熟悉 LCD 的电路组成与工作原理，能用万用表、示波器等检测与判断单元电路、主要元器件的好坏，并对故障元器件进行更换与维修。通过眼看、耳听、手摸、鼻闻等方式检查 LCD 比较明显的故障。观察时不仅要认真，而且要全面。

通过观察，查找明显故障元器件，可以大致判断故障的大小及范围，甚至立即找到故障部位。检修时根据观察到的故障现象，结合用户提供的故障发生原因和过程，经分析后初步判断出可能发生故障的部位。由于 LCD 的电路结构比较复杂，一种故障现象可能是由多种原因引起的。这就需要认真仔细地观察、检查和分析，去粗取精、去伪存真，找出真正的故障部位，直至故障排除。维修 LCD 电路经常用到的一种方法就是测量电压法，主要通过测量电路和元器件的工作电压来判定故障部位和异常的元器件。

4.5.3 任务准备——液晶显像原理

1. 液晶及种类

液晶是一种介于液态与结晶态之间物质状态的有机化合物或高分子聚合物。液晶的主要特性是在一定温度或浓度的溶液中，既具有液体的流动性，又具有晶体的各向异性。在正常情况下，液晶分子排列很有秩序，显得清澈透明，一旦加上直流电场后，分子的排列会被打乱，一部分液晶变得不透明，颜色加深，可显示数字和图像。液晶的电光效应是指它的干涉、散射、衍射、旋光、吸收等受到电场调制的光学现象。电光效应受到温度条件控制的液晶称为热致液晶。电光效应受到浓度条件控制的液晶称为溶致液晶。显示用的液晶一般是低分子的热致液晶。

液晶种类很多，目前已合成了 1 万多种液晶显示材料，其中常用的液晶显示材料有上千种。但从成分和出现中介相的物理条件来看，液晶大体可分为热致液晶和溶致液晶。热致液晶是指单成分的纯化合物或均匀混合物，它在温度变化下会出现液晶相。溶致液晶是 2 种或 2 种以上成分形成的液晶，其中一种是水或其他极性溶剂，它在一定浓度溶液中会出现液晶相。生物膜的主要成分是类脂化合物和水，具有溶致液晶的特性。有些高分子聚合物液晶具有热致液晶的特性，另外一些高分子聚合物液晶又具有溶致液晶的特性。

2. 偏光板

液晶本身不发光，但是在外加电场作用下，它可以产生光折射、光密度调制或色彩的变化。当液晶分子的某种排列状态在电场作用下变为另一种排列状态时，液晶的电光特性随之改变而产生光被电场调制的现象，称为液晶的电光效应。为了检测液晶的电光效应或者将液晶用于图像显示，必须使用线偏振光。天然光源和一般人造光源直接发出的光都是自然光。沿着各个方向振动的光波强度都相同的光叫作自然光。线偏振光的电场方向（偏振方向）是固定的某一个方向。假设光前进的方向为 Z 轴方向，那么线偏振光的偏振方向必然在 XOY 平面内的某一个方向。而自然光的偏振方向是与光线行进方向相垂直的所有方向。

偏光板是一种只允许某个偏振方向的光线通过的光板，它使通过的自然光变成偏振光，是一种产生和检测线偏振光的片状光学材料。偏光板的作用就像是栅栏一般，它会阻隔掉与栅栏垂直的分量，只准许与栅栏平行的分量通过。偏光板是 LCD 显示屏上游原材料领域十分重要的一类产品，而且约占 LCD-TV 原材料成本的 10%。

当自然光通过偏振方向为 Y 轴方向（光穿过轴）的偏光板后就变成了沿 Y 轴方向振动的线偏振光，如图 4-81 所示。

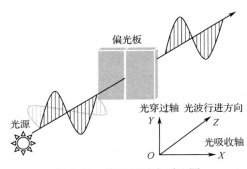

图 4-81 偏光板透光原理图

3. 液晶显像原理

LCD 的显示屏是将液晶材料封装在 2 个透明电极之间，电极上涂有定向膜，在电极外面安装有 2 块与偏振方向互相垂直的偏光板，通过控制加到电极间的电压实现对液晶层透光性的控制，如图 4-82 所示。当 2 个电极之间无电压时，如图 4-82（a）所示，液晶分子受到透明电极上定向膜的作用，沿着定向膜沟槽方向进行排列。由于定向膜的上下沟槽相互垂直，因此，液晶分子呈 90°扭转。当入射自然光通过上偏光板变成直线偏振光后进入液晶层，原来沿 X 轴方向振动的入射光进入液晶层后扭转了 90°后就变成了沿 Y 轴方向振动的光，正好能通过下偏光板，LCD 的显示屏就点亮了。

当上、下电极之间加上足够大的直流电压（大于饱和电压 U_S）后，如图 4-82（b）所示，液晶层中液晶分子的定向方向发生了变化，变成与电场平行的方向排列，这样入射到液晶层的直线偏振光的偏振方向不会产生扭转，同时由于上、下偏光板的偏振方向是相互垂直的，所以入射光不能通过下偏光板，此时液晶层是不透光的，LCD 的显示屏是黑的。可见，当电极之间无电压时，LCD 的显示屏呈透光状态（亮状态）；当电极之间施加足够大的电压时，LCD 的显示屏呈不透明状态（暗状态）。这样，LCD 的显示屏在变化电场作用下，控制光源发出光的透射率，产生明暗变化，将黑白影像显示出来。

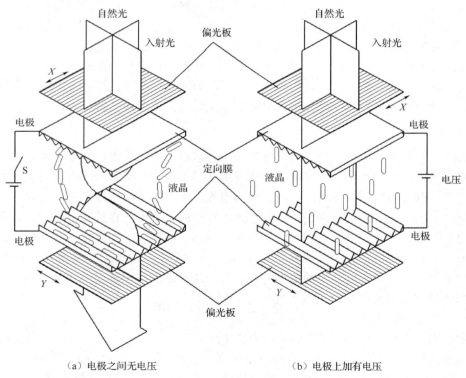

(a) 电极之间无电压　　　　　　　　(b) 电极上加有电压

图 4-82　LCD 显示屏的显示原理图

对于上下偏振方向互相垂直偏光板所构成的 LCD（常白模式，即不加电压时显示为亮），液晶的透光率 T 随着外加电压的升高而降低，如图 4-83（a）所示，这种特性称为正型电光特性。由于 LCD 的显示屏大部分时间工作在透光状态，因此，绝大部分 LCD 采用正型电光特性的物理结构，这样可以降低功耗（降低视频信号幅度）。对于上下偏振方向互相平行偏光

板所构成的 LCD（常黑模式，即不加电压时显示为黑），当外加电压低于阈值电压 U_{th} 时，透光率很小且几乎不变。当外加电压连续升高时，透光率随着外加电压的升高而升高；当外加电压升高到饱和电压 U_s 后，透光率就达到了最大值，以后透光率就不再随外加电压变化了，如图 4-83（b）所示，这种特性称为负型电光特性。

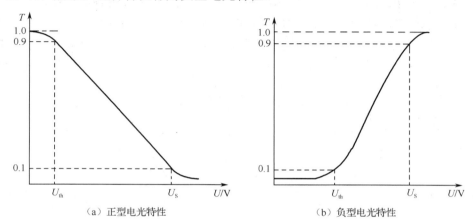

图 4-83　液晶显示器件的电光特性

4. 彩色液晶显示的实现

若让液晶显示彩色影像，则需要在显示屏上加上很多彩色滤光片，并进行有规则的排列，如将分别通过 R、G、B 基色的彩色滤光片按条状、三角形、马赛克、正方形进行排列，如图 4-84 所示。彩色滤光片是一种可以精确表现颜色的光学滤光片，它可以精确选择欲通过的小范围波段光波，而反射掉其他不希望通过的波段。每个彩色像素点是由独立的 R、G、B 子像素组成的，各自拥有不同的灰阶（最暗到最亮之间的亮度层次级别）变化。

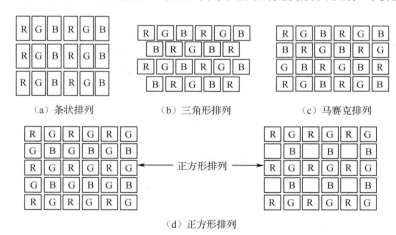

图 4-84　显示屏上彩色滤光片排列图

5. LCD 的分类

1）TN-LCD

TN-LCD（扭曲向列型液晶显示器）生产成本低，它是应用最广泛的入门级 LCD，在市面上中低端液晶显示产品中被广泛使用。TN-LCD 的特点是液晶分子偏转速度快，响应时间快，但 TN-LCD 的视角较窄，可呈现黑白单色及一些简单的文字、数字，主要应用于电子表、计算器等消费性电子产品，常用于段码显示。

2）STN-LCD

STN-LCD（超扭曲向列型液晶显示器）的显示原理与 TN-LCD 相似，区别在于：TN-LCD 的液晶分子使入射光旋转 90°，而 STN-LCD 的液晶分子使入射光旋转 180°～270°。在反复改变电场电压的过程中，每个点的恢复过程缓慢，会产生余辉。它的优点是消耗较少的电能，并且具有最大的节能优势。STN-LCD 多用于文字、数字及绘图功能的显示，如低档的笔记本、掌上电脑、股票机等便携式产品。

3）TFT-LCD

TFT-LCD（薄膜晶体管型液晶显示器）主要由背部电源、导光板、偏光板、彩色网络滤光器、玻璃基板、取向膜、液晶层、TFT 等构成。首先利用背部电源（荧光灯或 LED）来产生自然光，这些光线先通过偏光板变成线偏振光，再通过液晶层进行偏转方向的控制。透过液晶层的光的偏振方向的旋转角度是根据液晶分子的排列方式变化的。而且，这些光必须通过前方的滤光板和另一个偏光板。因此，只要改变施加在液晶上的电压值，就可以控制最后出现的光的强度和颜色，进而改变显示屏上不同色调的颜色组合。

TFT-LCD 为每个像素都设有一个半导体开关，每个像素都可以通过脉冲电压直接控制，因而每个像素都相对独立，并且可以连续控制，不仅提高了显示屏的反应速度，还可以精确控制显示色阶，所以 TFT-LCD 的色彩更真、反应速度更快，适用于动画及图像显示，广泛应用于电视机、数码相机、计算机、液晶投影仪等。

4.5.4 任务实施——TFT-LCD

1. TFT-LCD 的结构

TFT-LCD 主要由背部光源、偏光板（垂直极化）、后玻璃基板、透明导电膜（含像素电极、驱动晶体管）、液晶层、透明导电膜（含对向电极）、彩色网格滤光器、前玻璃基板、偏光板（水平极化）等构成，如图 4-85 所示。液晶层被封入两个透明导电膜之间，并放置一个彩色网格滤光器，外面用两块玻璃基板来固定。在玻璃基板的两侧分别安装偏振方向互相垂直的偏光板。背部光源产生的自然光，经过垂直偏振的偏光板后，产生垂直偏振的线偏振光，穿过液晶层后变成受外加电压调制偏振方向的光线。该光线通过彩色网格滤光器和水平偏振的偏光板后，形成亮度变化的 RGB 子像素光。根据空间混色原理，全部 RGB 子像素光的合成，就在显示屏上显示彩色图像。

2. TFT-LCD 的显像原理

若要产生全彩的影像，就需要光的三原色——R、G、B。在显示屏上，三原色是由许许多多的小像素点组成的，每个像素点又由 R、G、B 子像素构成，分别受到三个晶体管控制对应的电场变化。TFT-LCD 像素结构及单个像素结构图如图 4-86 所示。由于子像素的光点小，排列又很紧密，当人的眼睛观看光点时，就会将三种颜色混合在一起，再加上不同明暗的调整（控制液晶分子的扭转角度），就会形成彩色图像。为了精确控制每个子像素的亮度和颜色，需要在每个三基色子像素之后安装一个类似百叶窗的开关，当开关打开时光线可以透进来，当开关关闭时光线无法进入，这个开关实际上是由 TFT 组成的电子开关。

TFT-LCD 为每个子像素都安排一个 TFT 来控制电场的变化，进而实现对整个显示屏色彩的控制。

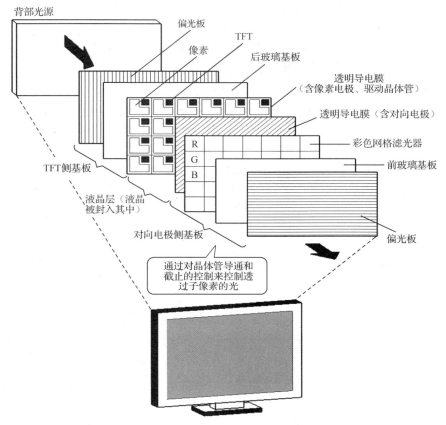

图 4-85　TFT-LCD 的结构示意图

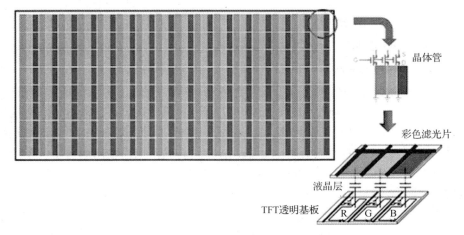

图 4-86　TFT-LCD 像素结构及单个像素结构图

对于单个三基色子像素的控制，可用局部放大图和等效电路来描述，如图 4-87 所示。在图 4-87（a）中，子像素位置控制电压 X_1 加到场效应管的栅极，由它决定是否将视频信号的电压 Y_0 加到像素电极和对向电极之间，以控制液晶分子的排列，进而控制透光率。图 4-87（b）

所示为 TFT-LCD 上的 TFT 及其等效电路。在封装液晶层的玻璃基板上有一个公共电极（对向电极），每个子像素均有一个像素电极。当像素电极加有控制电压时，该像素的液晶体便会受到电场的作用。每个子像素中设有一个为子像素提供控制电压的场效应管，由于它被制成薄膜型紧贴在下面的基板上，因而被称为 TFT。每个 TFT 的栅极信号由横向设置的 X 电极提供，该电极又称为扫描电极，相应的控制信号称为扫描信号。Y 电极为 TFT 提供图像数据信号，该图像数据信号是视频信号经过处理后形成的。

由 TFT 及等效电路可知，扫描信号加到 TFT 的栅极，图像数据信号加到 TFT 的源极。当栅极为正极性脉冲时，TFT 导通，源极的图像数据信号电压通过 TFT 加到与漏极相连的像素电极上，这样像素电极与公共电极之间的液晶便会受到 Y 电极图像数据信号的控制。当栅极没有加上脉冲时，TFT 截止，像素电极上就没有电压。可见 TFT 在这里充当了一个电子开关的作用。扫描信号控制 TFT（电子开关）的导通或截止，而图像数据信号在 TFT 导通的情况下可以控制液晶两端的电压，进而调制穿过液晶的光线，达到改变图像的目的。

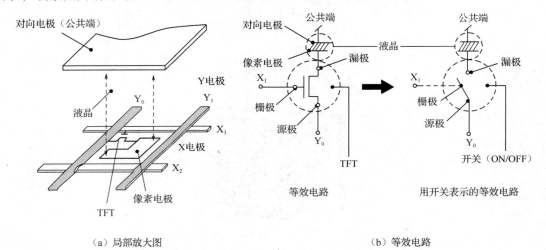

（a）局部放大图　　　　　　　　　　　　（b）等效电路

图 4-87　显示屏的局部解剖图及等效电路

3. TFT-LCD 的驱动电路

TFT-LCD 的驱动电路如图 4-88 所示。图像数据信号作为 Y 电极的驱动信号，而 X 电极的扫描信号则由图像数据信号进行同步控制并驱动 TFT 的栅极。当 X 电极、Y 电极的信号共同作用在某一个三基色子像素的 TFT 时，Y 电极信号的幅度决定了像素电极和对向电极之间的电场大小，进而决定了液晶的透光率，即决定了图像的亮度（对彩色 LCD 来说还决定了色调和色饱和度）。按照一定的周期，自上而下、从左到右逐个扫描输出所有子像素所对应的视频信号，就可以在 LCD 上产生一帧帧完整的视频图像。

图 4-89 所示为 TFT-LCD 的驱动电压与像素明暗关系。在图 4-89 中，当扫描信号（高电平）加到 X_1 电极时，该电极上的 TFT 便可导通。对于目前普遍采用正型电光特性的 LCD，Y_2 电极上的电压越小，液晶透光率越大，显示屏像素越亮。当 Y_2 电极上的电压大于或等于饱和电压时，液晶不透光，显示屏像素为黑点；当 Y_2 电极上无电压时，液晶透光率最大，显示屏像素为白光点。

项目 4　台式计算机主板电路及维修

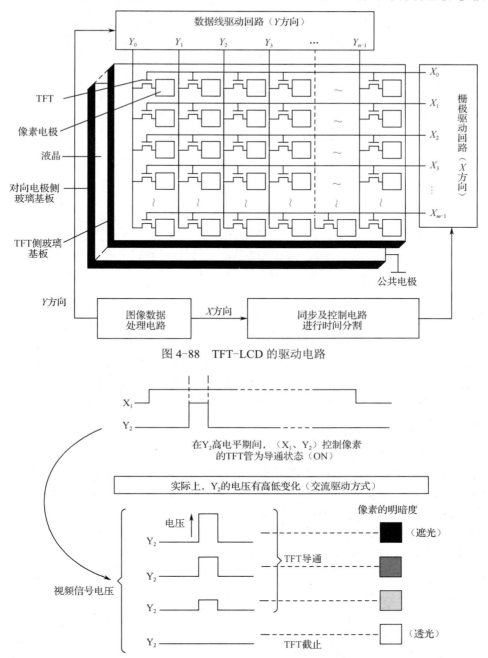

图 4-88　TFT-LCD 的驱动电路

图 4-89　TFT-LCD 的驱动电压与像素明暗关系

4．TFT-LCD 电路的组成框图

TFT-LCD 电路由视频信号处理电路（矩阵、轮廓校正、图像调整、色调校正电路）、时间轴扩展电路、水平分割电路、移相处理电路、极性反转放大电路、电平移位电路、同步分离电路、时序控制电路和 LCD 等组成，其组成框图如图 4-90 所示。

首先在视频信号处理电路中对来自解码电路板的亮度信号 Y 和色差信号 PB、PR 进行处理。矩阵电路将输入的亮度信号和色差信号变换成 R、G、B 信号，并经轮廓校正、图像调

整、色调校正、时间轴扩展、极性反转放大、电平移位等电路处理后，形成显示屏的图像数据信号，其将被送到数据驱动电路。亮度信号经同步分离电路分离出同步信号，时序控制电路以此为基准形成显示屏的扫描驱动脉冲信号，加到扫描驱动电路。

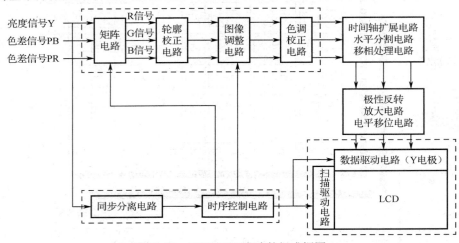

图 4-90　TFT-LCD 电路的组成框图

在 LCD 显示屏的两面分别设有水平方向的 X 电极和垂直方向的 Y 电极，经过数据驱动电路放大后的图像数据信号加到 Y 电极，经过扫描驱动电路放大后的扫描脉冲信号加到 X 电极。两电极交点的液晶分子排列会随视频信号变化，其交点的透光状态随视频信号变化，当背面的光照过来时整个显示屏就呈现出电视画面。在显示屏上覆盖一层网格状的彩色滤光片，就可以实现彩色的显示效果。

5. LCD 的整机电路框图

LCD 的整机电路框图如图 4-91 所示。其中，GENESIS 公司的显示处理器 FLI8532 内部集成强大的平板图像处理器、多路信号输入、OSD（On-Screen Display，屏幕菜单调节）控制、内置 X86 微处理器、PLL 时钟控制发生器、ADC 及智能图像处理等功能模块。SAA7117是一个多制式视频解码器，它提供 10 位的 A/D 转换器，增强 PAL/NTSC 制式的梳状滤波，更强的 VBI（场消隐期间插入信号）数据处理和画质增强处理功能。DVI、HDMI 信号均为TMDS 信号，由 1 对极性相反的时钟信号线和 3 对极性相反的数据信号组成，其中 HDMI 信号包含数字音频信号。SIL9021CTU HDMI 有 2 个 TMDS 接收端口，分别接收 DVI、HDMI信号，并对其进行解码，以输出模拟 R、G、B、YPbPr 信号。MSP3410G 的功能为对伴音中频进行录音处理；对数字音频进行音量、高音、低音、平衡、伪立体声、带宽扩展等音效处理，并经数/模转换为模拟音频信号输出。U_7、U_8 为帧存储器（SDROM），U_9（SI9953）为LCD 的电源控制场管，XU_2（FLASH）为程序存储器，U_{50}（EEPROM）为用户数据存储器。

1）AV 端子输入信号处理

从 AV_1、AV_2、AV_3 端子输入的复合视频信号分成 2 路，一路送到 U_3 进行图像信号处理；另一路送到 U_{23} 进行 A/D 转换、增强 PAL/NTSC 制式的梳状滤波、画质增强处理。

从 AV_1、AV_2、AV_3 端子输入的音频信号送到 U_{38} 进行音量、高音、低音、平衡、伪立体声、带宽扩展等音效处理。

项目4 台式计算机主板电路及维修

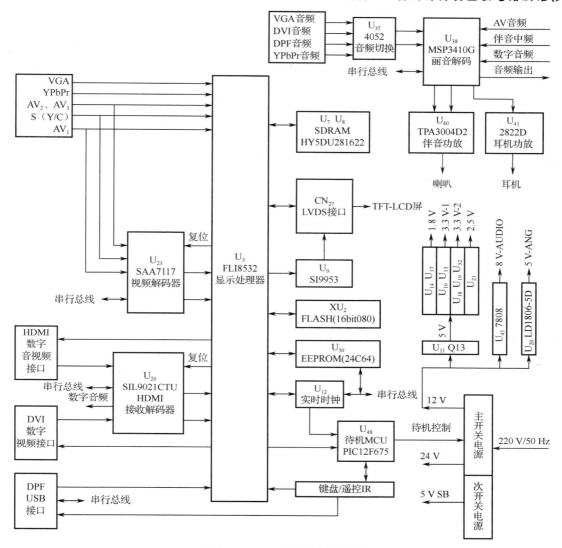

图 4-91 LCD 的整机电路框图

2）S 端子输入信号处理

从 S 端子输入的亮度信号 Y、色度信号 C 分成 2 路，一路将亮度信号 Y 送到 U_3 进行视频信号处理；另一路将色度信号 C 送到 U_{23} 进行画质增强处理。

与 S 端子视频配套的伴音通道和 AV_3 端子的伴音通道共用。

3）YPbPr 端子输入信号处理

从 YPbPr 端子输入的模拟高清（HDTV）信号送到 U_3 进行视频信号处理。与 YPbPr 端子输入视频配套的音频信号送到 U_{37} 进行选择处理，选中的音频信号再送到 U_{38} 进行音效处理。

4）VGA 端子输入信号处理

从 VGA 端子输入的 R、G、B 信号和行同步、场同步信号送到 U_3 进行视频信号处理。与 VGA 端子输入视频配套的音频信号送到 U_{37} 进行选择处理，选中的音频信号再送到 U_{38} 进行音效处理。

5）DVI 端子输入信号处理

从 DVI 端子输入的 1 对时钟（SCL、SDA）信号和 3 对数据信号，先送到 U_{26} 进行数字接收处理，再送到 U_3 数字通道的输入端口进行图像处理。与 VDI 端子输入视频配套的音频信号送到 U_{37} 进行选择处理，选中的音频信号再送到 U38 进行音效处理。

6）HDMI 端子输入信号处理

从 HDMI 端子输入的 1 对时钟信号（在 SDA 中含有数字音频）和 3 对数据信号，先送到 U_{26} 进行数字接收处理，再送到 U_3 数字通道的输入端口进行图像处理。从 U_{26} 输出的数字音频信号被送到 U_{38} 进行音效处理。

7）USB 端子输入信号处理

从 USB 端子输入的 1 对数据信号，送到 U_3 数字通道的输入端口进行数据处理。从 DFP（Digital Photo Frame）端子输入的音频信号送到 U_{37} 进行选择处理，选中的音频信号再送到 U_{38} 进行音效处理。

8）图像信号处理过程

通过第 1 通道输入 U_3 的复合视频信号 CVBS，AV 视频信号，S 视频信号，YPbPr 信号，R、G、B 信号，在内部选择开关控制输出的模拟信号由模数转换器将模拟信号转化为数字信号。在 U_3 存储控制器的控制下，内部的视频解码器、格式转换器和外部连接的帧存储器 U_7、U_8，对信号进行 3D 梳状滤波、彩色解码、同步信号处理、VBI 限幅、降噪、逐行变换、格式缩放变换、画质增强等处理，生成主画面图像的显示矩阵。

通过第 2 通道输入 U_3 的数字视频信号，在 MCU 控制下对子画面信号进行画质增强图像处理，并生成子画面图像的显示矩阵。

U_3 先对 2 个画面的图像信号进行图像覆盖处理、γ 校正、LCD 加速驱动、OSD 显示覆盖处理，然后对信号进行输出格式转换，转换为 LVDS 格式信号，在 LVDS 传送器的控制下，将显示信号从 LCD 显示屏接口加到 TFT-LCD 显示屏，显示正常图像。

6. 待机/开机控制

电源电路有主开关稳压电源电路和次开关稳压电源电路。主开关稳压电源电路负责提供 12 V 主电电压和 24 V 背光板的工作电压，12 V 主电电压经过一个继电器控制后加到电视主板。次开关稳压电源电路负责提供 5 V 待机电压。当电视机接通 AC220 V 电压后处于待机状态时，由于继电器线圈失电，12 V 主电电压没有加到电视主板，切断了 3.3 V 显示屏的供电电压，此时 5 V 待机电压正常工作，电源指示灯点亮。按开机键或遥控开机，待机电路给继电器加电，使 12 V 主电电压加到电视主板上，实现开机。

4.5.5 任务评价

在完成 LCD 学习任务后，对学生主要从主动学习、高效工作、认真实践的态度，团队协作、互帮互学的作风，掌握液晶的电光特性与显像原理，能分析 TFT-LCD 的结构与工作原理，掌握 TFT-LCD 所需数据的传输方法，树立为国家、人民多做贡献的价值观等方面进行评价，并采用学生自评、小组互评、教师评价来综合评定每一位学生的学习成绩。LCD 学习任务评价表如表 4-11 所示。

项目 4 台式计算机主板电路及维修

表 4-11 LCD 学习任务评价表

评价指标	评价要素	分值	学生自评（10%）	小组互评（20%）	教师评价（70%）	得分
液晶显像原理，LCD 的分类及应用	能分析液晶的电光特性及显像原理，并能根据实际需要选择与使用合适的 LCD	20				
TFT-LCD 的结构、工作原理及驱动电路	能分析 TFT-LCD 的结构与工作原理；能分析 TFT-LCD 各个组成部分的作用；能对故障 TFT-LCD 的驱动电路进行检修；能按工艺要求完成焊接任务	50				
文档撰写	能撰写 TFT-LCD 的选择与使用报告，包括摘要、正文、图表符合规范性要求	20				
职业素养	符合 7S（整理、整顿、清扫、清洁、素养、安全、节约）管理要求，具有认真、仔细、规范操作、高效工作的态度，树立为国家、人民多做贡献的价值观	10				

思考与练习题 4

1．什么是计算机的输入设备与输出设备？各列举一些常用的输入设备与输出设备。

2．什么是接口？为什么要在 CPU 与外部设备之间设置接口？

3．什么是 USB？它有什么特点？USB 可作为哪些设备的接口？

4．IEEE1394 的接口信号与 USB 的接口信号有什么异同？

5．与 ATA 相比，SATA 的主要优势是什么？

6．简述 VGA 接口的信号及特点。

7．台式计算机电源有哪些接口类型？分析 ATX 24 引脚与 20 引脚插头的区别，4 引脚方插头（或者 8 引脚方插头）的作用。

8．如何判断 ATX 电源工作是否正常？

9．简述 BIOS 与 CMOS 的区别。

10．分析习题图 4-1 所示的 AGP 显卡供电电路的工作原理，并推导出供电电压的表达式。当 $R_1 = 100\ \Omega$，$R_2 = 1\ \text{k}\Omega$，$R_3 = 1\ \text{k}\Omega$，$R_4 = 10\ \text{k}\Omega$，$R_5 = 10\ \text{k}\Omega$，$C_1 = 100\ \mu\text{F}$ 时，求 AGP 显卡的供电电压并用 Multisim 软件进行电路仿真。

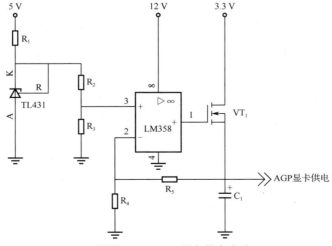

习题图 4-1 AGP 显卡供电电路

项目 5

扫一扫看
本项目教
学课件

智能电子产品电路检测与维修

　　全国职业院校技能大赛"电子产品芯片级检测维修与数据恢复"赛项以我国电子信息产业发展的人才需求为依托，以电子产品芯片级检测维修与数据恢复技术为载体，旨在检验参赛选手在展现实际工作场景下对电子产品芯片级检测维修与数据恢复的技术技能运用及综合职业素养。技能大赛全面呈现了高等职业教育所取得的最新成果及职业院校学生良好的精神风貌，引领高等职业教育在电子产品芯片级检测维修与数据恢复方面培养新技术、新方向。通过大赛的参赛选手训练、教师辅导和最终参赛角逐，能够有效推进职业院校人才培养模式的变革，增强职业院校办学活力，促进校企合作、工学结合，培养符合企业职业岗位要求的高素质劳动者和技术技能人才。

　　本项目的内容在组织形式上，全面对标全国职业院校技能大赛电子信息类赛项技术工作内容组织方式，且基于职业岗位的实际工作场景，以任务工单式交付项目任务和任务完成结果，不仅能够考核学生对技术内容的理解和掌握程度及实际操作的技能水平，还能够完全依据技能大赛的比赛设计思路，按照实际工作岗位的工作任务要求，设计灵活多样的考核方式，从需求理解及沟通能力、任务规划实施技能、项目流程管理和完善交付技能等多个维度对学生的能力进行全面考核。

　　本项目以全国职业院校技能大赛为基础设置内容，工作场景为智能电子产品售后服务维修中心维修工程师的日常工作任务，该中心承接各类智能电子产品的全生命周期维修服务工作，需要完成常规智能电子产品的电子线路检测维修工作、智能电子产品所用到的存储设备维修与数据恢复工作。学生作为该中心的维修工程师，首先应完成上岗基础知识认证所需要的理论学习，然后需根据不同工作任务的具体要求，完成对应的维修任务并提交模块任务。本项目以"电子产品芯片级检测维修与数据恢复"赛项为引领，主要介绍竞赛的两大模块内容，包括智能电子产品电路的检测维修、FPGA（Field Programmable Gate Array，现场可编程门阵列）重构式智能电子产品的检测维修。

项目 5 智能电子产品电路检测与维修

任务 5.1 智能电子产品电路的检测维修

5.1.1 任务目标

（1）了解常用智能电子产品主要电路的分析方法。
（2）熟悉常用智能电子产品相关电路的功能。
（3）能根据智能电子产品的电路图画出电路的信号流。
（4）能使用相关仪器完成智能电子产品电路的检测并根据检测结果判断故障部位。
（5）掌握智能电子产品电路常见故障的维修方法。

5.1.2 任务描述

半导体技术的飞速发展有效地促进了电子产品的高速发展，智能手机、超薄型笔记本电脑、高清数字电视等高新技术智能电子产品不断涌现。目前，智能电子产品呈现高指标、新技术、新器件、多功能、小型化、低成本和低消耗等特点，故其在各领域获得了广泛的应用，成为现代信息社会的重要标志。随着智能电子产品在人们生活、工作中越来越普及，其难免在使用过程中由于元器件老化、操作使用不当、设计或装配存在缺陷等原因出现故障，这就需要对智能电子产品故障进行检测与维修处理，但是，智能电子产品都是软硬件高度集成的产品，要想完成这种产品的检修任务，维修人员必须掌握其工作原理与维修方法，并且具有一定的维修经验和良好的综合技能。

通过本次任务的学习，学生要学会分析、检测、维修相关智能电子产品的电路，学会分析智能电子产品相关电路的组成与工作原理，学会根据电路图绘制电路的信号流。学生应根据绘制的信号流，使用万用表和示波器等仪器完成智能电子产品电路的检测，并能根据检测结果判断故障部位。通过反复训练，学生应逐步掌握智能电子产品电路常见故障的维修方法，包括元器件的识读、芯片规格书的查阅、检测仪器的使用、维修工具的使用、电路故障的分析判断与检测维修，并对维修后的智能电子产品进行通电调试，直至产品工作正常为止。

5.1.3 任务准备——智能电子产品功能板的电路组成与工作原理

针对智能电子产品集成度高、装配紧凑、不便学生学习与维修实践的问题，"电子产品芯片级检测维修与数据恢复"赛项的设备提供商将智能电子产品按照主要功能进行拆分，并根据每一个主要功能，设计相应的仿真功能板。教师可通过仿真功能板进行日常分模块实训教学，使学生循序渐进地理解硬件维修技能和硬件维修原理，在此基础上逐步胜任智能电子产品的维修工作。

1. 计算机主板开机电路功能板的电路组成和工作原理

1）器件布置图

计算机主板开机电路功能板主要由外接连线接口、输入电源端口、ATX 电源指示灯、待机电源指示灯、开机键、I/O 芯片、南桥芯片、RTC、RTC 与 CMOS 电源等组成，主要用于模拟计算机开机过程。计算机主板开机电路功能板的器件布置图如图 5-1 所示。在图 5-1 中，①为外接连线接口：40 引脚的排线接口；②为外接连线接口：40 引脚的排线接口；③为 ATX

电源（红色）指示灯；④为待机电源（绿色）指示灯；⑤为开机键；⑥为输入电源端口 J_1，用于连接 9 V 直流电源。

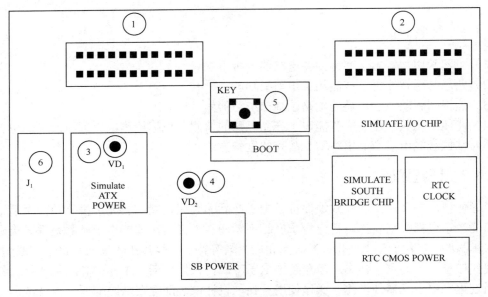

图 5-1　计算机主板开机电路功能板的器件布置图

2）输入电源电路

图 5-2 所示为计算机主板开机电路功能板的输入电源电路。给 J_1 端口输入 9 V 直流电源，该电源通过电容器 C_3 和熔断器 FU_1 连接到稳压器 U_1 的 2 脚。U_1 输出 5 V 电压，发光二极管 VD_1 正常发光。U_1 是一款低压差三端稳压器，输入电压为 1～12 V，输入端与输出端的最低电压差为 0.65 V，输出电压为 1.8/2.0/2.5/2.7/3.0/3.3/3.5/3.7/3.8/5.0/5.2 V（由型号后 2 位数字确定），输出电压偏差为 2%，输出电流为 500 mA，接地电流维持在 65 μA 左右，且有过流（700 mA）、过热保护功能。

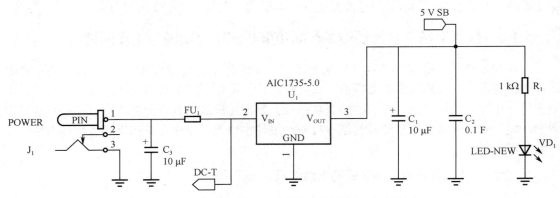

图 5-2　计算机主板开机电路功能板的输入电源电路

3）待机电路

图 5-3 所示为计算机开机电路功能板的待机电路。由电源供电电路输出的 5 V SB（待机）电压输入 U_4 的 3 脚，经过该芯片后输出 3.3 V SB 电压。U_4 为低压差三端稳压器，输入电压为 2.75～7 V，输出电压为 $1.25\times(R_8+R_9)/R_9$ V，输出电流为 5 A，1 脚的典型电流为 60 μA。只

 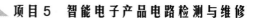

要 3.3 V SB 和电池 BAT$_1$(3.3 V)电压中有一个电压正常，当其经过 VD$_5$、VD$_6$、R$_{16}$ 后，VCCRTC、INTVRMEN 和 RTCRST 就能正常输出 3.3 V 电压。

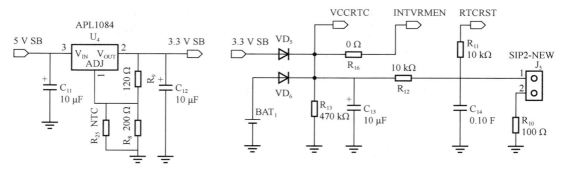

图 5-3 计算机主板开机电路功能板的待机电路

4）按键启动电路

图 5-4 所示为计算机主板开机电路功能板的按键启动电路。PWR_SW 为开机键，二极管

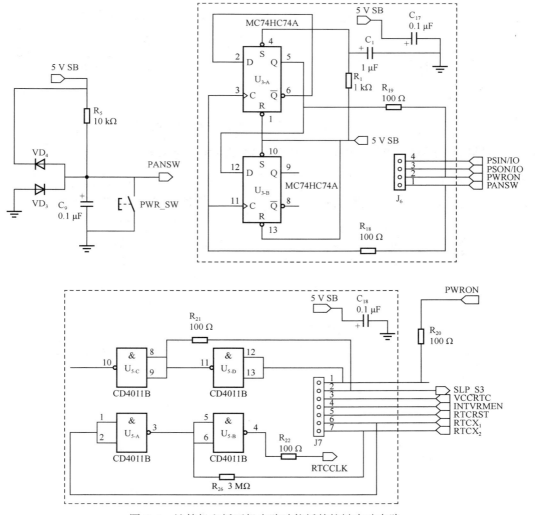

图 5-4 计算机主板开机电路功能板的按键启动电路

VD$_3$ 和 VD$_4$ 主要起静电保护作用。开机键的 PANSW 端和 U$_{3-A}$ 的 3 脚、U$_{3-B}$ 的 11 脚相连接，也就是和它的 CLK 端连接，其输入端（2 脚）和反向输出端（6 脚）相连。因此，每按一次开机键，U$_{3-A}$ 就触发一次，其输出端（5 脚）输出一个反相电平。首次接通 AC220 V 电源时，U$_{3-A}$ 的置位端比复位端延迟到达高电平，使其输出端输出初始状态为高电平，所以 PWRON 输出 "1"，经过 U$_{5-D}$ 反相后输出的 SLP_S3 为 "0"。

图 5-5 所示为计算机主板开机电路功能板的开机电路。SLP_S3 经过 R$_7$ 加到三极管 VT$_2$ 的基极，其集电极输出信号 PSON 为 "1"，因此 PMOS 管 VT$_1$ 不导通，此时 VCC5 V 端输出电压为 0 V。当按下 PWR_SW 时，PANSW 输出一个脉冲给 U$_{3-A}$ 的 CLK 端，PWRON 输出变成 "0"，经过 U$_{5-D}$ 反相输出的 SLP_S3 为 "1"，再经过 VT$_2$ 作用，使输出信号 PSON 为 "0"，此时 VT$_1$ 导通，VCC5 V 端输出电压为 5 V，发光二极管 VD$_2$ 正常发光。这就模拟了计算机的开机过程。

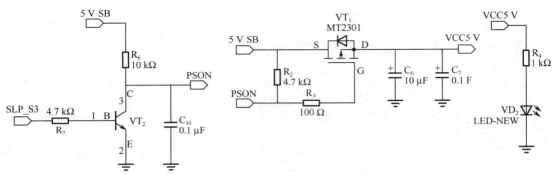

图 5-5　计算机主板开机电路功能板的开机电路

2. 计算机主板南北桥供电电路功能板的电路组成和工作原理

1）器件布置图

图 5-6 所示为计算机主板南北桥供电电路功能板的器件布置图。在图 5-6 中，①为外接

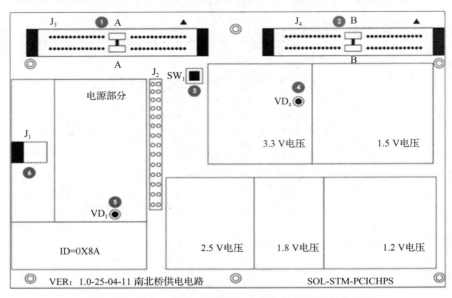

图 5-6　计算机主板南北桥供电电路功能板的器件布置图

项目 5　智能电子产品电路检测与维修

连线接口：40 引脚的排线接口（与检测平台上端 40 引脚排线接口相连，用于维修前及维修后的检测，维修过程中无须连接）；②为外接连线接口：40 引脚的排线接口（与检测平台下端 40 引脚排线接口相连，用于维修前及维修后的检测，维修过程中无须连接）；③为按键 SW$_1$；④为绿色指示灯；⑤为红色指示灯；⑥为 J$_1$ 端口，用于连接 9 V 直流电源。

2）输入电源供电电路

图 5-7 所示为计算机主板南北桥供电电路功能板的输入电源电路。给 J$_1$ 端口接入 9 V 直流电源，该电源通过电容 C$_3$ 和熔断器 FU$_1$ 连接到 U$_1$ 的 2 脚，U$_1$ 输出 5 V 电压，发光二极管 VD$_1$ 正常发光。

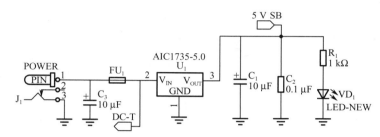

图 5-7　计算机主板南北桥供电电路功能板的输入电源电路

3）按键上电电路

图 5-8 所示为计算机主板南北桥供电电路功能板的按键上电电路。当按下按键 SW$_1$ 时，EN_3.3 V 与 5 V SB 相连，此电压作用于三极管 VT$_2$ 的基极，其集电极输出低电平，PMOS 管 VT$_1$ 导通，相当于短路，5 V 电压输入 U$_4$ 的 3 脚，其会输出 3.3 V，VD$_4$ 正常发光。

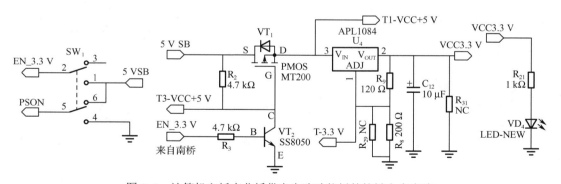

图 5-8　计算机主板南北桥供电电路功能板的按键上电电路

4）线性稳压电路

图 5-9 所示为计算机主板南北桥供电电路功能板的线性稳压电路。其中，TL431 为基准电压源，输出电压为 2.5 V，该电压经过 R$_7$、R$_{10}$ 分压，输出 1.5 V 电压到 U$_{3-A}$ 的正向输入端。由于 U$_{3-A}$，NMOS-3055 VT$_4$，电阻器 R$_{11}$、R$_{26}$ 组成负反馈，且 U$_{3-A}$ 的 2 个输入端具有"虚短"功能，因此 U$_{3-A}$ 的反相输入端电压也是 1.5 V。负反馈运放具有"虚断"功能，也就是说流过 R$_{11}$ 的电流为 0 A，R$_{11}$ 两端的电压为 0 V。因此，VCC1.5 V 端的输出电压为 1.5 V。

225

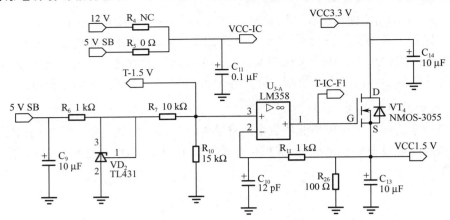

图 5-9　计算机主板南北桥供电电路功能板的线性稳压电路

3. 智能洗衣机控制器电路功能板的电路组成和工作原理

1）器件布置图

图 5-10 所示为智能洗衣机控制器电路功能板的器件布置图。在图 5-10 中，①为外接连线接口 A：40 引脚的排线接口（与检测平台 40 引脚排线接口 A 相连，用于维修前及维修后的检测，维修过程中无须连接）；②为外接连线接口 B：40 引脚的排线接口（与检测平台 40 引脚排线接口 B 相连，用于维修前及维修后的检测，维修过程中无须连接）；③为上电指示灯 VD_5；④为 9 V 直流电源输入接口；⑤为启动按键 SW_4；⑥为 4 个三点跳线开关 $AUTO\_ON_1$、$AUTO\_ON_2$、$AUTO\_ON_3$、$AUTO\_ON_4$；⑦为 4 个控制灯 VD_1、VD_2、VD_3、VD_4。

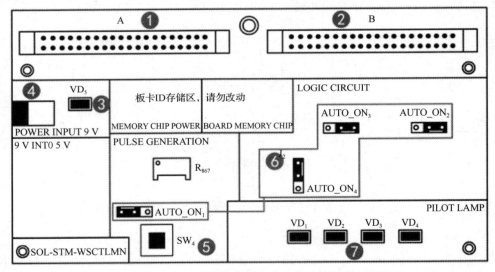

图 5-10　智能洗衣机控制器电路功能板的器件布置图

2）供电电路

图 5-11 所示为智能洗衣机控制器电路功能板的供电电路。给 J_5 端口接入 9 V 直流电源，该电源通过贴片自恢复熔断器 FU_1 连接到开关稳压电源稳压电路。TPS54531 是一款输入电压可达 28 V、输出电流为 5 A 的非同步降压型 DC-DC 转换器。TPS54531 的 2 脚为输入电源端，

项目 5　智能电子产品电路检测与维修

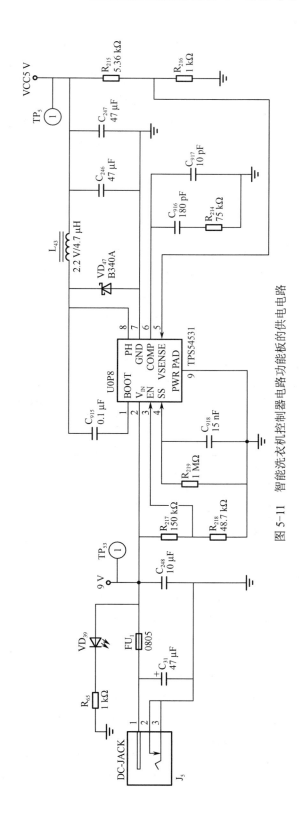

图 5-11　智能洗衣机控制器电路功能板的供电电路

电子产品原理分析与故障检修（第 2 版）

电压为 9 V。3 脚为使能端，低于 1.25 V 不使能，悬空或高于 1.25 V 使能。在该电路中 9 V 直流电压通过电阻器 R_{217}、R_{218} 分压，使 3 脚电压为 2.2 V。4 脚为软启动端，外接电容器 C_{918} 决定电压刚上电瞬间软启动电压的上升曲线，外接电阻器 R_{219} 决定 4 脚的稳定电压。5 脚为开关稳压电源的电压采样端，当开关稳压电源稳定后，该脚电压约等于参考电压 0.8 V。6 脚为使开关稳压电源稳定工作的频率补偿端，外接电容器 C_{916}、C_{917} 和电阻器 R_{214} 的作用为频率补偿。7 脚为接地端。8 脚和 1 脚及电容器 C_{915}、二极管 VD_{47} 组成自举电路，为 TPS54531 内部上功率管提供电源。9 脚为散热盘用于功率接地。因此该开关稳压电源的输出电压为 $U_{out}=U_{VSENSE}\times(R_{215}+R_{216})/R_{216}=0.8\times6.36=5\ V$。

3）时钟产生电路

图 5-12 所示为智能洗衣机控制器电路功能板的时钟产生电路。该时钟产生电路主要由时基集成电路 NE555 芯片 U_1 和外围元器件组成。该电路由电源电压经过电阻器 R_5、R_{867}、R_4 给电容器 C_1 充电；由 C_1 经过 R_4 和 U_1 的 7 脚放电。所以，此时电路的输出频率主要由以下公式计算得出，当 R_{867} 的电阻等于 0 Ω 时，输出频率约为 1 Hz。

$$f = \frac{1.44}{(R_5 + R_{867} + 2R_4)\times C_1} \tag{5-1}$$

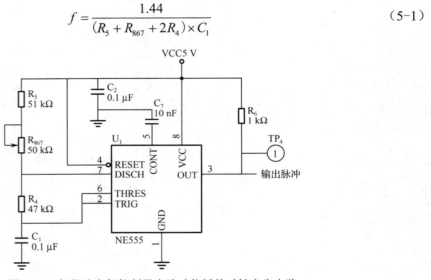

图 5-12　智能洗衣机控制器电路功能板的时钟产生电路

4）计数电路

SN74LS192 是可预置的十进制同步加/减计数器，它具有双时钟输入、清除和置数等功能，其 4 脚为减计数时钟输入端，5 脚为加计数时钟输入端；11 脚为预置数控制输入端，低电平有效，异步预置；14 脚为复位输入端，高电平有效，异步清除；13 脚为借位输出端，0000 状态后输出一个负脉冲；12 脚为进位输出端，1001 状态后输出一个负脉冲；15、1、10、9 脚为预置数输入端；3、2、6、7 脚为计数值输出端。

图 5-13 所示为智能洗衣机控制器电路功能板的计数电路。该计数电路主要由 U_{151}（SN74LS192）构成，工作在减计模式。将开关 AUTO_ON_4 的 1 脚与 2 脚相连，预置数控制输入端有效，将 0011 从 U_{151} 的 9、10、1、15 脚输入预置，因此电路的功能是 7、6、2、3 脚输出 0011。将开关 AUTO_ON_4 的 2 脚与 3 脚相连，开始减计数，U_{151} 的 4 脚每输入一个上升沿脉冲使计数器输出减 1（7、6、2、3 脚依次输出 0010、0001、0000），输出 0000 后，

项目 5　智能电子产品电路检测与维修

再输入一个减脉冲后，13 脚会输出一个负脉冲，7、6、2、3 脚马上又输出预置数 0011，又开始减计数，如此循环。因此，这就是一个 3、2、1、0、4 秒钟倒计时。

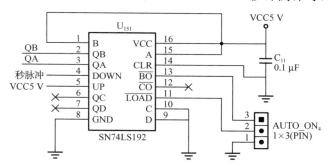

图 5-13　智能洗衣机控制器电路功能板的计数电路

5）核心控制电路

图 5-14 所示为智能洗衣机控制器电路功能板的核心控制电路。它主要由 U_{156}、U_{157}、U_{158} 及 U_{159} 构成。其中，U_{156} 为 4 个两输入或门，功能为 $Y = A + B$。U_{157} 为 4 个两输入异或门，功能为 $Y = A \oplus B$。U_{158} 为 3-8 译码器。U_{159} 为 4 个两输入与门，功能为 $Y = AB$。在该电路中，当 DIR_0 和 DIR_1 均接低电平时，U_{156} 的 3 脚输出低电平，U_{158} 的 6 脚输出低电平，所以 U_{158} 的 $Y_0 \sim Y_7$ 都输出高电平。给 U_{156} 的 5 脚施加 1 Hz 脉冲信号，而其 4 脚输出低电平，所以其 6 脚输出 1 Hz 脉冲信号，并输出到 U_{159}，由其与门逻辑关系可知，VD_1、VD_2、VD_3、VD_4 均输出频率为 1 Hz 的脉冲信号而闪烁。当 DIR_0 接低电平、DIR_1 接高电平时，U_{156} 的 3 脚输出高电平，使 U_{158} 的 6 脚输出高电平有效信号，则 U_{158} 的 $Y_0 \sim Y_3$ 会根据 QB 和 QA 的变化（00、01、10、11）而依次输出低电平，进而使 VD_4、VD_3、VD_2、VD_1 依次为低电平而长亮，每次只长亮 1 个 LED，其余 3 个 LED 保持闪烁。

5.1.4　任务实施——智能电子产品功能板的芯片级检修

智能电子产品功能板芯片级检修的关键是通过分析电路的功能画出信号流，根据信号流使用万用表等检测工具依次检测电路的各个测试点，通过分析检测的结果来判断功能板的故障部位，并使用电烙铁等工具修复功能板。

1. 计算机主板开机电路功能板的检测与维修

计算机主板开机电路功能板主要由输入电源电路（参见图 5-2）、待机电路（参见图 5-3）、按键启动电路（参见图 5-4）、开机电路（参见图 5-5）、输入电源插座和模拟 ATX 电源输出插座 J_2 等组成，其信号流如图 5-15 所示。使用万用表检测电路功能板的顺序如下：①检测 J_1 端口连接处电压，正常应为输入电源电压 9 V；②检测输入电源电路正常工作后的输出电压 5 V SB 是否为 5 V；③检测待机电路正常工作后的输出电压 3.3 V SB 是否为 3.3 V，VCCRTC、INTVRMEN、RECRST、J_5 等端口的电压是否均为 3.3 V；④在按键启动电路中，第 1 次按下按键（PWR_SW），检测 PWRON 端的电压，正常情况下是从高电平变为低电平。如果再按一次此按键，PWRON 端电压又会从低电平变成高电平；⑤如果 PWRON 端电压为低电平，检测 SLP_S3 端电压应为高电平，此时 PSON 端电压为低电平，VCC5 V 应为 5 V；⑥用示波器检测 $RTCX_1$、$RTCX_2$、RTCCLK 端是否有 32 kHz 的波形，若有波形，则说明晶振电路工作正常。

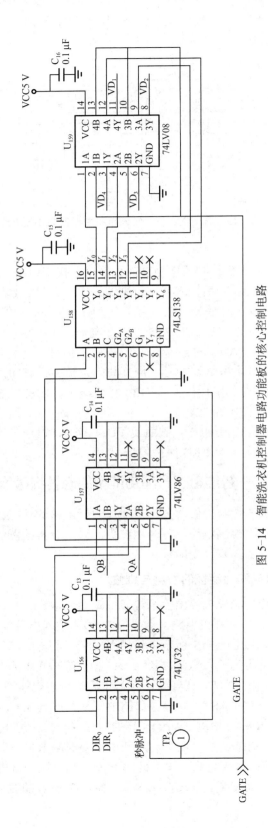

图 5-14 智能洗衣机控制器电路功能板的核心控制电路

项目 5　智能电子产品电路检测与维修

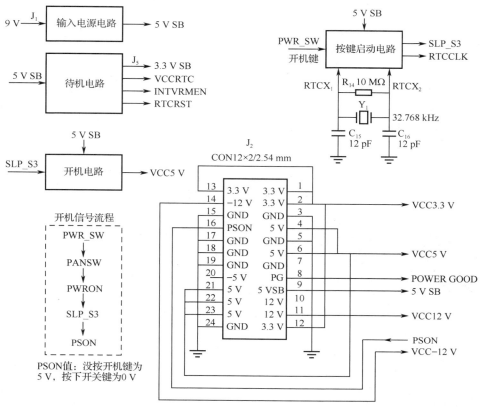

图 5-15　计算机主板开机电路功能板的信号流

用户可根据上述检测顺序检测电路的各个端口电压，哪个电压异常，可根据检测到的电压值和信号判断故障部位。当所有故障排除后，电路可以实现以下功能。

（1）插上直流电源，红色指示灯亮；RTCCLK 端输出正常振荡波形。

（2）按下开机键，绿色指示灯亮，此时计算机处于工作状态。

（3）再按下开机键，绿色指示灯灭，此时计算机处于关机状态。

2. 计算机主板南北桥供电电路功能板的检测与维修

计算机主板南北桥供电电路功能板的信号流如图 5-16 所示，使用万用表检测电路功能板的顺序如下：①检测熔断器 FU_1 和 J_1 端口连接处电压，正常应为输入电源电压 9 V；②检测输入电源电路正常工作后的输出电压 5 V SB 是否为 5 V；③按下按键 SW_1，检测 EN_3.3 V 端口电压是否为高电平 5 V，若是，则 T3-VCC5 V 端口为低电平，VT_1 导通，U_4 的输出电压（VCC3.3 V 端口电压）为 3.3 V；④检测 U_5 的输出电压（VCC1.8 V 端口电压）是否为 1.8 V。

图 5-17 所示为计算机主板南北桥供电电路功能板的 2.5 V 稳压电路。其中，U_7 为低压差线性稳压器，输入电压范围为 2.7~6 V，输入端与输出端之间的电压差为 0.135 V（负载电流为 150 mA）。当 VCC3.3 V 端口的电压为 3.3 V 时，U_7 的输出电压（VCC2.5 V 端口电压）应为 2.5 V。

电子产品原理分析与故障检修（第2版）

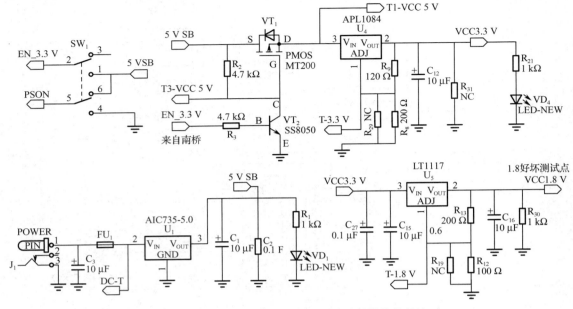

图 5-16 计算机主板南北桥供电电路功能板的信号流

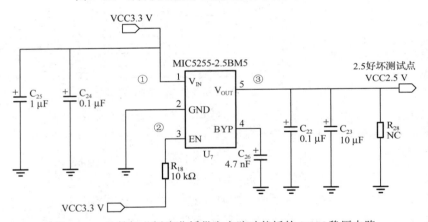

图 5-17 计算机主板南北桥供电电路功能板的 2.5 V 稳压电路

图 5-18 所示为计算机主板南北桥供电电路功能板的 1.5 V 与 1.2 V 稳压电路。使用万用表检测电路板电压顺序如下：①检测 VD_2 和 VD_3（基准电压源 TL431）的输出电压是否为 2.5 V；②检测 R_7 和 R_{10} 的连接处 T-1.5 V 端口的电压是否为 1.5 V；③检测运放 U_{3-A} 的 2 脚和 VCC1.5 V 端口的电压是否为 1.5 V；④检测 R_{15} 和 R_{16} 的连接处 T1-1.2 V 端口的电压是否为 1.2 V；⑤检测运放 U_{6-A} 的 2 脚和 VCC1.2 V 端口的电压是否为 1.2 V。

用户可根据上述检测顺序检测电路的各个端口电压，哪个电压异常，可根据检测到的电压值和信号判断故障部位。当所有故障排除后，电路可以实现以下功能。

（1）J_1 端口未接入直流电源时，此时计算机处于断电状态。

（2）J_1 端口接入直流电源后，红色指示灯亮，此时计算机处于通电状态。

（3）J_1 端口接入直流电源后，按下按键 SW_1，绿色指示灯亮，此时南北桥供电电路处于工作状态。

232

项目 5　智能电子产品电路检测与维修

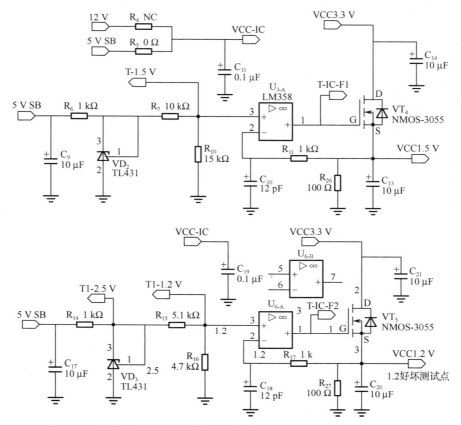

图 5-18　计算机主板南北桥供电电路功能板的 1.5 V 与 1.2 V 稳压电路

3. 智能洗衣机控制器电路功能板的检测与维修

智能洗衣机控制器电路功能板的组成框图如图 5-19 所示。使用万用表检测电路功能板的顺序如下：①检测 J_5 端口连接处电压，正常应为输入电源电压 9 V；②检测开关稳压电源的输出电压，正常应为 5 V，如果检测到的电压和 5 V 相比相差较大，那就要开始排除故障，参见图 5-11，先检测 TPS54531 芯片的 3 脚电压是否大于 1.25 V，再检测 4 脚电压，正常情况下该电压应该为 1.6～2 V，最后检测 5 脚电压是否为 0.8 V，1 脚的电压正常情况下为 10 V；③使用示波器检测时钟产生电路的输出是否为频率为 1 Hz 左右的矩形波。④观察 4 个 LED 是否以 1 Hz 的频率在闪烁。

用户可根据上述检测顺序去检测电路的各个端口电压，哪个电压异常，可根据检测到的电压值和信号判断故障部位。当所有故障排除后，电路可以实现以下功能。

（1）J_5 端口未接入直流电源，此时智能洗衣机处于断电状态。

（2）J_5 端口接入直流电源，不需要按下启动按键 SW_4，绿色指示灯亮，此时智能洗衣机处于刚通电的状态。

（3）J_5 端口接入直流电源，$AUTO\_ON_1$、$AUTO\_ON_4$ 三点跳线连接 1、2 位置，$AUTO\_ON_2$、$AUTO\_ON_3$ 三点跳线连接 2、3 位置，按下启动按键 SW_4，绿色指示灯亮，同时 VD_1、VD_2、VD_3、VD_4 指示灯同时闪烁，此时智能洗衣机处于工作状态。

233

电子产品原理分析与故障检修（第2版）

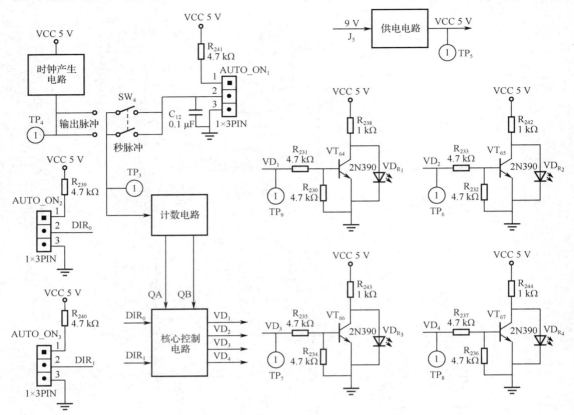

图 5-19　智能洗衣机控制器电路功能板的组成框图

5.1.5　任务评价

在完成智能电子产品电路的检测维修任务学习后，对学生主要从主动学习、高效工作、认真实践的态度，团队协作、互帮互学的作风，良好的电路分析能力和电路故障检修技能，重点掌握计算机主板开机电路功能板、计算机主板南北桥供电电路功能板和智能洗衣机控制器电路功能板的检修方法，树立为国家、人民多做贡献的价值观等方面进行评价，并采用学生自评、小组互评、教师评价来综合评定每一位学生的学习成绩。智能电子产品电路的检测维修学习任务评价表如表 5-1 所示。

表 5-1　智能电子产品电路的调试与检测维修学习任务评价表

评价指标	评价要素	分值	学生自评（10%）	小组互评（20%）	教师评价（70%）	得分
智能电子产品功能板的组成与工作原理	能识读计算机主板开机电路功能板、计算机主板南北桥供电电路功能板、智能洗衣机控制器电路功能板的组成与工作原理，熟悉常用控制芯片的应用	30				
智能电子产品电路功能板的芯片级检修	通过故障电路与正常电路的对比及关键参数测量，综合分析判断故障部位，正确使用维修工具对故障元器件进行更换与维修，并完成维修后的调试工作	40				

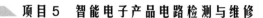

项目5 智能电子产品电路检测与维修

续表

评价指标	评价要素	分值	学生自评（10%）	小组互评（20%）	教师评价（70%）	得分
文档撰写	能撰写智能电子产品电路功能板的故障检修报告，包括摘要、正文、图表等符合规范性要求	20				
职业素养	符合7S（整理、整顿、清扫、清洁、素养、安全、节约）管理要求，具有认真、仔细、高效的工作态度，树立为国家、人民多做贡献的价值观	10				

任务5.2 FPGA重构式智能电子产品的检测维修

5.2.1 任务目标

（1）了解FPGA的结构、工作原理和测试技术等。
（2）熟悉FPGA开发工具QUARTUS的使用方法。
（3）掌握VHDL硬件描述语言的程序结构、数据类型和描述语句。
（4）能根据智能电子产品的功能要求，完成基于QUARTUS的FPGA编程开发。
（5）掌握QUARTUS优化设置与优化设计方法及时序分析方法。

5.2.2 任务描述

在工业生产过程中，人们难免会遇到发生故障的智能电子产品所用到的电子芯片已经停产，在市场上无法找到相关的芯片，而且该产品价格昂贵，不能因为电子芯片无法找到就报废该产品。此时，人们可以采用重构式维修手段，利用FPGA的可编程重定义特性，更换已停产芯片并实现其在电路中的功能，最终清除智能电子产品的故障，实现整个产品的检测维修工作。

学生要学会FPGA重构式智能电子产品维修开发，解决故障产品无法得到所需芯片的问题，必须对具体工作任务进行认真研究分析，参考所提供的相关技术工作文件（包括相关芯片特性说明、电路原理图、电路装配图、配套使用软件工具等），在指定时间内完成一系列重构式智能电子产品维修开发工作，运用FPGA编程技术，实现重构目标电子芯片的功能。

5.2.3 任务准备——FPGA重构式智能电子产品功能板的电路组成与工作原理

本任务以2021年和2022年国赛功能板：智能洗衣机LED显示电路功能板-FPGA为范例，讲述FPGA重构式智能电子产品维修开发。智能洗衣机LED显示电路功能板-FPGA模拟智能洗衣机显示部分功能，包含SOL-STM-WSDPY-FPGA母卡、SOL-STM-LOG-WSDPY子卡、SOL-STM-PH-FPGA子卡。SOL-STM-WSDPY-FPGA母卡插入SOL-STM-LOG-WSDPY子卡后，能实现母卡模拟智能洗衣机显示部分的完整电路。SOL-STM-PH-FPGA子卡通过编程可替代SOL-STM-LOG-WSDPY子卡的全部功能。下面重点分析SOL-STM-WSDPY-FPGA母卡和SOL-STM-PH-FPGA子卡的电路组成和工作原理。

电子产品原理分析与故障检修（第 2 版）

1. 智能洗衣机 LED 显示电路功能板母卡的电路组成与工作原理

1）器件布置图

图 5-20 所示为智能洗衣机 LED 显示电路功能板母卡的器件布置图。在图 5-20 中，①为外接连线接口：40 引脚的排线接口；②为外接连线接口：40 引脚的排线接口；③为上电指示灯；④为 9 V 直流电源输入接口；⑤为子卡接口；⑥为 LED 数码管；⑦为 16 个 LED 组成的 LED 阵列。

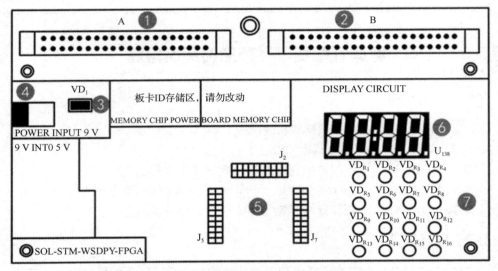

图 5-20 智能洗衣机 LED 显示电路功能板母卡的器件布置图

2）功能板电路的工作原理

图 5-21 所示为智能洗衣机 LED 显示电路功能板母卡的输入电源电路。给 J_1 端口接入 9 V 直流电源，该电源通过熔断器 FU_1 连接到 U_{311} 的 1 脚，U_{311} 输出 5 V 电压，同时点亮 VD_1。

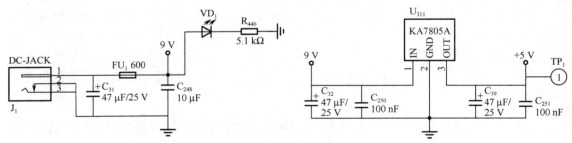

图 5-21 智能洗衣机 LED 显示电路功能板母卡的输入电源电路

图 5-22 所示为智能洗衣机 LED 显示电路功能板母卡的显示电路。显示电路主要通过 U_{315} 和 U_{316} 来控制。其中，U_{316} 为 7 通道驱动芯片，且输入端和输出端反相。U_{315} 为 8 通道驱动芯片，且输入端和输出端同相。当 U_{316} 输入高电平时输出为低电平；当 U_{315} 输入高电平时输出也为高电平。在图 5-22 中，U_{316} 的输出端连接到 LED 阵列的负极，U_{315} 的输出端连接到 LED 阵列的正极。因此，只要 U_{315} 的 5～8 脚及 U_{316} 的 2～5 脚电压同时为高电平，LED 阵列就会全亮。U_{138} 为 4 个共阳极数码管，又因为 U_{314} 的输入端与输出端反相，所以 FPGA 给 U_{314} 的信号和共阴极数码管的驱动信号相同。

236

项目 5 智能电子产品电路检测与维修

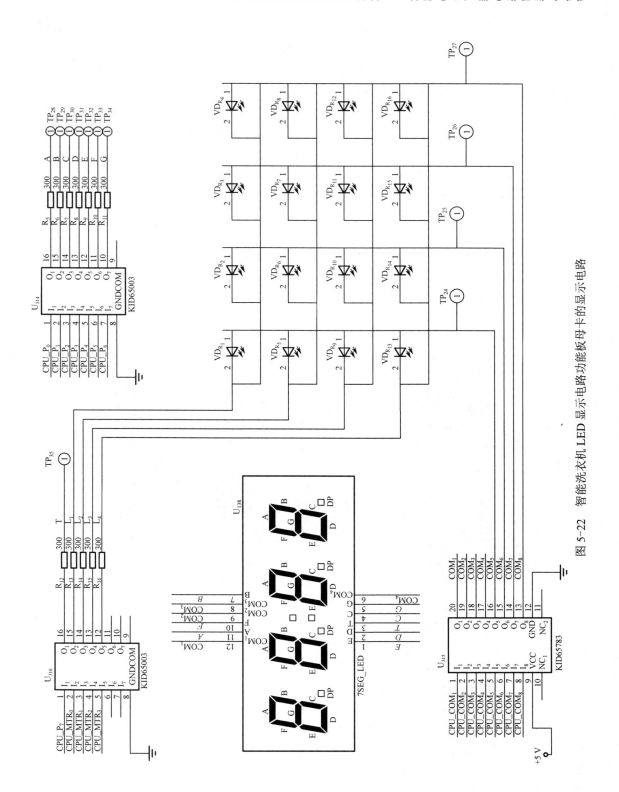

图 5-22 智能洗衣机 LED 显示电路功能板母卡的显示电路

2. 智能洗衣机 LED 显示电路功能板的 FPGA 子卡

图 5-23 所示为智能洗衣机 LED 显示电路功能板的 FPGA 子卡系统布置图。其中，VD_1 为子卡上电指示灯；U_{173} 为 JTAG 接口，用于下载调试程序；最中心的方块为 FPGA 主控芯片。

FPGA 子卡包含最小系统 EP1C3T100。EP1C3T100 为 ALTERA 公司 Cyclone 系列的主流 FPGA。该公司在 2003 年推出的 Cyclone（飓风）系列属于 Altera 中等规模 FPGA，采用 0.13 μm 工艺，1.5 V 内核供电，是一种低成本 FPGA 系列，是当前主流产品。FPGA 子卡正常使用需要插入母卡。

图 5-23　智能洗衣机 LED 显示电路功能板的 FPGA 子卡系统布置图

5.2.4　任务实施——FPGA 重构式智能电子产品的检测维修

FPGA 重构式智能电子产品检测维修的程序编写软件为 QUARTUS 9.1。本次重构式开发实现 16 个 LED 全亮，数码管显示 6666。具体操作步骤如下。

（1）打开软件 QUARTUS，单击"Create a New Project"按钮，如图 5-24 所示。

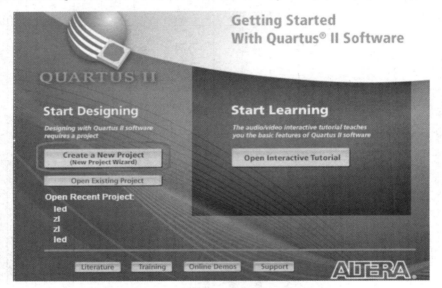

图 5-24　打开 Quartus 软件创建一个新工程

（2）单击"Next"按钮。

（3）在打开对话框的第 1 个方框中，选择或新建一个用于储存工程文件的目录。在第 2 个方框中，输入工程的名称，名称只能为英文，不要使用中文，如输入"led"。在第 3 个方框中，输入顶层实体名称，该名称区分大小写，如输入"led"。单击"Next"按钮。

（4）在打开的"New Project Wizard: Add Files"对话框中，直接单击"Next"按钮。

（5）在打开的"New Project Wizard: Family & Device Settings"对话框中，在"Family"下拉列表中选择"Cyclone"选项，Package、Pin count 和 Speed grade 根据原理图上标注的来选择。这里在"Package"下拉列表中选择"TQFP"选项；在"Pin count"下拉列表中选择"100"选项；在"Speed grade"下拉列表中选择"6"选项，如图 5-25 所示。

项目 5　智能电子产品电路检测与维修

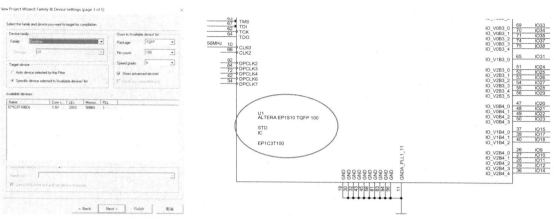

图 5-25　选择目标芯片 EP1C3T100C6

（6）设置 EDA 工具。这里的工具是指除 QUARTUS 自含的所有设计工具以外的第三方工具。若选择"None"，则默认选择 QUARTUS 自含的工具。所以，这里不做任何选择，直接单击"Next"按钮和"Finish"按钮。

（7）新建编程文件。执行"File"→"New"命令，先选择"Verilog HDL File"，然后选择"OK"。

（8）编写程序。程序编写完成后，单击"Start Compilation"按钮进行编译，如图 5-26 所示。

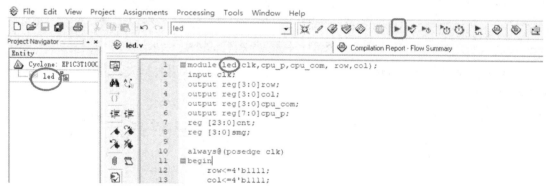

图 5-26　编写程序并编译

注意，在编写程序时，module 语句的名称要与文件名同名。参考程序如下。

```
module led(clk,cpu_p,cpu_com,row,col);
input clk;
output reg[3:0]row;
output reg[3:0]col;
output reg[3:0]cpu_com;
output reg[7:0]cpu_p;
reg [23:0]cnt;
reg [3:0]smg;

always@(posedge clk)
```

239

```
begin
    row<=4'b1111;
    col<=4'b1111;
     cnt<=cnt+1;
     if(cnt>=5000)
        begin
            cnt<=0;
            smg<=smg+1;
        end
         case(smg)
         0: begin cpu_com<=4'b1000;cpu_p<=8'h7d;end
         1: begin cpu_com<=4'b0100;cpu_p<=8'h7d;end
         2: begin cpu_com<=4'b0010;cpu_p<=8'h7d;end
         3: begin cpu_com<=4'b0001;cpu_p<=8'h7d;end
         4: smg<=0;
         endcase

    end
    endmodule
```

（9）准备开始配置引脚，单击"Pin Planner"按钮，如图 5-27 所示。

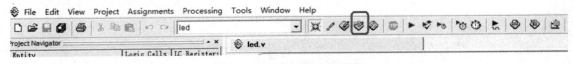

图 5-27　准备开始配置引脚

（10）列出配置引脚，如图 5-28 所示。如果不能正常显示引脚列表，那么可执行"View"→"All Pin List"命令。

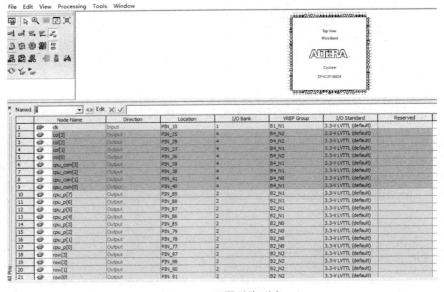

图 5-28　配置引脚列表

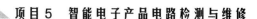

项目 5　智能电子产品电路检测与维修

（11）转换编程文件的设置。执行"File"→"Convert Programming Files"命令。选择"Program file type"中的"JTAG Indirect Configuration File"，选择"Configuration device"中的"EPCS1"。选择"Input files to convert"中的"Flash Loader"，右侧的"Add Device"按钮变为有效，单击"Add Device"按钮，选择所需型号 EP1C3。选择"Input files to convert"中的"SOF Data"，右侧按钮随之变化，单击"Add File"按钮，选择相应的 sof 文件。单击"Generate"按钮完成设置，如图 5-29 所示。

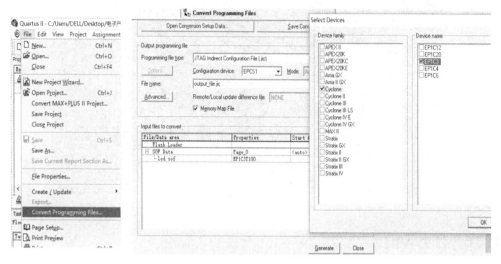

图 5-29　转换编程文件的设置

（12）准备开始烧录，连接好下载器。单击"Programmer"按钮，如图 5-30 所示。

图 5-30　准备开始烧录

（13）烧录程序。单击"Add File"按钮，打开相应对话框，选择刚才生成的 output_file.jic，并勾选"Program/Configure"复选框，单击"Start"按钮，开始烧录程序。如果右上方的 Progress 显示 100%就表明程序烧录成功，如图 5-31 所示。

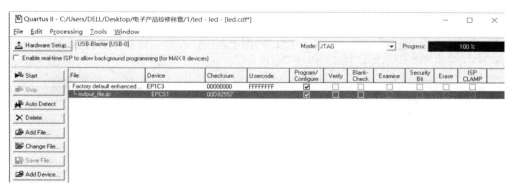

图 5-31　烧录程序

（14）重新上电，就可以看到 FPGA 编程的结果，4 个数码管显示"6666"，16 个 LED 灯均点亮，如图 5-32 所示。

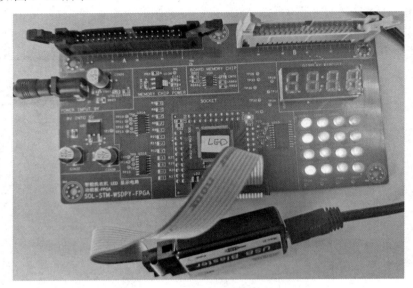

图 5-32　FPGA 编程结果

5.2.5　任务评价

在完成 FPGA 重构式智能电子产品的检测维修学习任务后，对学生主要从主动学习、高效工作、认真实践的态度，团队协作、互帮互学的作风，良好的电路分析能力和 FPGA 重构式开发能力，树立为国家、人民多做贡献的价值观等方面进行评价，并采用学生自评、小组互评、教师评价来综合评定每一位学生的学习成绩。FPGA 重构式智能电子产品的检测维修学习任务评价表如表 5-2 所示。

表 5-2　FPGA 重构式智能电子产品的检测维修学习任务评价表

评价指标	评价要素	分值	学生自评（10%）	小组互评（20%）	教师评价（70%）	得分
智能洗衣机 LED 显示电路功能板的原理分析	能识读智能洗衣机 LED 显示电路功能板的组成与工作原理，掌握常用控制芯片的应用	20				
FPGA 程序重构式开发与维修	通过使用编程软件 QUARTUS，根据功能要求，完成 FGPA 程序开发、编译、下载烧录等步骤，并根据程序烧录结果优化 FPGA 程序，直至完成既定要求为止	50				
文档撰写	能撰写智能洗衣机 LED 显示电路功能板的 FPGA 重构式检测维修报告，包括摘要、正文、图表等符合规范性要求	20				
职业素养	符合 7S（整理、整顿、清扫、清洁、素养、安全、节约）管理要求，具有认真、仔细、高效的工作态度，树立为国家、人民多做贡献的价值观	10				

思考与练习题 5

1. 由 APL1084 组成的可调电压源电路如习题图 5-1 所示。对于 APL1084 芯片，其 2 脚和 1 脚的电压差为 1.25 V。已知输入电压为 5 V，输出电压为 3.3 V，$R_2 = 220\ \Omega$，求 R_1。

2. 触发器应用如习题图 5-2 所示。试在习题图 5-2（b）中画出给定输入波形作用下输出端 Q_0 和 Q_1 的波形，设各触发器的初态均为"0"。

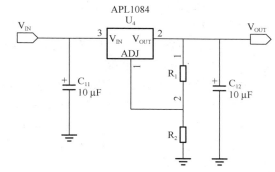

习题图 5-1　APL1084 稳压电源电路

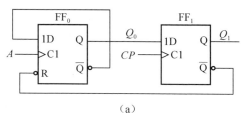

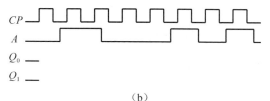

（a）　　　　　　　　　　　　　　（b）

习题图 5-2　触发器应用

3. 集成运算放大器用作电压比较电路时，其工作在（　　）状态。
   A．开环放大　　　B．闭环放大　　　C．半闭环放大　　　D．放大

4. 在 Verilog HDL 的逻辑运算中，设 A = 8'b11010001，B = 8'b00011001，则表达式"$A\&B$"的结果为（　　）。
   A．8'b00010001　　B．8'b11011001　　C．8'b11001000　　D．8'b00110111

5. 在 EDA 工具中，能将硬件描述语言转化为硬件电路的重要工具为（　　）。
   A．仿真器　　　B．综合器　　　C．适配器　　　D．下载器

6. Verilog HDL 的标识符使用字母的规则是（　　）。
   A．大小写相同　　B．大小写不同　　C．只允许大写　　D．只允许小写

7. 目前 FPGA 设计输入的方法有多种，以下（　　）不是开发 FPGA 的方法。
   A．原理图式设计方法
   B．VHDL 语言描述设计方法
   C．Verilog 语言描述设计方法
   D．在非嵌入式开发中，利用纯 C 语言设计描述

8. 基于 EDA 工具的 FPGA/CPLD 设计流程为（　　）。
   A．原理图/HDL 文本输入→功能仿真→综合→适配→时序仿真→编程下载→测试
   B．原理图/HDL 文本输入→时序仿真→综合→适配→功能仿真→编程下载→测试
   C．原理图/HDL 文本输入→功能仿真→适配→综合→时序仿真→编程下载→测试
   D．原理图/HDL 文本输入→功能仿真→时序仿真→综合→适配→编程下载→测试

9. 在 FPGA EDA 工具中，IP 的中文含义为（　　）。
   A．网络供应商　　B．知识产权核　　C．系统编程　　D．网络地址

参考文献

[1] 王成福，朱苏航，诸葛坚，等. 电子产品检修技术[M]. 西安：西安电子科技大学出版社，2020.

[2] TCL 多媒体科技控股有限公司. TCL LCD 平板彩色电视机电路分析与维修[M]. 北京：人民邮电出版社，2006.

[3] 莫受忠，孙昕炜. 计算机主板芯片级维修实训[M]. 北京：机械工业出版社，2018.

[4] 陈晓峰，孙昕炜. 硬盘维修与数据恢复[M]. 北京：机械工业出版社，2018.

[5] 乔英霞，孙昕炜. 计算机数据恢复技术与应用[M]. 北京：机械工业出版社，2018.

[6] 窦明升. 电子元器件识别与应用一本通[M]. 北京：人民邮电出版社，2018.